应用型高等学校**实验教学**系列教材

计算机网络实验教程

——基于华为eNSP+Wireshark

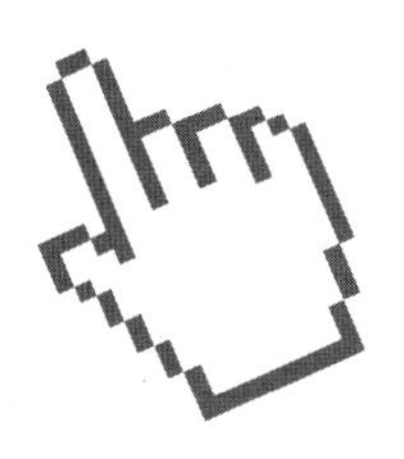

肖东升 张明军 主编

清华大学出版社
北京

内容简介

计算机网络是高等院校计算机及通信类专业的重要核心课程之一，同时又是一门理论性很强的课程。计算机网络原理比较抽象，难以理解。为了帮助学生更好地理解抽象理论，需要通过实验验证理论知识及各种协议工作过程。

本书从网络工程的角度设计实验，在内容上以谢钧和谢希仁教授编著的《计算机网络教程》（第6版·微课版）为依托，按照计算机网络的5层体系结构顺序，由下到上安排实验。内容包括常用命令与实验工具的使用、物理层实验、数据链路层实验、网络层实验、传输层实验、应用层实验、网络安全实验、综合实验。通过这些实验，读者能够更好地理解计算机网络的原理，并能获得一定的组网能力。

本书可作为高等学校计算机、人工智能、大数据、电子信息等专业相关课程的实验用书，同时也适合作为高校计算机网络课程的实验用书，还可作为信息技术领域工程技术人员的参考用书。

图书在版编目(CIP)数据

计算机网络实验教程：基于华为 eNSP＋Wireshark/肖东升，张明军主编. -- 北京：清华大学出版社，2025. 1. --（应用型高等学校实验教学系列教材）. -- ISBN 978-7-302-68106-9

Ⅰ. TP393-33

中国国家版本馆 CIP 数据核字第 2025PV4440 号

责任编辑：张　玥　薛　阳
封面设计：常雪影
责任校对：王勤勤
责任印制：刘　菲

出版发行：清华大学出版社
网　　址：https://www.tup.com.cn，https://www.wqxuetang.com
地　　址：北京清华大学学研大厦 A 座　　**邮　　编**：100084
社 总 机：010-83470000　　**邮　　购**：010-62786544
投稿与读者服务：010-62776969，c-service@tup.tsinghua.edu.cn
质量反馈：010-62772015，zhiliang@tup.tsinghua.edu.cn
课件下载：https://www.tup.com.cn，010-83470236
印 装 者：天津安泰印刷有限公司
经　　销：全国新华书店
开　　本：185mm×260mm　　**印　　张**：18.5　　**字　　数**：442 千字
版　　次：2025 年 2 月第 1 版　　**印　　次**：2025 年 2 月第1 次印刷
定　　价：59.80 元

产品编号：107932-01

前言

计算机网络是高等院校计算机及通信类专业的重要核心课程之一，但是计算机网络原理比较抽象，难以理解。为了帮助学生更好地理解抽象理论，理论和实践必须进行很好地结合，通过实践加深对理论的理解，反过来，相关理论又通过实践进行验证。

本书从网络工程的角度设计实验，在内容上以谢钧和谢希仁教授编著的《计算机网络教程》(第6版·微课版)为依托，按照计算机网络的5层体系结构顺序，由下到上安排实验。全书共8章，共24个实验项目，内容包括常用命令与实验工具的使用、物理层实验、数据链路层实验、网络层实验、传输层实验、应用层实验、网络安全实验、综合实验。通过这些实验，读者能够更好地理解计算机网络的原理，并能获得一定的组网能力。

本实验教程提供了在华为eNSP软件实验平台上验证教材中所涉及的相关原理和协议的工作过程，学生通过实验可加深理解网络设计原理和技术，同时反过来可以以教材中的相关理论指导实验的设计、配置、调试过程。课堂理论教学和实验形成良性互动，真正实现使学生掌握网络基本概念、原理和技术，具有设计、配置和运用网络的能力。

华为eNSP软件的人机界面非常接近实际华为网络设备的配置过程，除了连接线缆等物理动作外，通过eNSP软件完成实验的过程与通过实际华为网络设备完成实验的过程几乎没有差别，通过华为eNSP软件，学生可以完成复杂网络系统的设计、配置和验证过程。更为难得的是，华为eNSP软件与Wireshark软件结合可以模拟IP分组端到端传输过程中交换机、路由器等网络设备处理IP分组的每一个步骤，显示各阶段应用层消息、传输层报文、IP分组、封装IP分组的链路层帧的结构、内容和首部中每一个字段的值，使读者可以直观地了解IP分组的端到端传输过程及IP分组端到端传输过程中各层PDU的细节和变换过程。

本书是对教学团队的教学经验的总结，在教学过程中，团队注重理论联系实际，注重实践教学，团队在大量的教学改革、实践、探索过程中取得了丰硕的教学教研成果。作为计算机网络实践教学成果，本书具有以下特点。

(1) 作为大学计算网络课程的配套实验教程，在实验设计及内容上紧密结合计算机网络原理和相关知识点，在培养学生基本的局域网组建技能的同时，使学生加深对计算机网络原理、相关协议及网络设备工作原理的理解。适合作为高校计算机网络课程的实验用书。

(2) 本书每个实验内容包含实验目的、实验要求、预备理论知识、实验内容与步骤、练习与思考。

(3) 将网络设备配置操作与协议分析相结合，学生不仅能掌握设备的配置命令，还能通过实验手段分析网络问题，解决网络问题。

（4）本书强调理论指导实践、实践验证理论，通过问题引导学生进行实验操作及实验结果分析。

（5）本书中的每个实验都设置了大量的问题来启发学生思考，实验后设置习题与思考题进一步扩展学生思维。

（6）本书共设计了 24 个实验项目，教师可以根据实际教学情况及学情做合理的安排及选择。

（7）本书最后设计了一个综合实验项目，可增强学生局域网的组网能力。

（8）本书大部分实验使用华为 eNSP 模拟软件，这有利于国产设备的推广及自主化。

（9）本书所有的实验步骤详细，可读性与易用性强，利于学生课后完成相关内容。

本实验教程主要由广州软件学院网络技术系的肖东升和张明军编写。

限于作者的水平，本书疏漏和不足之处在所难免，殷切希望使用本书的教师和学生批评指正，也希望读者能够就本实验教程内容有待改进之处提出宝贵建议和意见，以便我们进一步完善配实验教程内容。

编者

2024 年 8 月

目 录

第 1 章 常用命令与实验工具的使用

第 2 章　物理层实验

第 3 章　数据链路层实验

第 4 章 网络层实验

第6章 应用层实验

第7章 网络安全实验

第8章 综合实验

第 1 章 常用命令与实验工具的使用

实验1 TCP-IP 属性设置与常用命令的使用

1.1 实验目的

(1) 通过实验学习局域网接入 Internet 时的 TCP/IP 属性的设置。
(2) 掌握 ping、ipconfig 等命令的使用。
(3) 熟练使用相关命令测试和验证 TCP/IP 配置的正确性及网络的连通性。

1.2 实验要求

(1) 设备要求：计算机两台以上(安装有 Windows 操作系统,安装有网卡已联网)。
(2) 分组要求：1 人一组,但部分步骤需相互合作完成。

1.3 实验预备知识

1. TCP/IPv4 属性

1) IPv4 地址

IPv4 地址(IPv4 Address,下文的 IP 地址均指 IPv4 地址)就是给每个连接在 Internet 上的主机分配的一个长为 32b 的二进制地址。为了方便人们使用,IP 地址经常每连续 8b 中间使用符号“.”分开,并转换成十进制的形式(称为点分十进制记法)。IP 地址就像一个人可以合法地在社会上办理银行卡、移动电话等社会活动时需要一个身份证号标识一样。

所有的 IP 地址都由国际组织 NIC(Network Information Center)负责统一分配。目前全世界共有三个这样的网络信息中心：InterNIC(负责美国及其他地区)、ENIC(负责欧洲地区)、APNIC(负责亚太地区)。我国申请 IP 地址要通过 APNIC,APNIC 的总部设在澳大利亚的布里斯班。申请时要考虑申请哪一类的 IP 地址,然后向国内的代理机构提出。

2）子网掩码

子网掩码(Subnet Mask)又称为网络掩码、地址掩码、子网络遮罩，它是一种用来指明一个 IP 地址的哪些位标识的是主机所在的子网以及哪些位标识的是主机的位掩码。子网掩码不能单独存在，它必须结合 IP 地址一起使用。子网掩码只有一个作用，就是将某个 IP 地址划分成网络地址和主机地址两部分。

3）默认网关

默认网关(Default Gateway)是一个可直接到达的 IP 路由器的 IP 地址，配置默认网关可以在 IP 路由表中创建一个默认路径，一台主机可以有多个网关。默认网关的意思是一台主机如果找不到可用的网关，就把数据包发给默认指定的网关，由这个网关来处理数据包，它就好像一所学校有一个大门，学生进出学校必须经过这个大门，这个大门就是学生出入的默认关口。现在主机使用的网关，一般指的是默认网关。一台主机的默认网关是不可以随随便便指定的，必须正确地指定，否则一台主机就会将数据包发给不是网关的主机，从而无法与其他网络的主机通信。

4）DNS 服务器

DNS(Domain Name System 或 Domain Name Service)是指域名系统或者域名服务，为 Internet 上的主机解析域名地址和 IP 地址。用户使用域名地址，该系统就会自动把域名地址转为 IP 地址。域名服务是运行域名系统的 Internet 工具。执行域名服务的服务器称为 DNS 服务器，通过 DNS 服务器来应答域名服务的查询。TCP/IP 属性设置中填入的就是 DNS 服务器的 IP 地址。

2. ipconfig 命令

ipconfig 命令用于显示当前的 TCP/IP 配置的设置值。这些信息一般用来检验人工配置的 TCP/IP 设置是否正确。但是，如果本地计算机和所在的局域网使用了动态主机配置协议(DHCP)，这个程序所显示的信息也许更加实用。这时，ipconfig 可以让我们了解自己的计算机是否成功地租用到一个 IP 地址，如果租用到则可以了解它目前分配到的是什么地址。了解计算机当前的 IP 地址、子网掩码和默认网关实际上是进行测试和故障分析的必要项目。

1）ipconfig

当使用 ipconfig 不带任何参数选项时，它将为每个已经配置了的接口显示 IP 地址、子网掩码和默认网关值。

2）ipconfig/all

当使用 all 选项时，ipconfig 能为 DNS 和 WINS 服务器显示它已配置且所要使用的附加信息(如 IP 地址等)，并且显示内置于本地网卡中的物理地址(MAC)。如果 IP 地址是从 DHCP 服务器租用的，ipconfig 将显示 DHCP 服务器的 IP 地址和租用地址预计失效的日期。

3）ipconfig/release 和 ipconfig/renew

这是两个附加选项，只能在向 DHCP 服务器租用其 IP 地址的计算机上起作用。如果输入 ipconfig/release，那么所有接口的租用 IP 地址便重新交付给 DHCP 服务器(归还 IP 地址)。如果输入 ipconfig/renew，那么本地计算机便设法与 DHCP 服务器取得联系，并租用一个 IP 地址。请注意，大多数情况下，网卡将被重新赋予和以前所赋予的相同的 IP 地址。

3. ping 命令

ping 命令是最常用的一种网络命令，用于确定本地主机是否能与另一台主机交换（发送与接收）数据报。根据返回的信息，可以推断 TCP/IP 参数是否设置正确以及运行是否正常。按照默认设置，Windows 上运行的 ping 命令发送 4 个 ICMP（互联网控制报文协议）回送请求，每个 32B 数据，如果一切正常，应能得到 4 个回送应答。

在 Windows 中打开“运行”（可使用 Win+R 快捷键打开），输入“cmd”，打开 DOS 命令行界面，然后输入“ping /?”可获取 ping 命令的帮助，如图 1-1 所示为 ping 命令各选项的具体含义。

```
命令提示符
C:\Users\ZMJ>ping /?

用法: ping [-t] [-a] [-n count] [-l size] [-f] [-i TTL] [-v TOS]
           [-r count] [-s count] [[-j host-list] | [-k host-list]]
           [-w timeout] [-R] [-S srcaddr] [-c compartment] [-p]
           [-4] [-6] target_name

选项:
    -t             Ping 指定的主机，直到停止。
                   若要查看统计信息并继续操作，请键入 Ctrl+Break;
                   若要停止，请键入 Ctrl+C。
    -a             将地址解析为主机名。
    -n count       要发送的回显请求数。
    -l size        发送缓冲区大小。
    -f             在数据包中设置“不分段”标记(仅适用于 IPv4)。
    -i TTL         生存时间。
    -v TOS         服务类型(仅适用于 IPv4。该设置已被弃用，
                   对 IP 标头中的服务类型字段没有任何
                   影响)。
    -r count       记录计数跃点的路由(仅适用于 IPv4)。
    -s count       计数跃点的时间戳(仅适用于 IPv4)。
    -j host-list   与主机列表一起使用的松散源路由(仅适用于 IPv4)。
    -k host-list    与主机列表一起使用的严格源路由(仅适用于 IPv4)。
    -w timeout     等待每次回复的超时时间(毫秒)。
    -R             同样使用路由标头测试反向路由(仅适用于 IPv6)。
                   根据 RFC 5095，已弃用此路由标头。
                   如果使用此标头，某些系统可能丢弃
                   回显请求。
    -S srcaddr     要使用的源地址。
    -c compartment 路由隔离舱标识符。
    -p             Ping Hyper-V 网络虚拟化提供程序地址。
    -4             强制使用 IPv4。
    -6             强制使用 IPv6。
```

图 1-1　ping 命令选项

Windows 中的 ping 命令形式如下。

```
ping [-t] [-a] [-n count] [-l size] [-f] [-i TTL] [-v TOS] [-r count] [-s count]
[[-j host-list] | [-k host-list]] [-w timeout] [-R] [-S srcaddr] [-4] [-6] 目的
主机/IP 地址
```

正常情况下，使用 ping 命令来查找问题所在或检验网络运行情况时，需要使用许多次 ping 命令，如果所有都运行正确，则可以相信基本的连通性和配置参数没有问题；如果某些 ping 命令出现运行故障，它也可以指明问题所在。下面就给出一个典型的检测次序及对应的可能故障的例子。

1) ping 127.0.0.1

这个 ping 命令被送到本地计算机的 IP 软件，如果运行出现故障，则表示 TCP/IP 软

件安装或运行存在某些问题。

2）ping 本机 IP

这个命令被送到计算机所配置的 IP 地址，计算机始终都应该对该 ping 命令做出应答，如果没有，则表示本地配置或安装存在问题。出现此问题时，局域网用户请断开网络电缆，然后重新发送该命令。如果网线断开后本命令正确，则表示另一台计算机可能配置了相同的 IP 地址。

3）ping 局域网内其他 IP

这个命令应该离开本地计算机，经过网卡及网络电缆到达其他计算机，再返回。收到回送应答表明本地网络中的网卡和载体运行正确。但如果收到 0 个回送应答，那么表示子网掩码不正确或网卡配置错误或电缆系统有问题。

4）ping 网关 IP

这个命令如果应答正确，表示局域网中的路由器正在运行并能够做出应答。

5）ping 远程 IP

如果收到 4 个应答，表示成功地使用了默认网关。对于拨号上网用户则表示能够成功地访问 Internet（但不排除 ISP 的 DNS 会有问题）。

6）ping localhost

localhost 是操作系统的网络保留名，它是 127.0.0.1 的别名，每台计算机都应该能够将该名字转换成该地址。如果 ping 命令不能正确运行，则表示主机文件（/Windows/hosts）中存在问题。

7）ping www.xxx.com（如 www.seig.edu.cn）

对这个域名执行 ping www.xxx.com 地址，通常是通过 DNS 服务器。如果这里出现故障，则表示 DNS 服务器的 IP 地址配置不正确或 DNS 服务器有故障（对于拨号上网用户，某些 ISP 已经不需要设置 DNS 服务器了）。也可以利用该命令实现域名对 IP 地址的转换功能。

如果上面所列出的所有 ping 命令都能正常运行，那么我们对自己的计算机进行本地和远程通信的功能基本上就可以放心了。但是，这些命令的成功并不表示所有的网络配置都没有问题，例如，某些子网掩码错误就可能无法用这些方法检测到。

1.4 实验内容与步骤

本实验指导所使用的计算机已经连入局域网，且能自动获取 IP 地址，在 Windows 10 系统中完成设置（Windows XP 等老版本系统中部分步骤略有不同，但大同小异）。

1. 使用 ipconfig 命令查看计算机的 TCP/IP 属性设置

（1）使用 Cortana 搜索“运行”并打开（打开“运行”对话框的快捷方式是使用 Win＋R 组合键，各版本 Windows 系统中适用），输入“cmd”然后按 Enter 键，如图 1-2 所示，打开命令行界面。输入 ipconfig 相关命令然后按 Enter 键，如图 1-3 所示。

（2）将使用 ipconfig 相关命令获取计算机“本地连接（以太网连接）”的 TCP/IP 属性值记录在表 1-1 中。

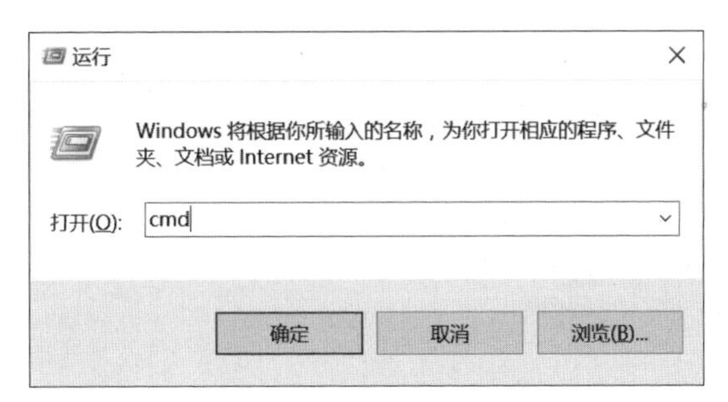

图 1-2　打开命令行界面

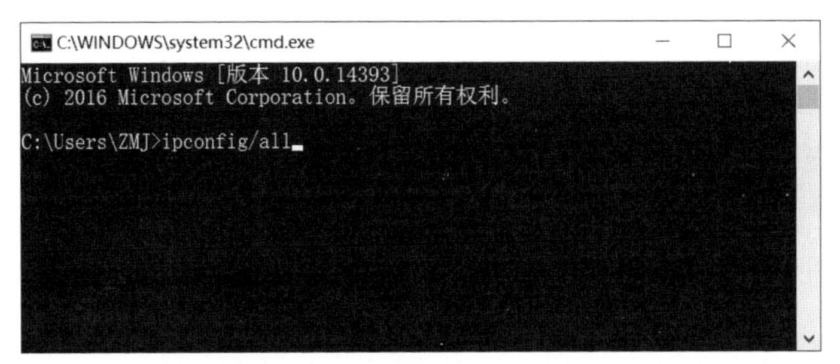

图 1-3　在命令行界面输入 ipconfig 相关命令

表 1-1　TCP/IP 属性值记录

TCP/IP 属性	值
物理地址(Physical Address)	
IP 地址(IP Address)	
子网掩码(Subnet Mask)	
默认网关(Default Gateway)	
首选 DNS 服务器(DNS Servers)	
备用 DNS 服务器	

2. 手动设置 TCP/IP 属性连入局域网

(1) 打开“控制面板”，单击“网络和共享中心”(或者在桌面上右键单击“网络”，在弹出的菜单中选择“属性”，进入“网络和共享中心”窗口)，如图 1-4 所示。

(2) 在“网络和共享中心”窗口(左边菜单)中单击“更改适配器设置”，打开“网络连接”窗口，如图 1-5 所示。除了在界面上打开之外，还可以通过在“运行”对话框中输入“ncpa.cpl”然后按 Enter 键，可以打开“网络连接”窗口(此快捷方法，各版本 Windows 系统适用)。

(3) 右键单击“以太网”，在弹出的菜单中选择“属性”，进入“以太网属性”对话框，如图 1-6 所示。选择“Internet 协议版本 4(TCP/IPv4)”，单击“属性”按钮，进入“Internet 协议版本 4(TCP/IPv4)属性”对话框。注意，在 Windows 7/10 等系统中，请选择“Internet 协议版本 4(TCP/IPv4)”，本实验主要学习 IPv4 地址的设置，注意区分 IPv4 和 IPv6。

图 1-4 “网络和共享中心”窗口

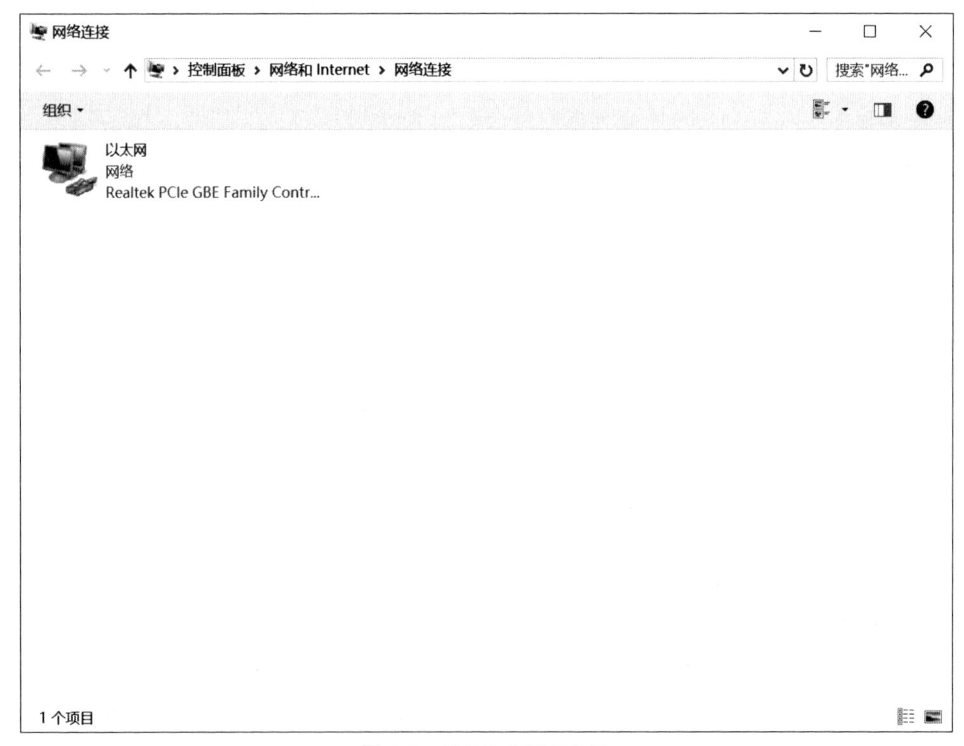

图 1-5 “网络连接”窗口

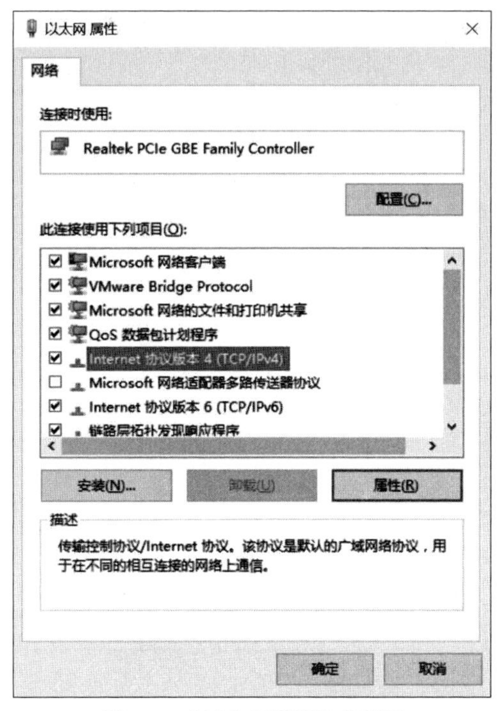

图 1-6　“以太网属性”对话框

(4) 在“Internet 协议版本 4(TCP/IPv4)属性”对话框中，如图 1-7 所示，单击“使用下

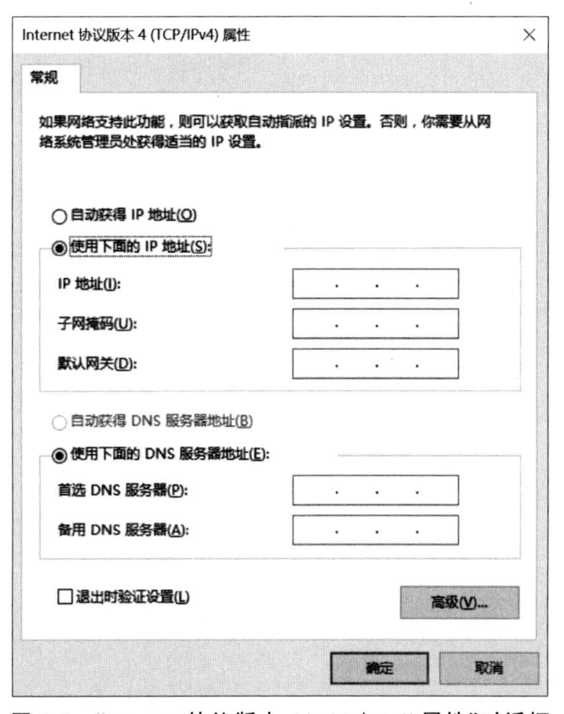

图 1-7　“Internet 协议版本 4(TCP/IPv4)属性”对话框

面的 IP 地址"单选按钮,然后根据表 1-1 中记录的数据,配置本机的 IP 地址和子网掩码、默认网关和 DNS 服务器。配置完后,单击"确定"按钮。

(5) 打开 DOS 命令行界面,使用 ipconfig/all 命令查看手动配置的 TCP/IP 属性情况,并记录在表 1-2 中。比较表 1-1 和表 1-2,看是否相同。

表 1-2 手动配置的 TCP/IP 属性值记录

TCP/IP 属性	值
物理地址(Physical Address)	
IP 地址(IP Address)	
子网掩码(Subnet Mask)	
默认网关(Default Gateway)	
首选 DNS 服务器(DNS Servers)	
备用 DNS 服务器	
与表 1-1 比较的结果(相同/不同)	

3. 使用 ping 命令测试网络连通性

使用 ping 相关命令测试网络连通性,请将相关数据记录在表 1-3 中,根据数据请分析网络的连通性。

表 1-3 网络连通性测试

ping	使用的命令及参数	ping 的结果(通/不通)
127.0.0.1	例如: ping 127.0.0.1	
本机 IP		
相邻计算机 IP		
默认网关 IP		
DNS 服务器 IP		
localhost		
www.seig.edu.cn		
网络连通性结论(主要分析 ping 不通的情况)		

4. 将 TCP/IP 属性值设置为自动获取

在"Internet 协议(TCP/IP)属性"对话框中将主机的 IP 地址和 DNS 设置为自动获取,在命令行界面(cmd 窗口)使用 ipconfig/all 命令再次查看自动获取的 TCP/IP 属性信息,并将具体信息填写在表 1-4 中。比较表 1-4 和表 1-1、表 1-2,看是否相同。

表 1-4　手动配置的 TCP/IP 属性值记录

TCP/IP 属性	值
物理地址(Physical Address)	
IP 地址(IP Address)	
子网掩码(Subnet Mask)	
默认网关(Default Gateway)	
首选 DNS 服务器(DNS Servers)	
备用 DNS 服务器	
与表 1-1、表 1-2 比较的结果(相同/不同)	

1.5　练习与思考

1. 选择题

(1) 在 Windows 操作系统的客户端可以通过(　　)命令查看 DHCP 服务器分配给本机的 IP 地址。

A. config

B. ifconfig

C. ipconfig

D. route

(2) 若用 ping 命令来测试本机是否安装了 TCP/IP,正确的命令是(　　)。

A. ping 127.0.0.0

B. ping 127.0.0.1

C. ping 127.0.1.1

D. ping 127.1.1.1

(3) 在 Windows 中,ping 命令的-n 选项表示(　　)。

A. ping 的次数

B. ping 的网络号

C. 数字形式显示结果

D. 不要重复,只 ping 一次

2. 思考题

某人手动配置"Internet 协议(TCP/IP)属性"以后,使用 ipconfig 命令验证配置的选项,其结果如图 1-8 所示,IP 地址和子网掩码选项分别是 0.0.0.0。请分析可能导致这种情况的原因,如何解决这个问题?

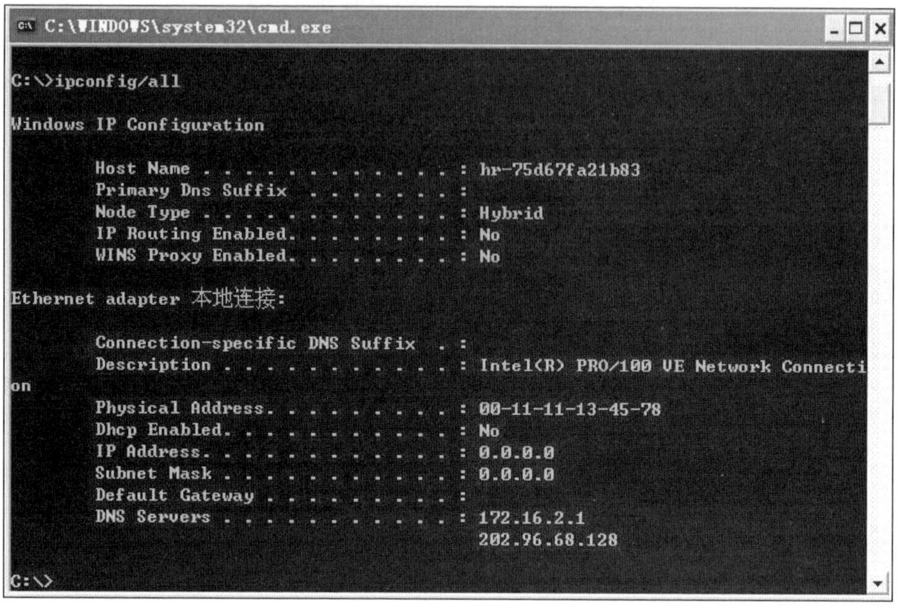

```
C:\WINDOWS\system32\cmd.exe

C:\>ipconfig/all

Windows IP Configuration

        Host Name . . . . . . . . . . . . : hr-75d67fa21b83
        Primary Dns Suffix  . . . . . . . :
        Node Type . . . . . . . . . . . . : Hybrid
        IP Routing Enabled. . . . . . . . : No
        WINS Proxy Enabled. . . . . . . . : No

Ethernet adapter 本地连接:

        Connection-specific DNS Suffix  . :
        Description . . . . . . . . . . . : Intel(R) PRO/100 VE Network Connecti
on
        Physical Address. . . . . . . . . : 00-11-11-13-45-78
        Dhcp Enabled. . . . . . . . . . . : No
        IP Address. . . . . . . . . . . . : 0.0.0.0
        Subnet Mask . . . . . . . . . . . : 0.0.0.0
        Default Gateway . . . . . . . . . :
        DNS Servers . . . . . . . . . . . : 172.16.2.1
                                            202.96.68.128

C:\>
```

图 1-8　使用 ipconfig 命令查看配置结果

实验 2 eNSP 与华为网络设备 CLI 的使用

2.1 实 验 目 的

(1) 掌握 eNSP 的安装方法。

(2) 掌握运用 eNSP 搭建网络拓扑并进行实验的操作方法。

(3) 熟悉 VRP 的基本操作。

(4) 掌握常用的 IP 命令。

2.2 实 验 要 求

(1) 设备要求：计算机两台以上(安装有 Windows 操作系统,安装有网卡已联网)。

(2) 分组要求：1 人一组,但部分步骤需相互合作完成。

2.3 实验预备知识

1. eNSP

eNSP(Enterprise Network Simulation Platform)是一款由华为自主开发的、免费的、可扩展的、图形化操作的网络仿真工具平台,主要对企业网络路由器、交换机及相关物理设备进行软件仿真,完美呈现真实设备实景,支持大型网络模拟,可让广大用户能够在没有真实设备的情况下模拟演练,学习网络技术。

2. VRP

VRP 是 Versatile Routing Platform 的简称,它是华为公司数据通信产品的通用网络操作系统,是华为公司从低端到高端的全系列路由器、交换机等数据通信产品的通用网络操作系统,就如同微软公司的 Windows 操作系统之于 PC,苹果公司的 iOS 操作系统之于 iPhone。VRP 可以运行在多种硬件平台之上,并拥有一致的网络界面、用户界面和管理界面,可为用户提供灵活而丰富的应用解决方案。

用户登录到路由器后出现命令行提示符后,即进入命令行接口(Command Line Interface,CLI)。命令行接口是用户与路由器进行交互的常用工具。

当用户输入命令时,如果不记得此命令的关键字或参数,可以使用命令行的帮助获取全部或部分关键字和参数的提示。用户也可以通过使用系统快捷键完成对应命令的输入,简化操作。在首次登录设备时,用户可根据需要完成设备的基本配置,如设备名称的修改、时钟的配置以及标题文本的设置等。

华为网络设备功能的配置和业务的部署是通过 VRP 命令行来完成的。命令行是在设备内部注册的、具有一定格式和功能的字符串。一条命令行由关键字和参数组成,关键字是一组与命令行功能相关的单词或词组,通过关键字可以唯一确定一条命令行。参数是为了完善命令行的格式或指示命令的作用对象而指定的相关单词或数字等,包括整数、字符串、枚举值等数据类型。例如,测试设备间连通性的命令行 ping ip-address 中,ping 为命令行的关键字,ip-address 为参数(取值为一个 IP 地址)。

3. CLI 命令行视图

华为设备提供了多样的配置和查询命令,为便于用户使用这些命令,VRP 系统按功能分类将命令分别注册在不同的命令行视图下,如图 1-9 所示。

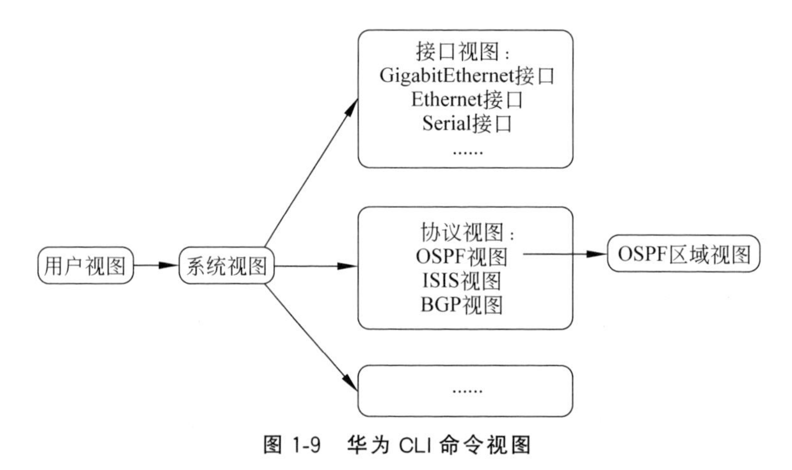

图 1-9　华为 CLI 命令视图

用户视图：用户视图为登录系统后的第一个视图。用户可以完成查看运行状态和统计信息等功能。这里仅提供查询,以及 ping、telnet 等工具命令,不提供任何配置命令。

系统视图：用户视图下通过 system-view 命令可以进入系统视图,系统视图提供一些简单的全局配置功能。用户可以配置系统参数以及通过该视图进入其他的功能配置视图。

其他视图：如接口视图、协议视图,用户可以进行接口参数和协议参数配置。

命令视图的切换如图 1-10 所示。

命令行举例：

```
<Huawei>system-view                             #用户首先进入用户视图,通过命令进入系统视图
[Huawei]interface GigabitEthernet 0/0/1         #在系统视图进入接口视图
[Huawei-GigabitEthernet0/0/1]ip address 192.168.1.1 24      #配置 IP 地址
[Huawei-GigabitEthernet0/0/1]quit               #退回到上一个视图
[Huawei]ospf 1                                  #在系统视图进入协议视图
```

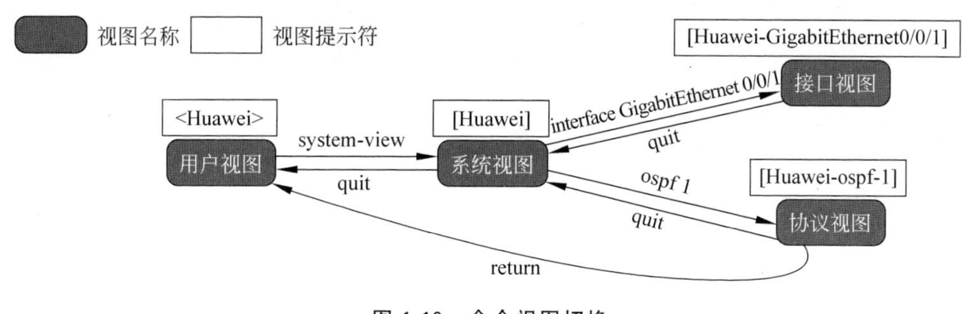

图 1-10　命令视图切换

```
[Huawei-ospf-1]area 0                    #在协议视图进入 OSPF 区域视图
[Huawei-ospf-1-area-0.0.0.0]return       #返回用户视图
```

4. Telnet

Telnet(Telecommunicafin Network Protocol)起源于ARPANET,是最早的Internet应用之一。

Telnet通常用在远程登录应用中,以便对本地或远端运行的网络设备进行配置、监控和维护。如网络中有多台设备需要配置和管理,用户无须为每一台设备都连接一个用户终端进行本地配置,可以通过Telnet方式在一台设备上对多台设备进行管理或配置。如果网络中需要管理或配置的设备不在本地时,也可以通过Telnet方式实现对网络中设备的远程维护,极大地提高了用户操作的灵活性。

5. 抓包工具

抓包工具是拦截查看网络数据包内容的软件。抓包工具由于其可以对数据通信过程中的所有IP报文实施捕获并进行逐层拆包分析,一直是传统固网数通维护工作中常用的故障排查工具。业内流行的抓包软件有很多,如Wireshark、SnifferPro、Snoop以及Tcpdump等各抓包软件,除应用平台稍有差别外,基本功能大同小异。

6. 配置命令

```
(1) display version                    #显示系统软件版本及硬件等信息
(2) system-view                        #用户视图切换到系统视图
(3) quit                               #切换回用户视图
(4) return                             #切换回用户视图
(5) interface 接口名称                  #切换到接口视图
(6) ip address                         #配置接口的 IP 地址和子网掩码
(7) sysname                            #修改路由器或者交换机名称
(8) clock datetime                     #设置当前日期和时间
(9) clock timezone                     #设置所在的时区
(10) display current-configuration     #查看路由器当前配置状况
(11) display interface                 #查看接口的状态信息
(12) save                              #用户视图下保存路由器或者交换机的当前配置
(13) display ip interface brief        #查看接口与 IP 相关摘要信息
(14) user-interface vty 0 4            #切换至 VTY 用户界面视图,最多支持 5 个终端同时登录
```

2.4 实验内容与步骤

1. eNSP 的安装及软件的使用

1）安装 eNSP

eNSP 需要 Wireshark、WinPcap 和 VirtualBox 支持，可以先提前分别安装好，最后安装 eNSP。安装时使用默认安装即可，注意一定要安装到英文目录(安装步骤省略)。

2）eNSP 的使用

启动 eNSP 后，主界面如图 1-11 所示。

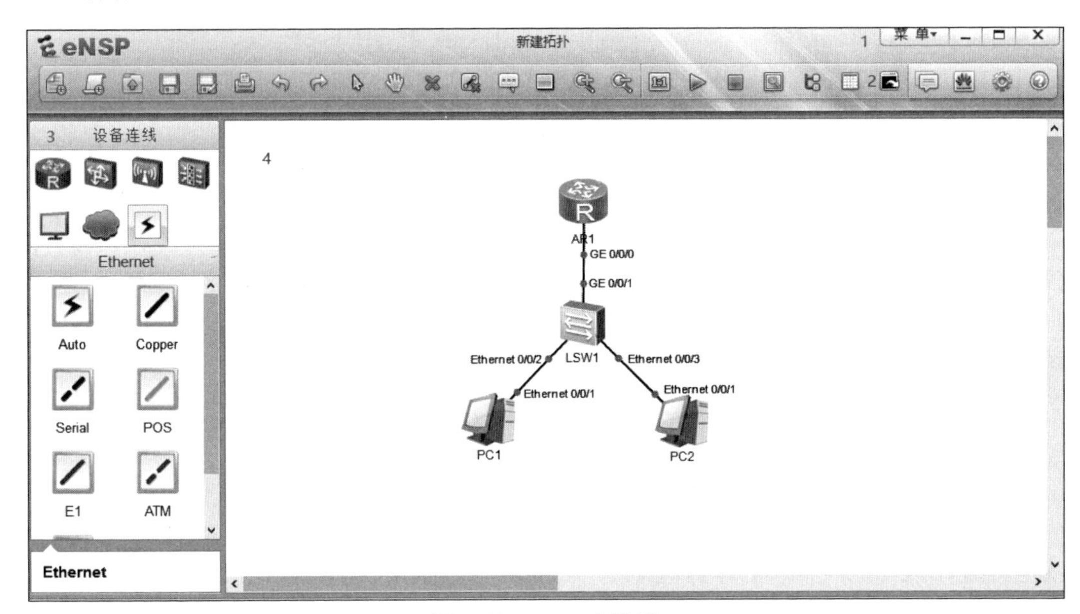

图 1-11 eNSP 主界面

区域 1 是主菜单，提供“文件”“编辑”“视图”“工具”“帮助”菜单。进入“工具”菜单，选择“选项”，在弹出的“选项”对话框中设置软件的参数，如图 1-12 所示。

区域 2 是工具栏，提供常用的工具，如新建拓扑等。

区域 3 是网络设备区，提供设备和各种网线，如图 1-13 所示。每种设备分为不同型号。

区域 4 是工作区，在此区域可以灵活创建网络拓扑。

3）网络设备配置

在 eNSP 中，可以利用图形化界面灵活地搭建需要的拓扑组网图，其步骤如下。

步骤 1：选择设备。主界面左侧为可供选择的网络设备区，将需要的设备直接拖至工作区。每台设备带有默认名称，通过单击可以对其进行修改。还可以使用工具栏中的文本按钮和调色板按钮在拓扑中任意位置添加描述或图形标识，如图 1-14 所示。

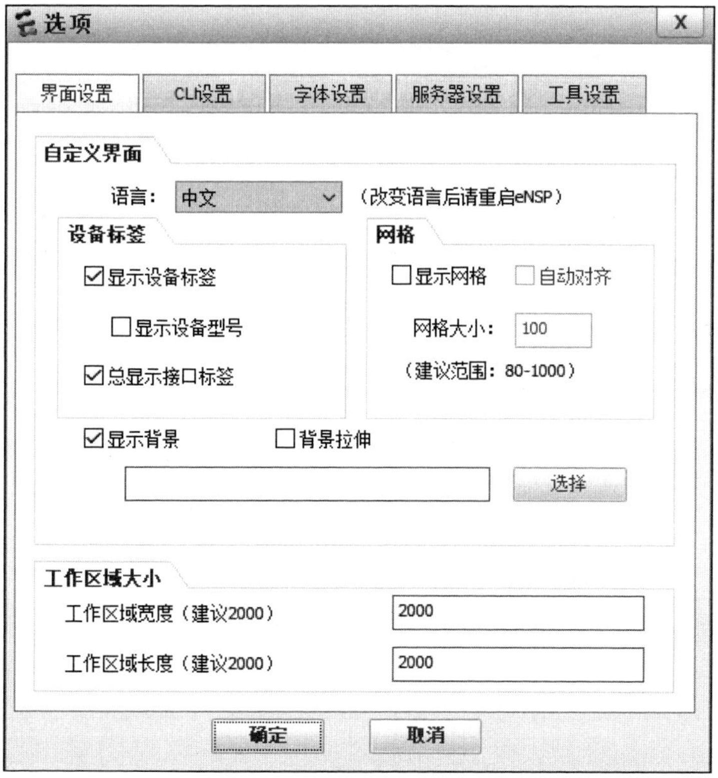

图 1-12　工具菜单的选项

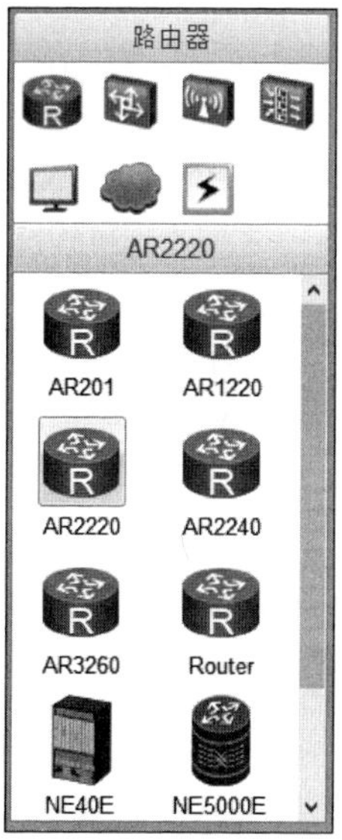

图 1-13　网络设备区

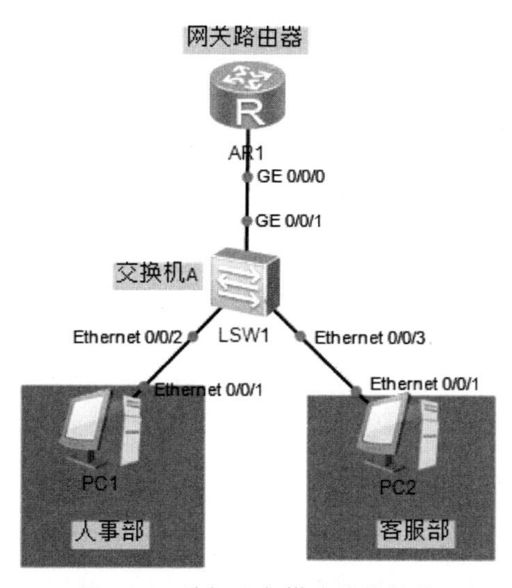

图 1-14　选择设备搭建网络拓扑

步骤 2：配置设备。在模拟 PC 上单击鼠标右键，在弹出的快捷菜单中选择“设置”命令，打开设置对话框。在“基础配置”选项卡中配置设备的基础参数，如 IP 地址、子网掩码和 MAC 地址等。在命令行中可以运行 ping、tracert 等命令，如图 1-15 所示。

PC1

基础配置 命令行 组播 UDP发包工具 串口

主机名:

MAC 地址: 54-89-98-CA-04-84

IPv4 配置

静态 DHCP 自动获取 DNS 服务器地址

IP 地址: 0 . 0 . 0 . 0 DNS1: 0 . 0 . 0 . 0

子网掩码: 0 . 0 . 0 . 0 DNS2: 0 . 0 . 0 . 0

网关: 0 . 0 . 0 . 0

IPv6 配置

静态 DHCPv6

IPv6 地址: ::

前缀长度: 128

IPv6 网关: ::

应用

图 1-15 PC 配置界面

步骤 3：设备连接。根据设备接口的不同可以灵活选择线缆的类型。当线缆仅一端连接了设备，而此时希望取消连接时，在工作区单击鼠标右键或者按 Esc 键即可。选择 Auto 可以自动识别接口卡选择相应线缆。常见的如 Copper 为双绞线，Serial 为串口线，如图 1-16 所示。

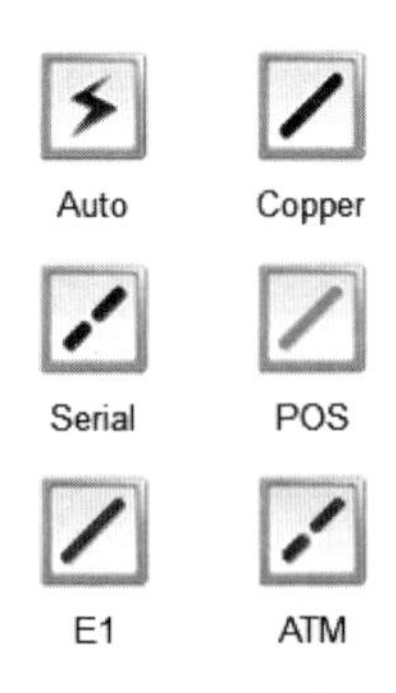

图 1-16 设备连接线缆

步骤 4：配置导入。在设备未启动的状态下，在设备上单击鼠标右键，在弹出的快捷菜单中选择“导入设备配置”命令，可以选择设备配置文件(.cfg 或者.zip 格式)并导入设备中。

步骤 5：设备启动。选中需要启动的设备后，可以通过单击工具栏中的“启动设备”按钮或者选择该设备的右键菜单中的“启动”命令来启动设备。启动后，双击设备图标，通过弹出的 CLI 命令行界面进行配置。

步骤 6：设备和拓扑保存。完成配置后可以单击工具栏中的“保存”按钮来保存拓扑图，并导出设备的配置文件。在设备上单击鼠标右键，在弹出的快捷菜单中选择“导出设备配置”命令，输入设备配置文件的文件名，并将设备配置信息导出为.cfg 文件。

2. 常用的 IP 相关命令

1）实验拓扑

拓扑如图 1-17 所示。

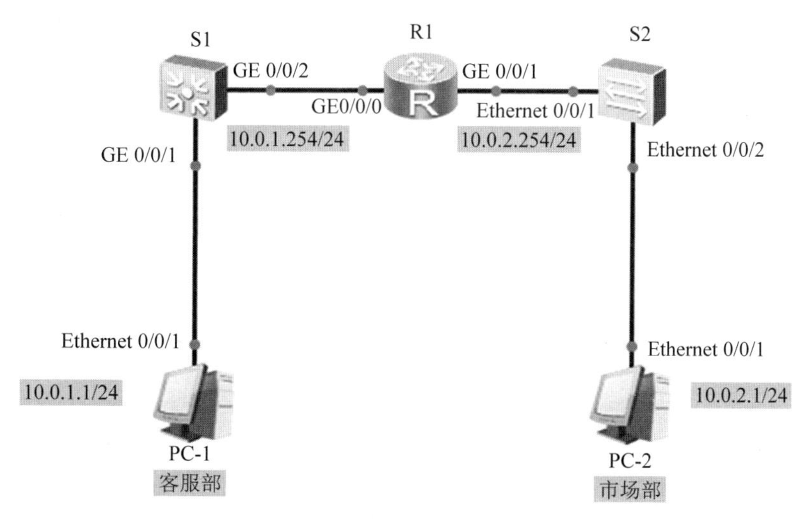

图 1-17 实验拓扑

2）实验编址

实验编址见表 1-5。

表 1-5 实验编址

设 备	接 口	IP 地址	子网掩码	默认网关
PC-1	Ethernet 0/0/1	10.0.1.1	255.255.255.0	10.0.1.254
PC-2	Ethernet 0/0/1	10.0.2.1	255.255.255.0	10.0.2.254
R1(AR2220)	GE 0/0/0	10.0.1.254	255.255.255.0	N/A
	GE 0/0/1	10.0.2.254	255.255.255.0	N/A

3）实验步骤

（1）基本配置。

根据实验编址，使用图形化界面配置 PC 的 IP 地址，客服部 PC-1 配置如图 1-18 所示。

配置路由器的主机名称为 R1，保存配置参数。

```
<Huawei>system-view              #用命令 system-view 切换到系统视图
Enter system view, return user view with Ctrl+Z.
```

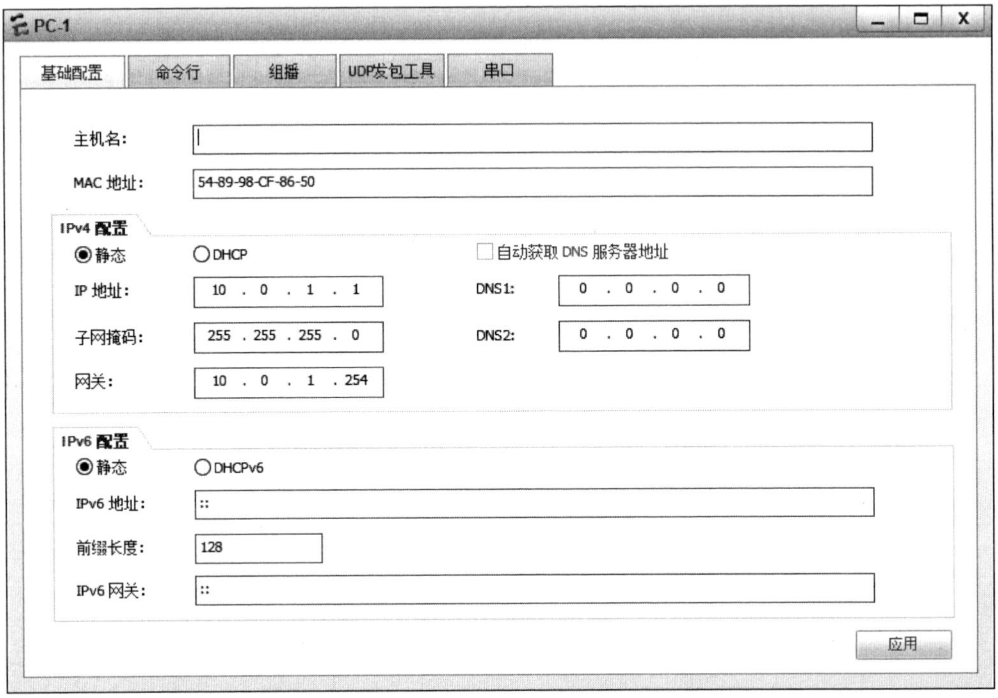

图 1-18 PC-1 配置界面

```
[Huawei]sysname R1                #修改路由器名称为 R1
[R1]quit                          #退回到用户视图
<R1>save                          #保存配置
  The current configuration will be written to the device.
  Are you sure to continue? (y/n) [n]:y
  It will take several minutes to save configuration file, please wait.......
  Configuration file had been saved successfully
  Note: The configuration file will take effect after being activated
<R1>
```

(2) 配置路由器接口 IP 地址。

```
[R1]interface g0/0/0                                #进入接口视图
[R1-GigabitEthernet0/0/0]ip address 10.0.1.254 24   #配置接口 G0/0/0 的 IP 地址
[R1-GigabitEthernet0/0/0]interface g0/0/1           #进入接口 G0/0/1
[R1-GigabitEthernet0/0/1]ip address 10.0.2.254 24   #配置接口 G0/0/1 的 IP 地址
[R1-GigabitEthernet0/0/1] return                    #切换回用户视图
```

使用 display ip interface brief 命令查看接口 IP 信息进行核对。

```
<R1>display ip interface brief
Interface                     IP Address/Mask    Physical    Protocol
GigabitEthernet0/0/0          10.0.1.254/24      up          up
GigabitEthernet0/0/1          10.0.2.254/24      up          up
GigabitEthernet0/0/2          unassigned         down        down
NULL0                         unassigned         up          p(s)
```

（3）查看路由器配置信息。

使用 display ip routing-table 命令查看路由表信息。

```
<R1>display ip routing-table
Route Flags: R - relay, D - download to fib
------------------------------------------------------------------------------
Routing Tables: Public
        Destinations : 10       Routes : 10
    Destination/Mask    Proto   Pre  Cost  Flags NextHop        Interface
10.0.1.0/24       Direct    0    0    D   10.0.1.254    GigabitEthernet0/0/0
10.0.1.254/32     Direct    0    0    D   127.0.0.1     GigabitEthernet0/0/0
10.0.1.255/32     Direct    0    0    D   127.0.0.1     GigabitEthernet0/0/0
10.0.2.0/24       Direct    0    0    D   10.0.2.254    GigabitEthernet0/0/1
10.0.2.254/32     Direct    0    0    D   127.0.0.1     GigabitEthernet0/0/1
10.0.2.255/32     Direct    0    0    D   127.0.0.1     GigabitEthernet0/0/1
127.0.0.0/8       Direct    0    0    D   127.0.0.1         InLoopBack0
127.0.0.1/32      Direct    0    0    D   127.0.0.1         InLoopBack0
127.255.255.255/32  Direct  0    0    D   127.0.0.1         InLoopBack0
255.255.255.255/32  Direct  0    0    D   127.0.0.1         InLoopBack0
```

可以观察到，路由器 R1 在 GE 0/0/0 接口上直连了一个 10.0.1.0/24 的网段，在 GE 0/0/1 接口上直连了一个 10.0.2.0/24 的网段。

使用 ping 命令测试路由器 R1 与 PC 间的连通性。下面以测试去往 PC-1 的连通性为例说明。

```
<R1>ping 10.0.1.1
  PING 10.0.1.1: 56  data bytes, press CTRL_C to break
    Reply from 10.0.1.1: bytes=56 Sequence=1 ttl=128 time=200 ms
    Reply from 10.0.1.1: bytes=56 Sequence=2 ttl=128 time=40 ms
    Reply from 10.0.1.1: bytes=56 Sequence=3 ttl=128 time=30 ms
    Reply from 10.0.1.1: bytes=56 Sequence=4 ttl=128 time=40 ms
    Reply from 10.0.1.1: bytes=56 Sequence=5 ttl=128 time=50 ms

  ---10.0.1.1 ping statistics ---
    5 packet(s) transmitted
    5 packet(s) received
    0.00% packet loss
    round-trip min/avg/max =30/72/200 ms
```

直连网段连通性测试完毕后，测试非直连设备的连通性，即 PC-1 与 PC-2 的连通性。双击设备打开配置界面，打开“命令行”选项卡。此命令行如同 PC 的 DOS 窗口一样，可执行基本命令，如图 1-19 所示。

（4）使用抓包工具 Wireshark。

以抓取 R1 上 GE 0/0/0 接口的数据包为例，在 R1 与 S1 的直连链路上，在接口 GE 0/0/0 上单击鼠标右键，在弹出的快捷菜单中选择“开始抓包”命令，如图 1-20 所示。

这时会显示出抓包的结果，如图 1-21 所示。

PC-1

基础配置 命令行 组播 UDP发包工具 串口

```
Welcome to use PC Simulator!

PC>ping 10.0.2.1

Ping 10.0.2.1: 32 data bytes, Press Ctrl_C to break
Request timeout!
From 10.0.2.1: bytes=32 seq=2 ttl=127 time=62 ms
From 10.0.2.1: bytes=32 seq=3 ttl=127 time=63 ms
From 10.0.2.1: bytes=32 seq=4 ttl=127 time=78 ms
From 10.0.2.1: bytes=32 seq=5 ttl=127 time=78 ms

--- 10.0.2.1 ping statistics ---
  5 packet(s) transmitted
  4 packet(s) received
  20.00% packet loss
  round-trip min/avg/max = 0/70/78 ms

PC>
```

图 1-19 在 PC-1 测试与 PC-2 的连通性

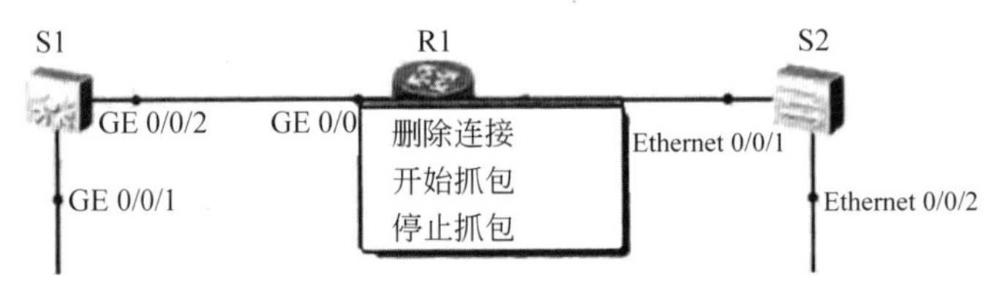

图 1-20 通过右键菜单抓包

Capturing from Standard input

File Edit View Go Capture Analyze Statistics Telephony Wireless Tools Help

Apply a display filter … <Ctrl-/>

No.	Time	Source	Destination	Protocol	Length	Info
9	17.797000	HuaweiTe_07:0e:10	Spanning-tree-(for-…	STP	119	MST. Root = 32768/0/4c:1f:cc:07:0e:10 Cost = 0 Port = 0x8002
10	20.078000	HuaweiTe_07:0e:10	Spanning-tree-(for-…	STP	119	MST. Root = 32768/0/4c:1f:cc:07:0e:10 Cost = 0 Port = 0x8002
11	22.312000	HuaweiTe_07:0e:10	Spanning-tree-(for-…	STP	119	MST. Root = 32768/0/4c:1f:cc:07:0e:10 Cost = 0 Port = 0x8002
12	24.469000	HuaweiTe_07:0e:10	Spanning-tree-(for-…	STP	119	MST. Root = 32768/0/4c:1f:cc:07:0e:10 Cost = 0 Port = 0x8002
13	26.656000	HuaweiTe_07:0e:10	Spanning-tree-(for-…	STP	119	MST. Root = 32768/0/4c:1f:cc:07:0e:10 Cost = 0 Port = 0x8002
14	28.859000	HuaweiTe_07:0e:10	Spanning-tree-(for-…	STP	119	MST. Root = 32768/0/4c:1f:cc:07:0e:10 Cost = 0 Port = 0x8002
15	31.078000	HuaweiTe_07:0e:10	Spanning-tree-(for-…	STP	119	MST. Root = 32768/0/4c:1f:cc:07:0e:10 Cost = 0 Port = 0x8002
16	33.328000	HuaweiTe_07:0e:10	Spanning-tree-(for-…	STP	119	MST. Root = 32768/0/4c:1f:cc:07:0e:10 Cost = 0 Port = 0x8002

```
> Frame 1: 119 bytes on wire (952 bits), 119 bytes captured (952 bits) on interface 0
> IEEE 802.3 Ethernet
> Logical-Link Control
> Spanning Tree Protocol
```

图 1-21 抓包结果

2.5　练习与思考

(1) 华为VRP系统退到上一个视图的命令为(　　)。

A. exit　　B. quit　　C. return　　D. reboot

(2) 华为VRP系统中从接口视图退回到用户视图的命令为(　　)。

A. exit　　B. quit　　C. return　　D. reboot

(3) 华为VRP系统有哪些常见的命令视图?

(4) 配置设备的名称的命令是什么?

(5) 华为数通设备目前使用的VRP版本是多少?

实验 3　网络数据捕获与分析

3.1　实验目的

（1）掌握使用 Wireshark 软件捕获和分析网络数据。

（2）通过观察捕获的网络数据了解网络协议运行情况。

3.2　实验要求

（1）设备要求：计算机若干台（安装有 Windows 操作系统，安装有网卡），局域网环境，主机安装有 Wireshark 工具。

（2）每组 1 人，独立完成。

3.3　实验预备知识

1. 分组嗅探器

要深入理解网络协议，就需要观察它们的工作过程，即观察两个协议实体之间交换的报文序列，探究协议操作的细节，使协议实体执行某些动作，观察这些动作及其影响。这种观察可以在仿真环境下或在真实网络环境中完成。观察正在运行的协议实体间交换报文的基本工具被称为分组嗅探器（packet sniffer），又称为分组捕获器。顾名思义，分组嗅探器捕获（嗅探）计算机发送和接收的报文。如图 1-22 所示，是一个分组嗅探器的结构。

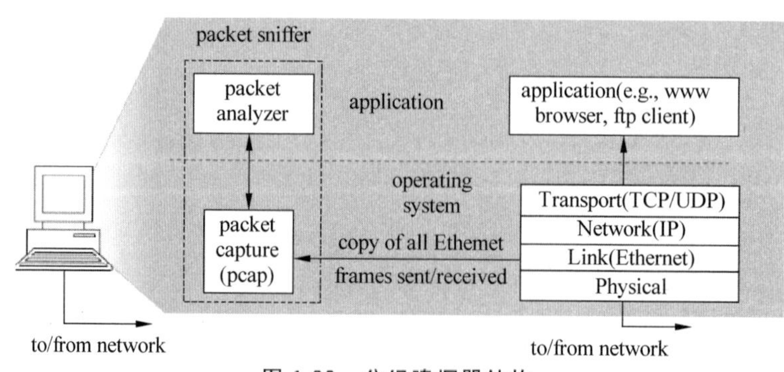

图 1-22　分组嗅探器结构

分组嗅探器(图 1-22 中虚线框中的部分)主要由两部分组成：一是分组捕获器，其功能是捕获计算机发送和接收的每一个数据链路层帧的拷贝；二是分组分析器，其作用是分析并显示协议报文所有字段的内容(它能识别目前使用的各种网络协议)。Wireshark 是一种可以运行在 Windows、UNIX、Linux 等操作系统上的分组嗅探器，支持 500 多种协议分析，是一个开源免费软件，可以从 http://www.wireshark.org 下载。

2. Wireshark 的认识与使用

Wireshark 的安装过程比较简单。安装完成后，启动 Wireshark，如图 1-23 所示。

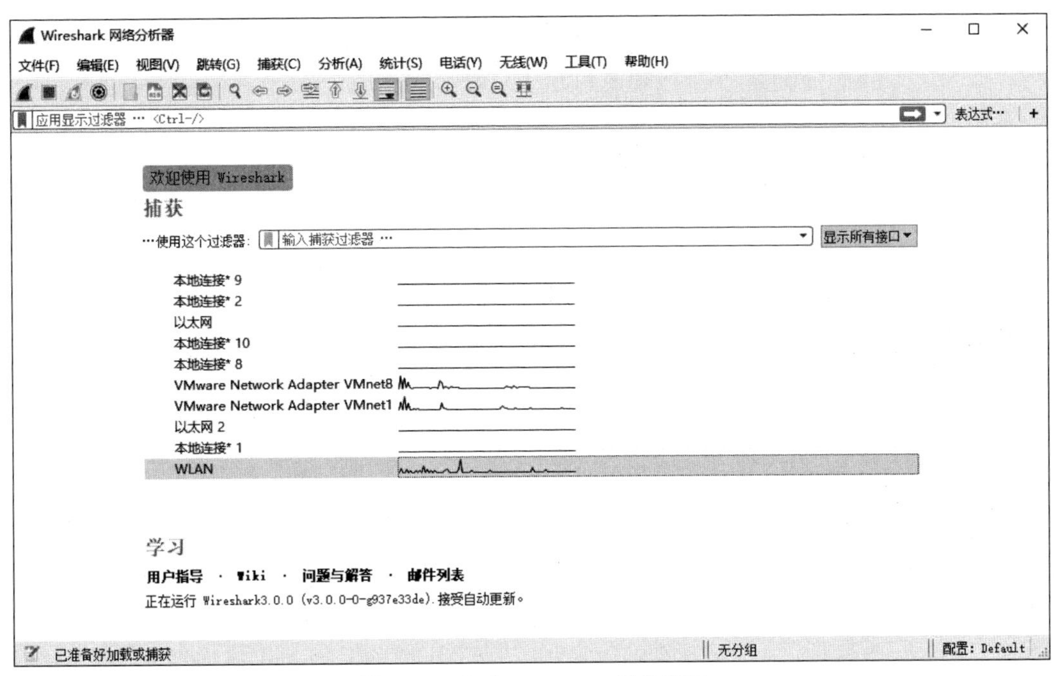

图 1-23　启动 Wireshark 后的界面

选择需要抓包的接口，选择“捕获”→“开始”开始捕获数据，如图 1-24 所示。

单击 Stop 按钮完成数据捕获，然后便可以根据捕获的数据对各种协议，如 ARP、ICMP、TCP、UDP 等进行分析。

3. Wireshark 过滤器的使用

如果需要抓取某些特定的数据包时，可以有两种方法：一种方法是在捕获数据包之前定义好包过滤器，这样就只能捕获到设定好的那些类型的数据包；另外一种方法是捕获本机收到或者发出的全部数据包，然后使用显示过滤器，只让 Wireshark 显示所需要的那些类型的数据包。过滤规则的基本结构是：

```
[not] primitive [and|or [not] primitive …]
```

在捕获数据包完成后，可以根据“协议”“是否存在某个域”“域值”“域值之间的比较”4 个规则来过滤数据包。其中：

- 协议包括 ip、tcp、udp、arp、icmp、http、smtp、ftp、dns、ssl 等。
- 域值比较表达式可以使用“==”“>”“!=”等操作符来构造显示过滤器。例如，

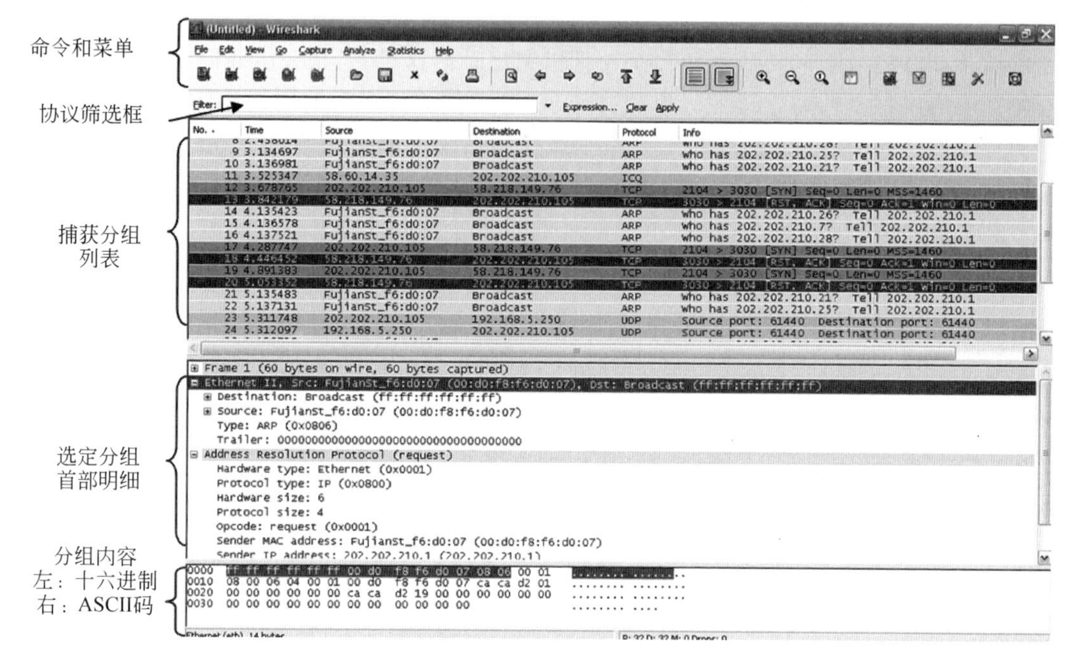

图 1-24 开始捕获数据

ip.addr==10.1.10.20,ip.addr!=10.1.10.20,frame.pkt_len>10 等。注意,比较表达式还可以用符号表示,其中,小于用 lt 表示,小于或等于用 le 表示,等于用 eq 表示,大于用 gt 表示,大于或等于用 ge 表示,不等于用 ne 表示。

- 组合表达式还可以使用"and""or""not"等逻辑操作符,其中,逻辑与"and"也可以用"&&"表示,例如,ip.addr==172.16.28.211&&frame.pkt_len<100;逻辑或"or"也可以用"||"表示,例如,ip.addr==172.16.28.211||ip.addr==172.16.28.254;逻辑非"not"也可以用"!"表示,例如,!arp。

例如,如果只需查看使用 ARP 的数据包,在 Wireshark 窗口中的过滤器 Filter 中输入"arp"(注意是小写),然后按 Enter 键或单击 Apply 按钮,Wireshark 就会只显示 ARP 的数据包,如图 1-25 所示。注意,在 Filter 编辑框中,输入过滤规则时,如果语法有误,框会显示红色,如正确,会是绿色。

下面将列举 Wireshark 中常用的包过滤规则。

(1) **过滤 IP**,如源 IP 或目标 IP 等于某个 IP。

例如,ip.src eq 192.168.254.57 or ip.dst eq 192.168.254.57 或者 ip.addr eq 192.168.254.57。

注意,eq 可以用"=="代替;ip.addr 包含 ip.src(源 IP)和 ip.dst(目标 IP);or 是逻辑表达式"或"运算。

(2) **过滤端口**。

例如:

```
tcp.port eq 80 或者写成 tcp.port ==80   //不管是源端口还是目标端口,端口的包都显示
tcp.port eq 80 or udp.port eq 80       //注意 or 运算
```

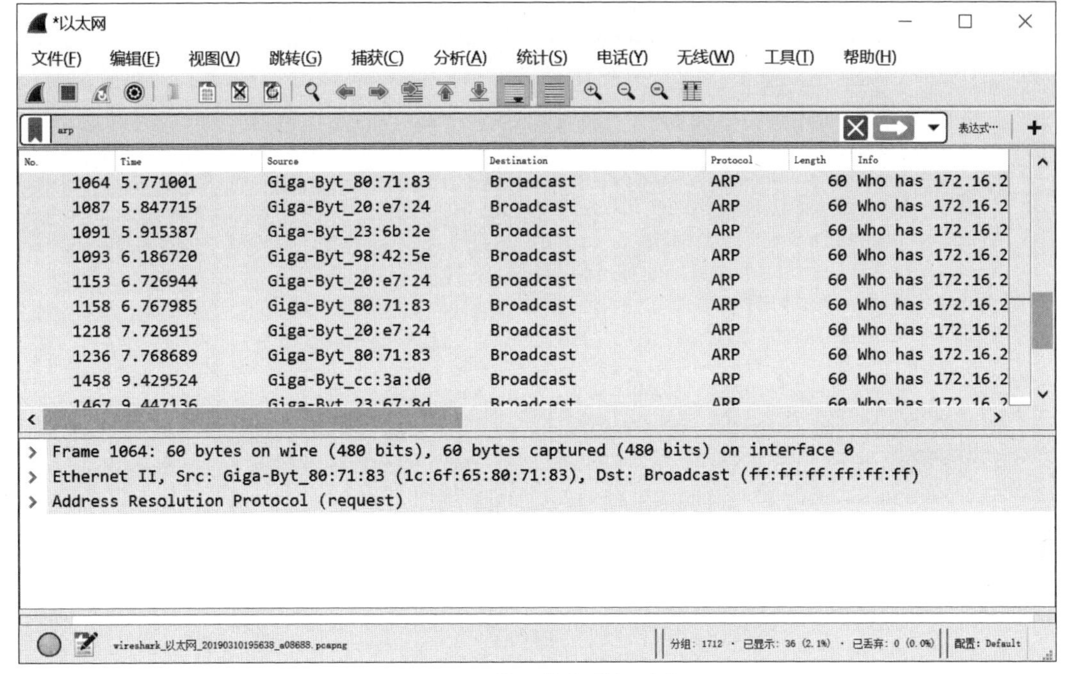

图 1-25　使用协议进行过滤

```
tcp.dstport ==80                        //只显示 TCP 的目标端口 80 的包
tcp.srcport ==80                        //只显示 TCP 的来源端口 80 的包
tcp.port >=1 and tcp.port <=80          //过滤端口范围
```

（3）**过滤协议**。

直接在过滤器中输入协议名(注意小写)进行协议过滤，例如，过滤 ARP 协议包，则输入“arp”；如果排除某个协议，则使用 not 运算，例如，排除 arp 包，则输入“!arp”或者“not arp”。

（4）**过滤 MAC**。

例如，以太网头过滤：

```
eth.dst ==A0:00:00:04:C5:84  //显示目标 MAC 的包
eth.src eq A0:00:00:04:C5:84  //显示源 MAC 的包
eth.dst==A0:00:00:04:C5:84 或者 eth.dst==A0-00-00-04-C5-84 //注意 MAC 地址书写格式
eth.addr eq A0:00:00:04:C5:84  //显示来源 MAC 和目标 MAC 都等于 A0:00:00:04:C5:84 的包
```

（5）**包长度过滤**。

例如：

```
udp.length ==26   //这个长度是指 UDP 本身固定长度 8B 加上 UDP 下面那块数据包之和
tcp.len >=7       //指的是 IP 数据包(TCP 下面那块数据),不包括 TCP 本身
ip.len ==94       //除了以太网头固定长度 14B,其他都算是 ip.len,即从 IP 本身到最后
frame.len ==119   //整个数据包长度
```

（6）**TCP 参数过滤**。

例如：

```
tcp.flags                    //显示包含 TCP 标志的封包
tcp.flags.syn ==0x02         //显示包含 TCP SYN 标志的封包
tcp.window_size ==0 && tcp.flags.reset !=1
```

(7) **http 模式过滤**。

例如：

```
http.request.method =="GET"
http.request.method =="POST"
http.request.uri =="/img/logo-edu.gif"
http contains "GET"
http contains "HTTP/1."
//GET 包
http.request.method =="GET" && http contains "Host: "
http.request.method =="GET" && http contains "User-Agent: "
//POST 包
http.request.method =="POST" && http contains "Host: "
http.request.method =="POST" && http contains "User-Agent: "
//响应包。注意，一定包含如下 Content-Type
http contains "HTTP/1.1 200 OK" && http contains "Content-Type: "
http contains "HTTP/1.0 200 OK" && http contains "Content-Type: "
```

在协议分析过程中，若有其他过滤要求，请查阅其他相关资料。

3.4 实验内容与步骤

本实验指导可利用实验室网络，Wireshark 版本不同，以下步骤可能有部分不同，但大同小异。

1. 查看本机的 TCP/IP 属性设置

使用 ipconfig 命令查看本机的 TCP/IP 属性值，记录在表 1-6 中。

表 1-6 本机 TCP/IP 属性值

TCP/IP 属性	值
物理地址(Physical Address)	
IP 地址(IP Address)	
子网掩码(Subnet Mask)	
默认网关(Default Gateway)	
首选 DNS 服务器(DNS Servers)	
备用 DNS 服务器	

2. 使用 Wireshark 捕获数据包并进行过滤

启动 Wireshark 软件，不设置过滤，直接抓取数据包(抓取时间约 1 分钟，可以在抓取过程中打开一个校内网站)，并进行如下操作。

(1) 当前网络中主要的网络协议是什么？请记录实验数据在表 1-7 中。

表 1-7　主要协议

主要的网络协议

（2）过滤抓取的数据包。请设置过滤规则，填写在表 1-8 中，并完成 Wireshark 的操作。

表 1-8　设置过滤规则

过 滤 要 求	过 滤 规 则
显示 ARP 的包	
只显示源 IP 为本机 IP 的包	
只显示目标 IP 为本机 IP 的包	
只显示源 MAC 为本机的包	
显示 TCP 端口为 80 的包	

3. 分析 ping 命令（ICMP）

（1）先启动 Wireshark 的 Capture→Start，使 Wireshark 捕获数据包。然后，在 cmd 命令行窗口中完成“ping 目的主机 IP”的命令（目的主机可以为同桌主机 IP，相邻同桌配合）。

（2）停止 Wireshark 的数据捕获，获得相关数据并显示在主界面。使用显示过滤器 Filter，在 Filter 中输入过滤规则，要求只显示和本主机 IP 相关的 ICMP 协议包，并对 ICMP 报文进行分析，并填入表 1-9 中。

表 1-9　ICMP 报文分析结果

问　　题	回　　答
只显示和本主机 IP 相关的 ICMP 协议包，设置的过滤规则	
ICMP 请求包和应答包个数	
ICMP 数据包的大小	
TTL（Time To Live）	
Data（32 B）	

3.5　练习与思考

（1）设置捕获过滤器，捕捉并分析局域网上的所有 Ethernet Broadcast 帧。在 Wireshark 中选择菜单 Capture→Capture Filters，弹出 Capture Filter 界面。Filter name 为 Filter 的名称，Filter string 设置为 broadcast，如图 1-26 所示。

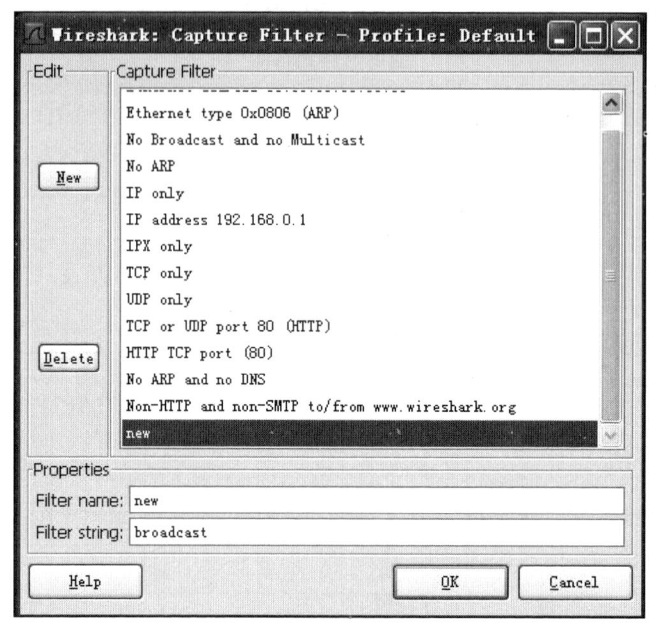

图 1-26　设置 Capture Filter

(2) 通过选择菜单 Capture→Options→Capture Filter，选择之前建立的过滤条件，然后单击 Start 按钮，开始捕捉数据包，如图 1-27 所示。

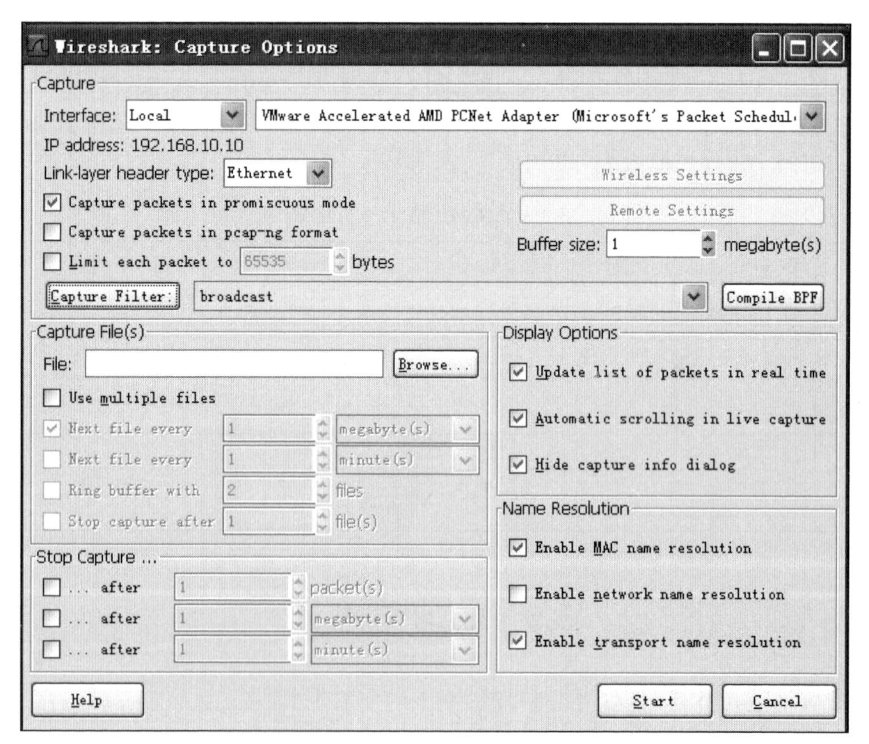

图 1-27　Capture Options 设置

① 观察并分析哪些主机在发广播帧(广播帧是指目的地址为 broadcast 的数据包)，这些帧的高层协议是什么?

② 该 LAN 的共享网段上连接了多少台计算机?(估计值)

实验 4　网络性能测试

4.1　实验目的

（1）理解计算机网络的速率、带宽、吞吐率、差错率等主要性能指标。

（2）掌握网络性能测试方法以及测试工具的使用。

4.2　实验要求

（1）设备要求：计算机(安装有 Windows 操作系统，安装有网卡)两台或以上(计算机若不够，可以使用虚拟机)。

（2）每组 1 人，独立完成。

4.3　实验预备知识

1. iPerf3 简介

iPerf3 是用于主动侦测 IP 网络上最大可实现带宽的工具。它支持时序、缓冲区、协议(TCP、UDP、SCTP 与 IPv4 和 IPv6)有关的各种参数。对于每个测试，它都会报告带宽、丢包和其他参数。iPerf3 与原始 iPerf 不共享代码，也不向后兼容。iPerf 最初由 NLANR/DAST 开发。iPerf3 主要由 ESnet/Lawrence Berkeley 国家实验室开发。iPerf3 采用新版 BSD 许可(BSD 3-clause License)。iPerf3 等已编译版本可从其官网 https://iperf.fr/iperf-download.php 下载。

iPerf3 使用客户机/服务器(Client/Server, C/S)工作模式，因此需要在测试网络中部署一台 iPerf3 服务器，在 iPerf3 客户机上进行测试，如图 1-28 所示。

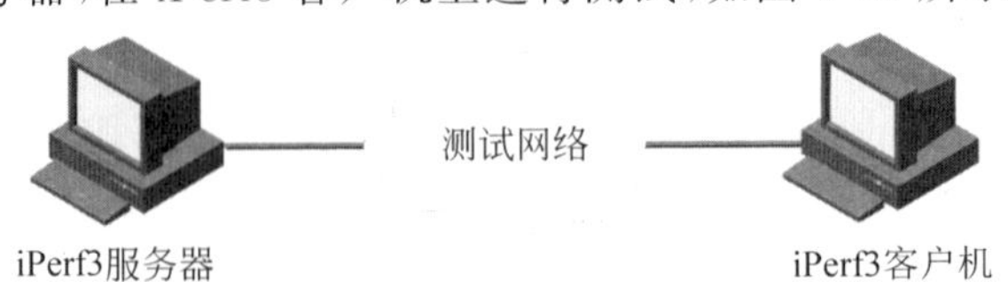

图 1-28　iPerf3 工作模式

Windows 版本的 iPerf3 不用安装，下载后直接解压即可应用，但存放路径需使用英文路径。

2. iPerf3 参数

iPerf3 参数说明如表 1-10 所示。

表 1-10 iPerf3 参数

命令行选项	描述
客户端与服务器共用选项	
-f，--format [bkmaBKMA]	格式化带宽数输出。支持的格式有： 'b' = b/s 'B' = B/s 'k' = kb/s 'K' = kB/s 'm' = Mb/s 'M' = MB/s 'g' = Gb/s 'G' = GB/s 'a' = adaptive b/s 'A' = adaptive B/s 自适应格式是 kilo-和 mega-二者之一。除了带宽之外的字段都输出为字节，除非指定输出的格式，默认的参数是 a。 **注意**：在计算字节时，Kilo = 1024，Mega = 1024^2，Giga = 1024^3。通常，在网络中，Kilo = 1000，Mega = 1000^2，Giga = 1000^3，所以，iPerf 也按此来计算比特(位)。如果这些困扰了你，那么请使用-f b 参数，然后亲自计算一下
-i，--interval #	设置每次报告之间的时间间隔，单位为 s。如果设置为非零值，就会按照此时间间隔输出测试报告。默认值为零
-l，--len #[KM]	设置读写缓冲区的长度。TCP 方式默认为 8KB，UDP 方式默认为 1470B
-m，--print_mss	输出 TCP MSS 值(通过 TCP_MAXSEG 支持)。MSS 值一般比 MTU 值小 40B
-p，--port #	设置端口，与服务器端的监听端口一致。默认是 5201 端口
-u，--udp	使用 UDP 方式而不是 TCP 方式。参看-b 选项
-w，--window #[KM]	设置套接字缓冲区为指定大小。对于 TCP 方式，此设置为 TCP 窗口大小。对于 UDP 方式，此设置为接收 UDP 数据包的缓冲区大小，限制可以接收数据包的最大值
-B，--bind host	绑定到主机的多个地址中的一个。对于客户端来说，这个参数设置了出栈接口。对于服务器端来说，这个参数设置了入栈接口。这个参数只用于具有多网络接口的主机。在 iPerf 的 UDP 模式下，此参数用于绑定和加入一个多播组。使用范围为 224.0.0.0～239.255.255.255 的多播地址。参考-T 参数
-C，--compatibility	与低版本的 iPerf 使用时，可以使用兼容模式。不需要两端同时使用兼容模式，但是强烈推荐两端同时使用兼容模式。某些情况下，使用某些数据流可以引起 1.7 版本的服务器端崩溃或引起非预期的连接尝试

续表

命令行选项	描　述
-M, --mss #[KM}	通过 TCP_MAXSEG 选项尝试设置 TCP 最大信息段的值。MSS 值的大小通常是 TCP/IP 头减去 40B。在以太网中，MSS 值为 1460B(MTU1500B)。许多操作系统不支持此选项
-N, --nodelay	设置 TCP 无延迟选项，禁用 Nagle's 运算法则。通常情况此选项对于交互程序，如 Telnet，是禁用的
-V (from v1.6 or higher)	绑定一个 IPv6 地址 服务端：$ iperf -s - V 客户端：$ iperf -c <Server IPv6 Address> -V **注意**：在 1.6.3 或更高版本中，指定 IPv6 地址不需要使用-B 参数绑定，在 1.6 之前的版本则需要。在大多数操作系统中，将响应 IPv4 客户端映射的 IPv4 地址
服务器端专用选项	
-s, --server	iPerf 服务器模式
-D (v1.2 或更高版本)	UNIX 平台下 iPerf 作为后台守护进程运行。在 Win32 平台下，iPerf 将作为服务运行
-R(v1.2 或更高版本，仅用于 Windows)	卸载 iPerf 服务(如果它在运行)
-o(v1.2 或更高版本，仅用于 Windows)	重定向输出到指定文件
-c, --client host	如果 iPerf 运行在服务器模式，并且用-c 参数指定一个主机，那么 iPerf 将只接受指定主机的连接。此参数不能工作于 UDP 模式
-P, --parallel #	服务器关闭之前保持的连接数。默认是 0，这意味着永远接受连接
客户端专用选项	
-b, --bandwidth #[KM]	UDP 模式使用的带宽，单位为 b/s。此选项与-u 选项相关。默认值是 1 Mb/s
-c, --client host	运行 iPerf 的客户端模式，连接到指定的 iPerf 服务器端
-d, --dualtest	运行双测试模式。这将使服务器端反向连接到客户端，使用-L 参数中指定的端口(或默认使用客户端连接到服务器端的端口)。这些在操作的同时就立即完成了。如果想要一个交互的测试，请尝试-r 参数
-n, --num #[KM]	传送的缓冲器数量。通常情况下，iPerf 按照 10s 发送数据。-n 参数跨越了此限制，按照指定次数发送指定长度的数据，而不论该操作耗费多少时间。参考-l 与-t 选项
-r, --tradeoff	往复测试模式。当客户端到服务器端的测试结束时，服务器端通过-l 选项指定的端口(或默认为客户端连接到服务器端的端口)，反向连接至客户端。当客户端连接终止时，反向连接随即开始。如果需要同时进行双向测试，请尝试-d 参数
-t, --time #	设置传输的总时间。iPerf 在指定的时间内，重复地发送指定长度的数据包。默认是 10s。参考-l 与-n 选项
-L, --listenport #	指定服务器端反向连接到客户端时使用的端口。默认使用客户端连接至服务器端的端口

续表

命令行选项	描　　述
-P，--parallel #	线程数。指定客户端与服务器端之间使用的线程数。默认是 1 线程。需要客户端与服务器端同时使用此参数
-S，--tos #	出栈数据包的服务类型。许多路由器忽略 TOS 字段。可以指定这个值，使用以"0x"开始的十六进制数，或以"0"开始的八进制数或十进制数。 例如，十六进制 0x10＝八进制 020＝十进制 16。TOS 值 1349 就是： IPTOS_LOWDELAY minimize delay 0x10 IPTOS_THROUGHPUT maximize throughput 0x08 IPTOS_RELIABILITY maximize reliability 0x04 IPTOS_LOWCOST minimize cost 0x02
-T，--ttl #	出栈多播数据包的 TTL 值。这本质上就是数据通过路由器的跳数。默认是 1，链接本地
-F (from v1.2 or higher)	使用特定的数据流测量带宽，例如指定的文件。 $ iperf -c <server address> -F <file-name>
-I (from v1.2 or higher)	与-F 一样，由标准输入输出文件输入数据
杂项	
-h，--help	显示命令行参考并退出
-v，--version	显示版本信息和编译信息并退出

4.4　实验内容与步骤

请注意：本实验需要至少两台主机(或一台主机和一台虚拟机)，如果只有智能手机，可尝试使用安卓版 iPerf3(可从 iPerf3 官方网站下载)。

以下实验内容和步骤以 Windows 版本为例。

1. iPerf3 的安装

假设两台主机分别为 A 和 B。在主机 A 和 B 上都需要安装 iPerf3 软件。安装实际上就是直接解压即可，建议存放路径短一点、全英文，以方便使用。例如，存放在 C:\iperf3 文件夹下，如图 1-29 所示。

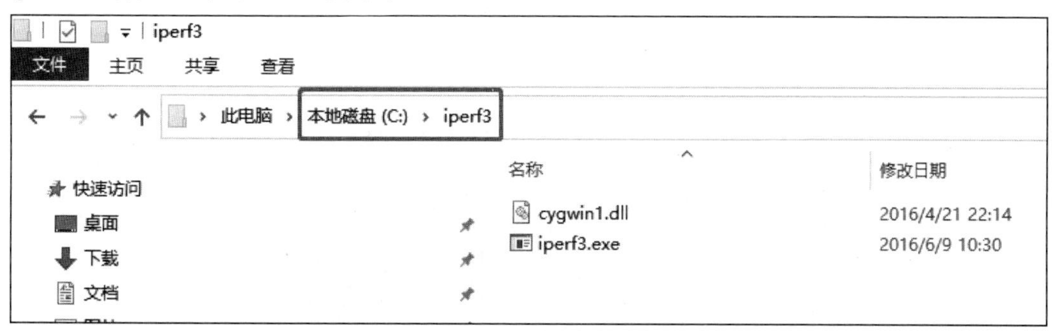

图 1-29　iPerf3 的安装(存放路径)

2. iPerf3 的启动

假设主机 A 设置为 iPerf3 服务器，主机 B 设置为 iPerf3 客户机。

主机 A 和主机 B 上都是使用 cmd“命令提示符”来启动 iPerf3，也就是说，iPerf3 的使用是靠命令来完成的。

(1) 在 cmd“命令提示符”行中打开存放 iPerf3 的文件夹，如图 1-30 所示。

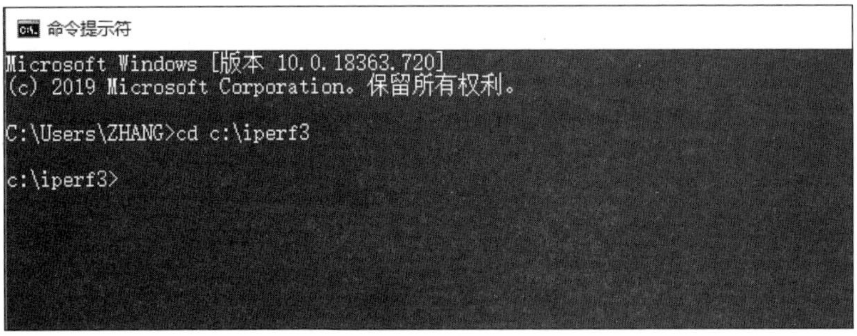

```
命令提示符
Microsoft Windows [版本 10.0.18363.720]
(c) 2019 Microsoft Corporation。保留所有权利。

C:\Users\ZHANG>cd c:\iperf3

c:\iperf3>
```

图 1-30　切换到存放 iPerf3 的文件夹

(2) 在主机 A 上设置 iPerf3 为服务器，使用命令“iperf3 -s”。iPerf3 将使用 5201 端口来监听客户端请求，如图 1-31 所示。如果 5201 端口发生冲突，则可以使用“-p”参数更改端口号。

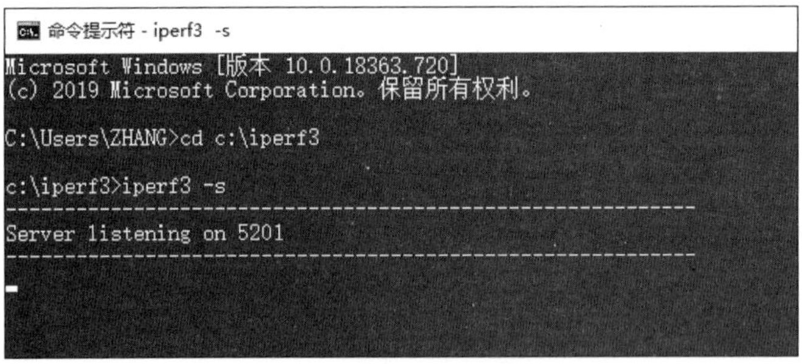

```
命令提示符 - iperf3 -s
Microsoft Windows [版本 10.0.18363.720]
(c) 2019 Microsoft Corporation。保留所有权利。

C:\Users\ZHANG>cd c:\iperf3

c:\iperf3>iperf3 -s
-----------------------------------------------------------
Server listening on 5201
-----------------------------------------------------------
```

图 1-31　启动 iPerf3 服务器

(3) 在主机 B 上设置 iPerf3 为客户端，使用命令“iperf3 -c 主机 A 的 IP 地址”，如主机 A 为 192.168.0.106(注意：此 IP 仅为示例，实验中改成你实验中主机 A 的 IP 地址)，则如图 1-32 所示。

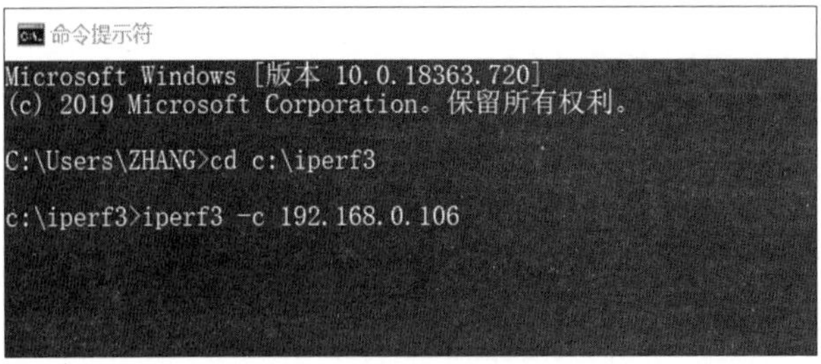

```
命令提示符
Microsoft Windows [版本 10.0.18363.720]
(c) 2019 Microsoft Corporation。保留所有权利。

C:\Users\ZHANG>cd c:\iperf3

c:\iperf3>iperf3 -c 192.168.0.106
```

图 1-32　启动 iPerf3 客户端

3. 计算机网络性能测试（注意：主要在主机 B 即客户端完成）

1）基于 TCP 的测试

在 TCP 上测试吞吐量，输入命令“iperf3 -c 主机 A 的 IP 地址”，如图 1-33 所示（注意，图中的数据为示例）。测试完成后，统计数据中，“Interval”为测试用时，“Transfer”为测试数据量，“Bandwidth”为吞吐量。

```
命令提示符
Microsoft Windows [版本 10.0.18363.720]
(c) 2019 Microsoft Corporation。保留所有权利。

C:\Users\ZHANG>cd c:\iperf3

c:\iperf3>iperf3 -c 192.168.0.106
Connecting to host 192.168.0.106, port 5201
[  4] local 192.168.0.109 port 53077 connected to 192.168.0.106 port 5201
[ ID] Interval           Transfer     Bandwidth
[  4]   0.00-1.01   sec  1.25 MBytes  10.4 Mbits/sec
[  4]   1.01-2.02   sec  1.62 MBytes  13.5 Mbits/sec
[  4]   2.02-3.01   sec  1.62 MBytes  13.8 Mbits/sec
[  4]   3.01-4.02   sec  2.12 MBytes  17.6 Mbits/sec
[  4]   4.02-5.00   sec  2.00 MBytes  17.0 Mbits/sec
[  4]   5.00-6.01   sec  2.38 MBytes  19.9 Mbits/sec
[  4]   6.01-7.01   sec  2.12 MBytes  17.8 Mbits/sec
[  4]   7.01-8.01   sec  2.38 MBytes  19.9 Mbits/sec
[  4]   8.01-9.00   sec  1.75 MBytes  14.8 Mbits/sec
[  4]   9.00-10.02  sec  2.12 MBytes  17.6 Mbits/sec
- - - - - - - - - - - - - - - - - - - - - - - - -
[ ID] Interval           Transfer     Bandwidth
[  4]   0.00-10.02  sec  19.4 MBytes  16.2 Mbits/sec                  sender
[  4]   0.00-10.02  sec  19.3 MBytes  16.2 Mbits/sec                  receiver

iperf Done.

c:\iperf3>
```

图 1-33　测试 TCP 吞吐量

2）基于 UDP 的测试

在 UDP 上可以测试吞吐量、延迟抖动、丢包率，输入命令“iperf3 -c 主机 A 的 IP 地址 -u”，如图 1-34 所示（注意，图中的数据为示例）。测试完成后，统计数据中，“Interval”为测试用时，“Transfer”为测试数据量，“Bandwidth”为吞吐量，“Jitter”为延迟抖动，“Lost/Total Datagrams”为丢包率。

```
命令提示符

c:\iperf3>iperf3 -c 192.168.0.106 -u
Connecting to host 192.168.0.106, port 5201
[  4] local 192.168.0.109 port 49388 connected to 192.168.0.106 port 5201
[ ID] Interval           Transfer     Bandwidth       Total Datagrams
[  4]   0.00-1.00   sec   128 KBytes  1.05 Mbits/sec  16
[  4]   1.00-2.01   sec   128 KBytes  1.04 Mbits/sec  16
[  4]   2.01-3.02   sec   128 KBytes  1.04 Mbits/sec  16
[  4]   3.02-4.00   sec   128 KBytes  1.07 Mbits/sec  16
[  4]   4.00-5.01   sec   128 KBytes  1.04 Mbits/sec  16
[  4]   5.01-6.01   sec   128 KBytes  1.04 Mbits/sec  16
[  4]   6.01-7.01   sec   128 KBytes  1.06 Mbits/sec  16
[  4]   7.01-8.00   sec   128 KBytes  1.06 Mbits/sec  16
[  4]   8.00-9.00   sec   128 KBytes  1.05 Mbits/sec  16
[  4]   9.00-10.01  sec   128 KBytes  1.04 Mbits/sec  16
- - - - - - - - - - - - - - - - - - - - - - - - -
[ ID] Interval           Transfer     Bandwidth       Jitter    Lost/Total Datagrams
[  4]   0.00-10.01  sec  1.25 MBytes  1.05 Mbits/sec  2.376 ms  0/159 (0%)
[  4] Sent 159 datagrams

iperf Done.

c:\iperf3>
```

图 1-34　测试 UDP 的网络性能

3）统计数据与分析

请完成 TCP/UDP 两个协议的吞吐量的测试，根据表 1-11 中的测试要求，将实验数据填入表 1-11，并根据表 1-11 中的数据进行简要分析：不同测试用时，吞吐量的变化大还是小？比较 TCP 吞吐量和 UDP 吞吐量哪个大？为什么？

表 1-11　吞吐量测试数据

测 试 要 求	测 试 结 果		
	20s	**40s**	**60s**
TCP 吞吐量 命令：iperf3 -c 主机 A 的 IP 地址 -t 秒数 例如，要求测试用时 20s，命令为 iperf3 -c 主机 A 的 IP 地址 -t 20			
UDP 吞吐量 命令：iperf3 -c 主机 A 的 IP 地址 -u -t 秒数 例如，要求测试用时 20s，命令为 iperf3 -c 主机 A 的 IP 地址 -u -t 20			

请完成基于 UDP 的延迟抖动和丢包率的测试，根据表 1-12 中的测试要求，将实验数据填入表 1-12，并根据表 1-12 中的数据进行简要分析：随着 UDP 发送速率的增大，延迟抖动、丢包率和吞吐量分别怎么变化？吞吐量会不会随着发送速率的增加而一直增加？

表 1-12　延迟抖动和丢包率测试

测 试 要 求	测 试 结 果		
	20Mb/s	**50Mb/s**	**100Mb/s**
UDP 延迟抖动 命令：iperf3 -c 主机 A 的 IP 地址 -u -b 速率 例如，要求 UDP 发送速率为 20Mb/s，命令为 iperf3 -c 主机 A 的 IP 地址 -u -b 20M			
UDP 丢包率			
UDP 吞吐量			

注意：为了减少实验误差，以上两个表格的测试在同等条件下可以分别进行多次，然后取平均值。

4.5　练习与思考

请上网查阅 iPerf3 有关资料，根据 iPerf3 其他的参数功能，进行更复杂的测试实验并进行分析，例如，启动双测试模式，设置套接字缓冲区（窗口），增加线程数等。

第 2 章 物理层实验

实验5　双绞网线制作与测试

5.1　实验目的

（1）熟悉常用双绞线（网线）及其制作工具的使用。

（2）掌握非屏蔽双绞线的直通线、交叉线的制作及连接方法。

（3）掌握双绞线连通性的测试。

5.2　实验要求

（1）设备要求：RJ-45压线钳，RJ-45水晶头，UTP线缆（每条2m，若干条），测线仪，PC（两台以上，安装有操作系统，有网卡），交换机。

（2）每组1人，独立完成。

5.3　实验预备知识

1. 双绞线简介

双绞线可按其是否外加金属丝套的屏蔽层而分为非屏蔽双绞线（Unshielded Twisted Pair，UTP）和屏蔽双绞线（Shielded Twisted Pair，STP）。从性价比和可维护性出发，非屏蔽双绞线在局域网组网中作为传输介质起着重要的作用。在EIA/TIA-568标准中，将双绞线按电气特性区分为三类线、四类线、五类线、六类线、七类线。网络中最常用的是三类线和五类线，三类线是两对4芯导线，五类线是4对8芯导线，且使用8种不同颜色（橙白、橙、绿白、蓝、蓝白、绿、棕白、棕）进行区分。如图2-1所示，显示了5类UTP中导线的颜色与线号的对应关系。

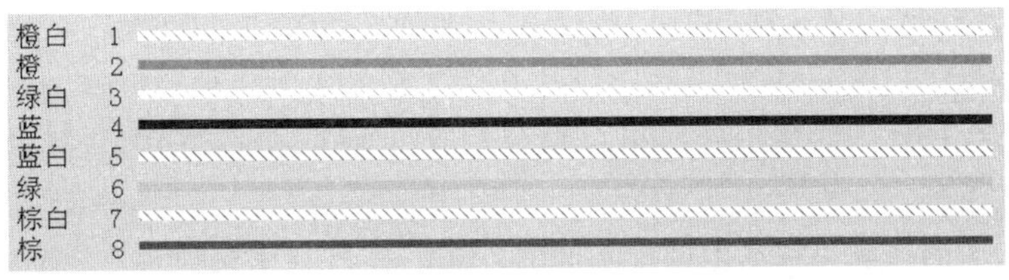

图2-1　UTP中导线的颜色与线号的对应关系

5类UTP主要作为10Base-T和100Base-TX网络的传输介质，但10Base-T和100Base-TX规定以太网上的各站点分别将1、2线作为自己的发送线，3、6线作为自己的接收线，如图2-2所示。

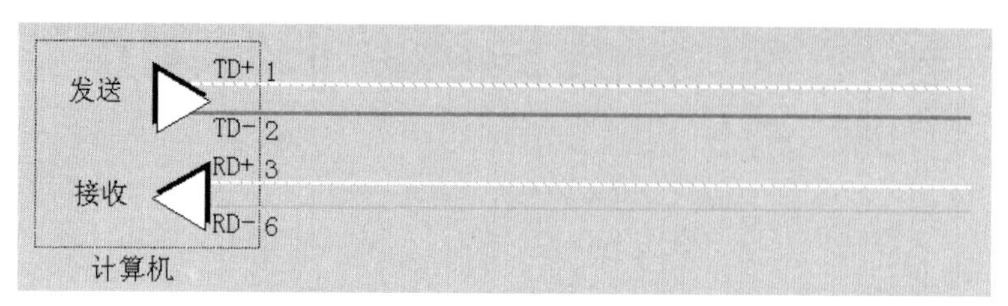

图2-2 以太网中的收发线对

为了将UTP与计算机、交换机(Switch)等其他设备相连接，每条UTP的两侧需要安装RJ-45水晶头。如图2-3所示，显示了RJ-45接口和一条带有RJ-45水晶头的UTP。

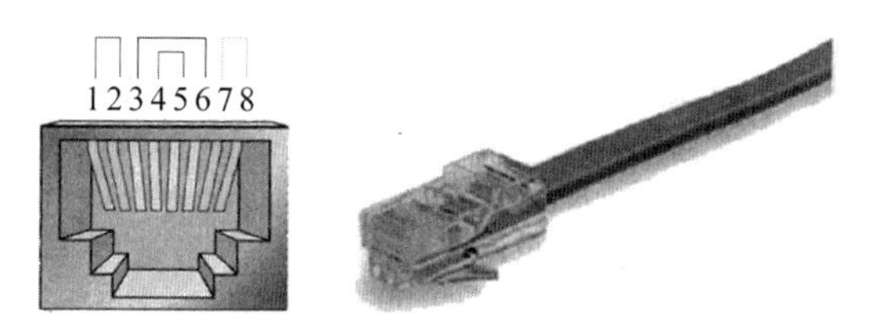

图2-3 RJ-45接口和水晶头

带有RJ-45水晶头的UTP可以使用专用的剥线/压线钳制作。根据制作过程中线对的排列不同，以太网使用的UTP分为直通UTP线和交叉UTP线。

2. 直通UTP线

在通信过程中，计算机的发线要与交换机的接收线相接，计算机的收线要与交换机的发线相连。但由于交换机内部发线和收线进行了交叉，如图2-4所示，因此，在将计算机连入交换机时需要使用直通UTP线。

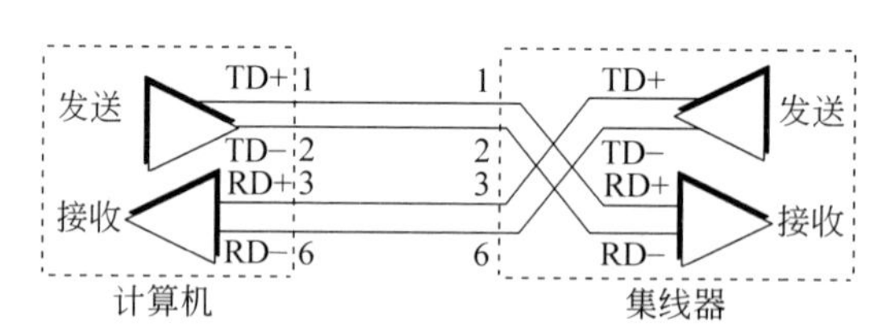

图2-4 直通UTP电缆的使用

直通UTP线中水晶头触点与UTP线对的对应关系如图2-5所示。

3. 交叉UTP线

计算机与交换机的连接可以使用直通UTP线，那么交换机与交换机之间的级联使用什么样的线缆呢?

交换机之间的级联可以采取两种不同的方法。如果利用交换机的级联端口(直通端

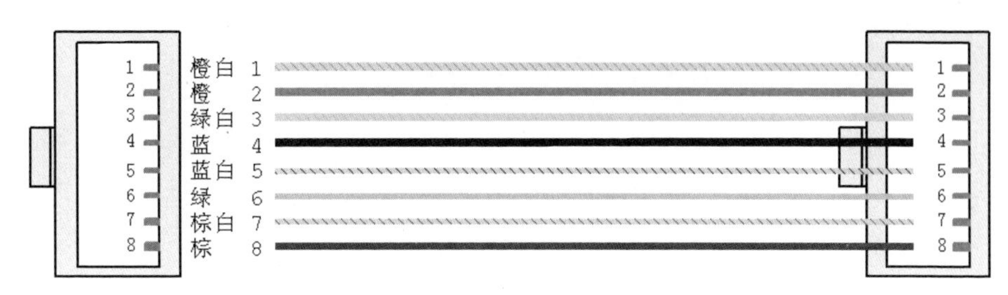

图 2-5　直通 UTP 线的线对排列

口)与另一交换机的普通端口(交叉端口)相连接,如图 2-6 所示,那么普通的直通 UTP 线就可以完成级联任务。如果利用交换机的普通端口(交叉端口)与另一交换机的普通端口(交叉端口)相连,如图 2-7 所示,则必须使用交叉 UTP 线。

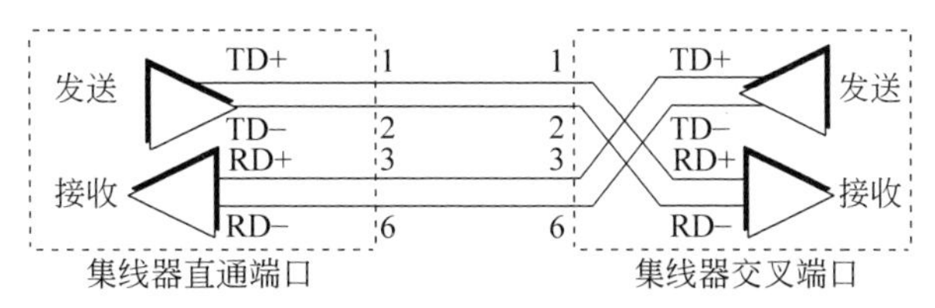

图 2-6　利用级联端口(直通端口)与另一交换机的普通端口(交叉端口)级联

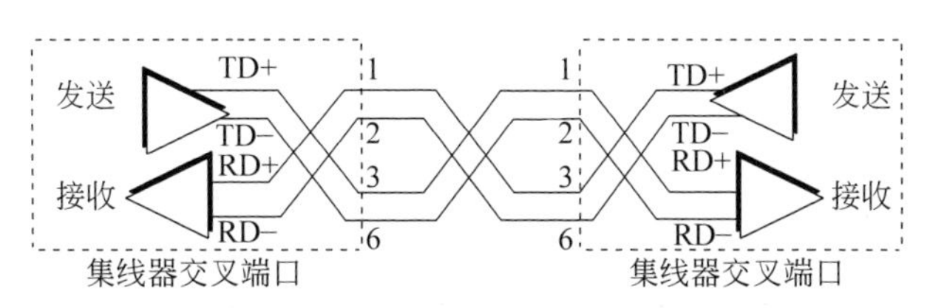

图 2-7　利用两个交换机的普通端口(交叉端口)级联

交叉 UTP 线中水晶触点与 UTP 线的对应关系如图 2-8 所示。

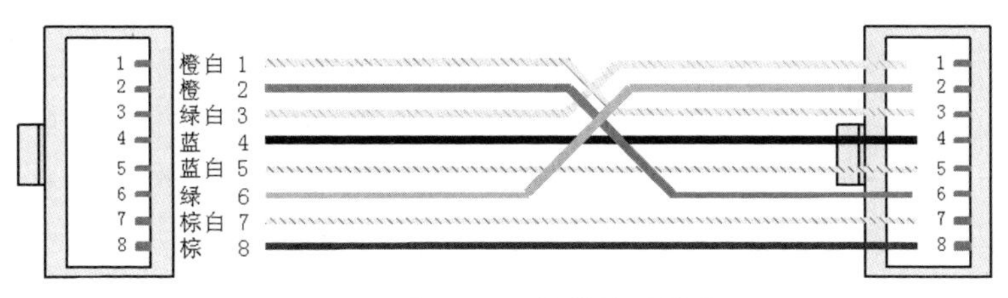

图 2-8　交叉 UTP 线的线对排序

但值得注意的是,当前的交换机等网络设备都有智能 MDI/MDIX(Media Dependent Interface/Media Dependent Interface Crossover)识别技术,也称为端口自动翻转(Auto MDI/MDIX),可以自动识别连接的网线类型,所以连接时不管是采用直通线还是交叉线,均可以正常使用。

5.4 实验内容与步骤

本实验要求每人制作直通线、交叉线各一条。

1. 剥线

使用剥线钳将双绞线的外皮除去 3cm 左右，如图 2-9 所示。

(a) 准备剥线

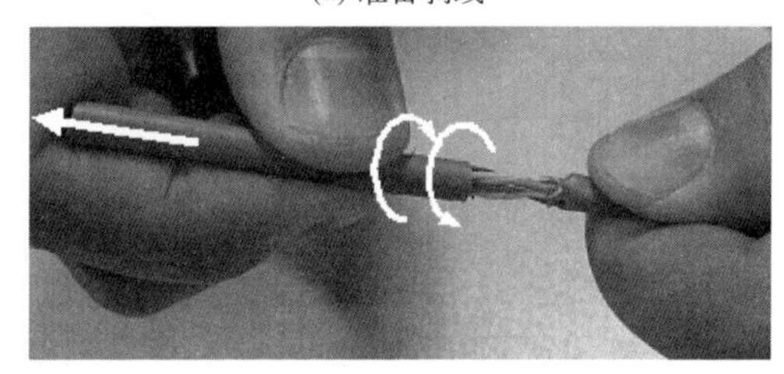

(b) 抽掉外套层

图 2-9 使用剥线钳进行剥线

2. 将 8 芯导线排列整齐

(1) 制作直通线，将 8 芯导线的颜色顺序从左至右排列填写在表 2-1 中。

表 2-1 直通线线序

8 芯导线	1	2	3	4	5	6	7	8
第一端								
另一端								

(2) 制作交叉线，将 8 芯导线的颜色顺序从左至右排列填写在表 2-2 中。

表 2-2 交叉线线序

8 芯导线	1	2	3	4	5	6	7	8
第一端								
另一端								

(3) 把线排列整齐，使用压线钳的减线刀口将外露 8 芯导线剪齐，只需剩下约 12mm 的长度，如图 2-10 所示。

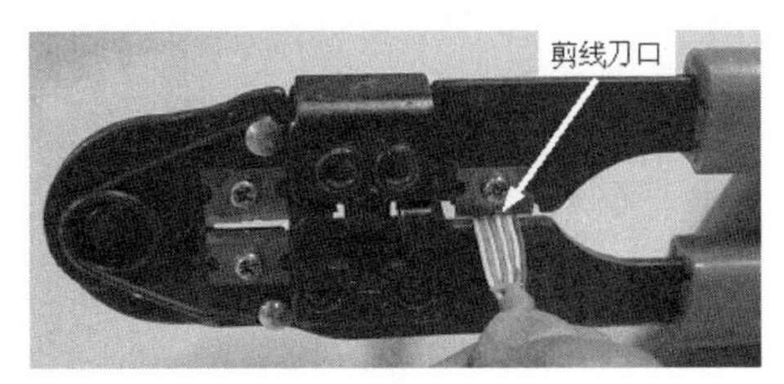

图 2-10　剪线

3. 压线

（1）将双绞线的每一根线依序放入 RJ-45 水晶头的引脚内，第一只引脚内应该放橙白色的线，其余以此类推，如图 2-11 所示。

（2）确定双绞线的每根线已经放置正确，并确定每根线进入水晶头的底部位置，然后使用压线钳的压线槽压紧 RJ-45 水晶头，如图 2-12 所示。

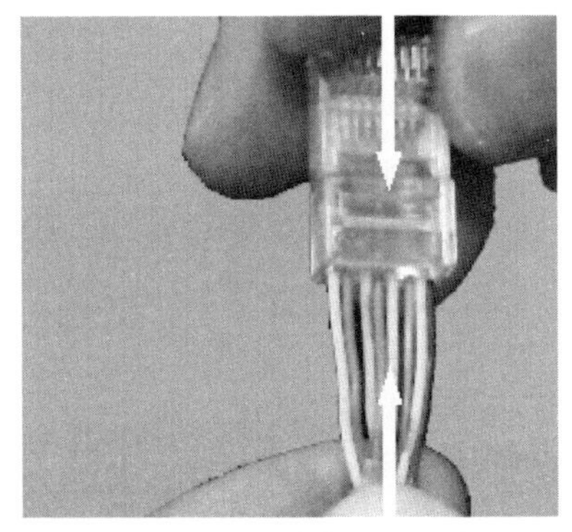

图 2-11　将线放入水晶头

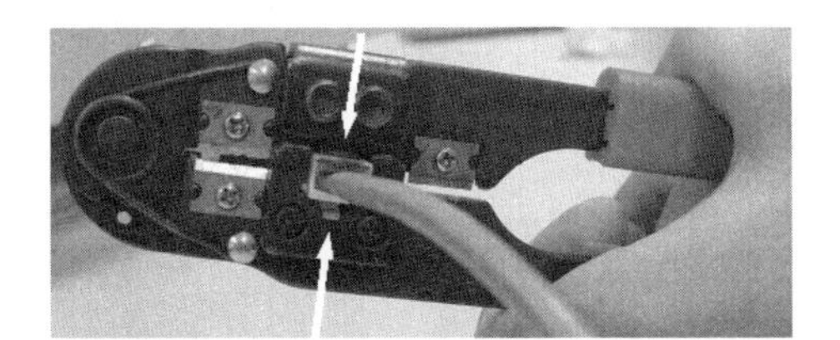

图 2-12　压线

注意：需用力压线，使水晶头里的 8 块小铜片压下去，并且使得小铜片的尖角刺破导线外皮而接触到铜芯。

4. 测试连通性

（1）使用测试仪测试连通性。

（2）利用制作好的网线，进行双机互连，并设置各自的 TCP/IP 属性，使用 ping 命令检测是否连通，将结果填入表 2-3 中，并简要分析原因。

表 2-3　检测结果

计算机	设置 IP 与子网掩码	直通线(ping)	交叉线(ping)
A			
B			

5.5 练习与思考

1. 选择题

（1）当两台交换机级联时，如果下级交换机有 Uplink 口，则可用（　　）连接到该端口上。（2003 网络程序员试题）

A. 一端使用 586A 标准而另一端使用 586B 标准制作的双绞线

B. 使用交叉的双绞线（1、2 和 3、6 对调）

C. 使用交叉的双绞线（3、5 对调）

D. 直连线

（2）下列关于各种无屏蔽双绞线（UTP）的描述中，正确的是（　　）。（2006.5 网络管理员试题）

A. 3 类双绞线中包含 3 对导线

B. 5 类双绞线的特性阻抗为 500Ω

C. 超 5 类双绞线的带宽可以达到 100MHz

D. 6 类双绞线与 RJ-45 接头不兼容

（3）EIA/TIA 568B 标准的 RJ-45 接口线序如图 2-13 所示，3、4、5、6 四个引脚的颜色分别为（　　）。（2006.5 网络管理员试题）

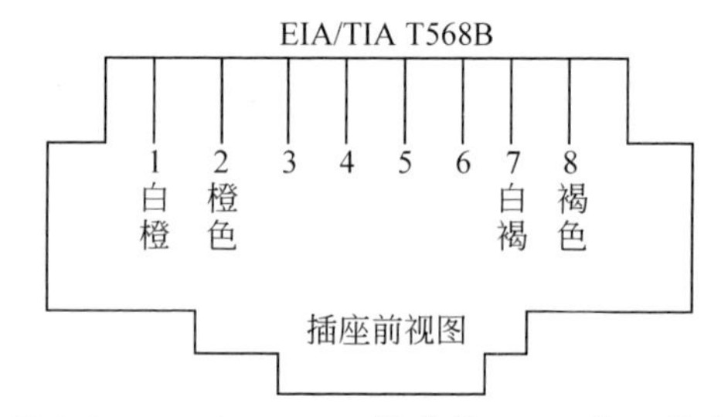

图 2-13　EIA/TIA 568B 标准的 RJ-45 接口线序

A. 白绿、蓝色、白蓝、绿色　　　　B. 蓝色、白蓝、绿色、白绿

C. 白蓝、白绿、蓝色、绿色　　　　D. 蓝色、绿色、白蓝、白绿

（4）下列关于双绞线的叙述，不正确的是（　　）。

A. 既可以传输模拟信号，也可以传输数字信号

B. 安装方便，价格较低

C. 不易受外部干扰，误码率较低

D. 通常只用作建筑物内局域网的通信介质

2. 思考与讨论题

（1）请进行市场调研，并查阅资料，总结如何鉴别双绞线的优劣。

（2）在 10Base-T 和 100Base-TX 网络中，其连接导线只需要两对线：一对线用于发送；另一对线用于接收。但现在的标准是使用 RJ-45 水晶头，有 8 根针脚，一共可连接 4 对线。这是否有些浪费？是否可以不使用 RJ-45 而使用 RJ-11？

(3) EIA/TIA的布线标准规定了双绞线的线序568A和568B,请问,为什么需要规定双绞线的线序?不按规定作线是否可行?

(4) 双绞线中将每两根导线绞合在一起,且导线绞合在一起的绞合长度也是有严格规定的。请查阅相关资料,完成如下问题。

① 导线绞合在一起的原因是什么?

② 3类线和5类线的绞合长度分别是多少?

实验6　使用控制台接口对交换机进行基本配置

6.1　实验目的

(1) 掌握通过控制台(Console)接口配置交换机的基本方法。

(2) 掌握交换机的基本配置命令。

6.2　实验要求

(1) 设备要求：计算机两台以上(安装有 Windows 操作系统,安装有网卡已联网)。

(2) 分组要求：1 人一组,但部分步骤需相互合作完成。

6.3　实验预备知识

用户对设备(交换机)的常见管理方式主要有命令行方式和 Web 网管方式两种。用户需要通过相应的方式登录设备后才能对设备进行管理。

Web 网管方式通过图形化的操作界面,实现对设备直观方便地管理与维护,但是此方式仅可实现对设备部分功能的管理与维护。Web 网管方式可以通过 HTTP 和 HTTPS 方式登录设备。

命令行方式需要用户使用设备提供的命令行对设备进行管理与维护,此方式可实现对设备的精细化管理,但是要求用户熟悉命令行。命令行方式可以通过 Console 口、Telnet 或 SSH 方式登录设备。

用户通过命令行方式登录设备时,系统会分配一个用户界面用来管理、监控设备和用户间的当前会话。设备系统支持的用户界面有 Console 用户界面和虚拟类型终端(Virtual Type Terminal,VTY)用户界面。

1. Web 网管方式登录

以华为 AR 系列路由器为例,PC 终端打开浏览器软件,在地址栏中输入"https://192.168.1.1",按 Enter 键,显示 AR Web 管理平台登录界面,如图 2-14 和图 2-15 所示。

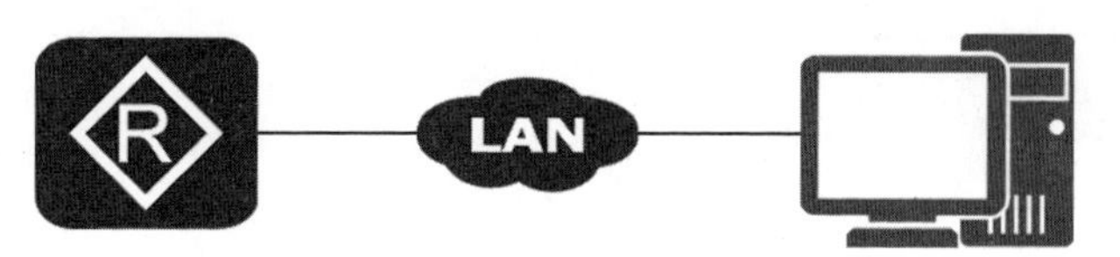

图 2-14　设备与登录终端通过网络连接示意图

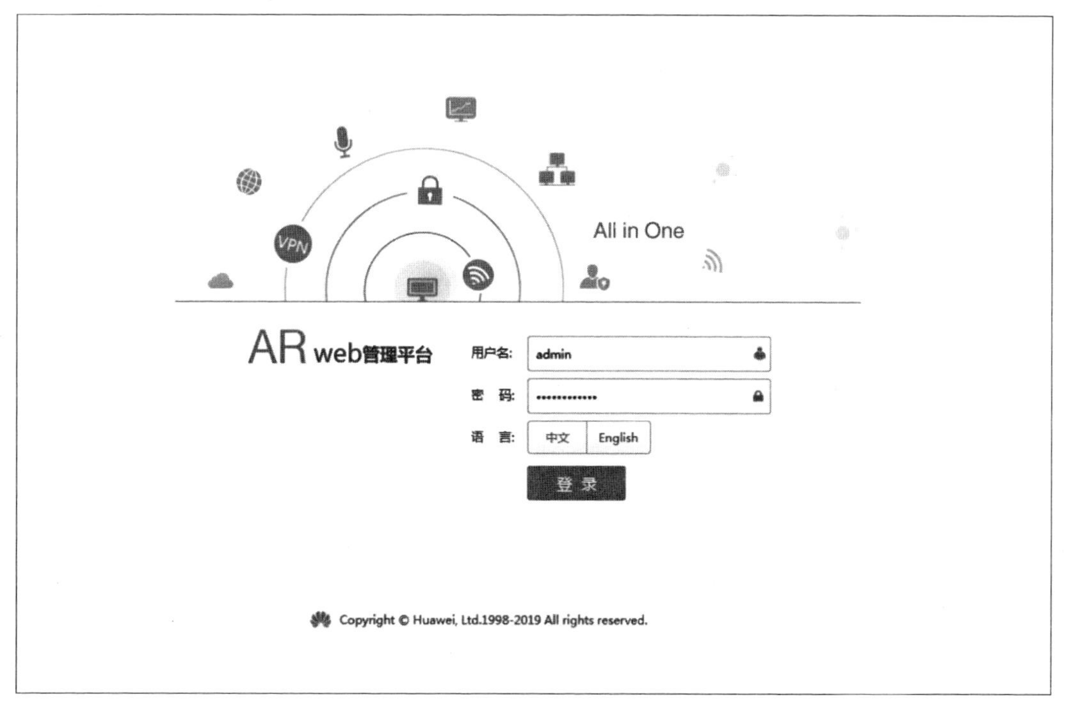

图 2-15　Web 登录界面

不同设备登录界面、登录方式和登录的 IP 可能不同,具体可参考产品文档。

2. 命令行方式——本地登录

当用户需为第一次上电的设备进行配置时,可通过 Console 口本地登录设备。控制口(Console Port)是一种通信串行端口,由设备的主控板提供。用户终端的串行端口可以与设备 Console 口直接连接,然后通过 PuTTY 工具本地登录实现对设备的本地配置,如图 2-16 所示。

使用 Console 线缆来连接交换机或路由器的 Console 口与计算机的 COM 口,这样就可以通过计算机及 PuTTY 工具实现本地调试和维护。Console 口是一种符合 RS-232 串口标准的 RJ-45 接口。目前大多数台式计算机提供的 COM 口都可以与 Console 口连接。笔记本电脑一般不提供 COM 口,需要使用 USB 到 RS-232 的转换接口。Console 口登录是设备默认开启的功能,不需要对设备做预配置。

PuTTY 工具是一个 Telnet、SSH、串行接口等的连接软件。本地登录时,终端设备采用串口与华为设备 Console 口连接,所以采用 Serial 连接类型,COM 端口根据终端设备实际端口选取,速率固定为 9600b/s。

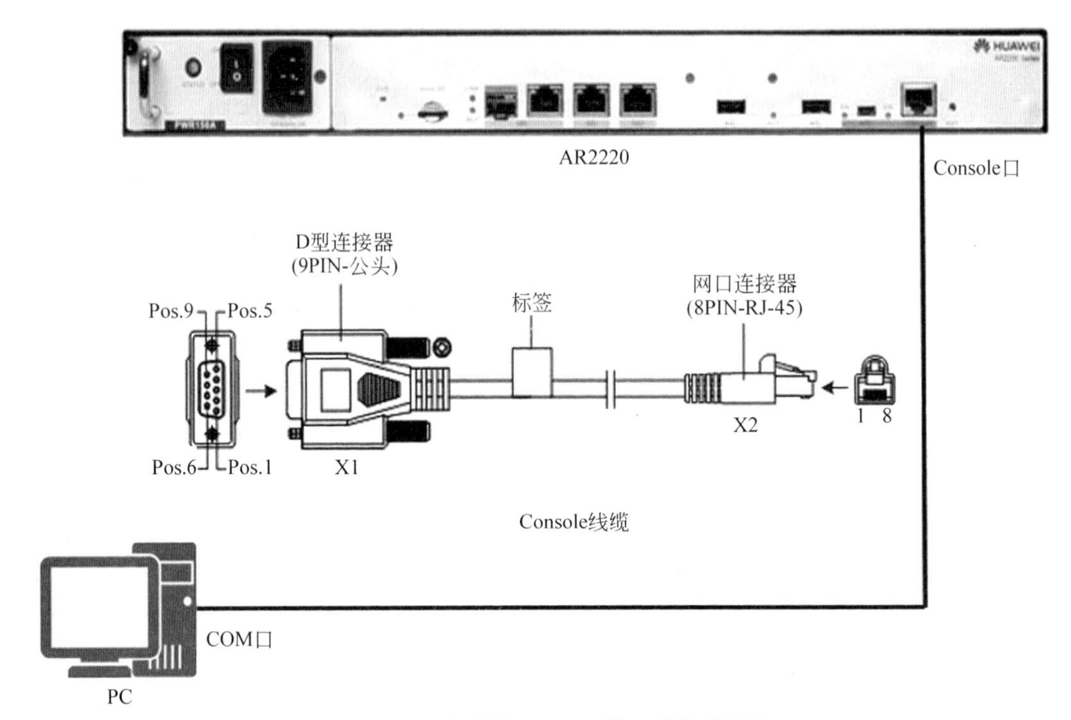

图 2-16 PC 与设备 Console 接口连接示意图

3. 命令行方式——远程登录

远程登录允许终端远程登录任何可以充当远程登录服务器的设备，对这些网络设备进行集中的管理和维护。远程登录方法包括 Telnet 和 SSH。如果通过 SSH 远程登录，连接类型为 SSH，需要输入远程登录服务器的 IP 地址，端口号默认为 22。如果通过 Telnet 远程登录，连接类型为 Telnet，需要输入远程登录服务器的 IP 地址，端口号默认为 23。

设备默认不开启 SSH 登录功能，需要用户先通过 Console 口登录，配置上 SSH 登录必需的参数之后，才可以使用 SSH 登录功能。

通过远程登录方式登录设备(交换机)时，设备连接方法如图 2-14 所示。

6.4 实验内容与步骤

(1) 将 Console 通信电缆的 DB9(孔)插头插入 PC 的串口(COM)中，再将 RJ-45 插头端插入设备的 Console 口中，如图 2-17 所示。

如果维护终端(PC 端)上没有 DB9 串口，可单独购买一根 DB9 串口转 USB 的转接线，将 USB 口连接到维护终端。

(2) 在 PC 上打开终端仿真软件，如 Windows 操作系统的超级终端、SecureCRT、PuTTY 等。由于 Windows 7、Windows 10 操作系统并不自带超级终端，因此需要额外配置。这里使用 SecureCRT 登录交换机。

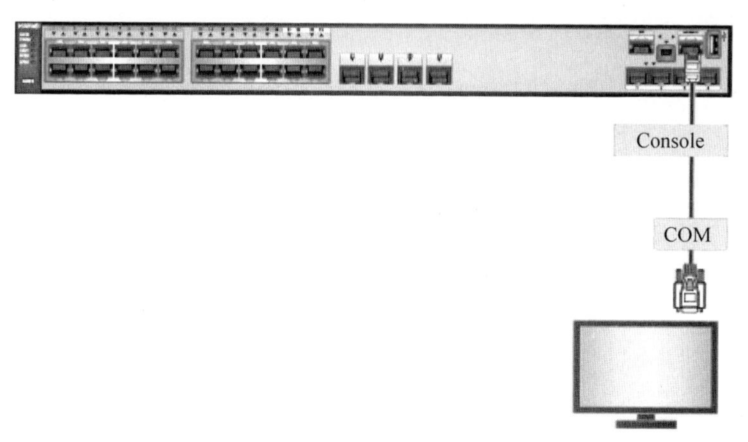

图 2-17 通过 Console 口连接设备

下载 SecureCRT 软件，安装完后运行该软件，如图 2-18 所示。

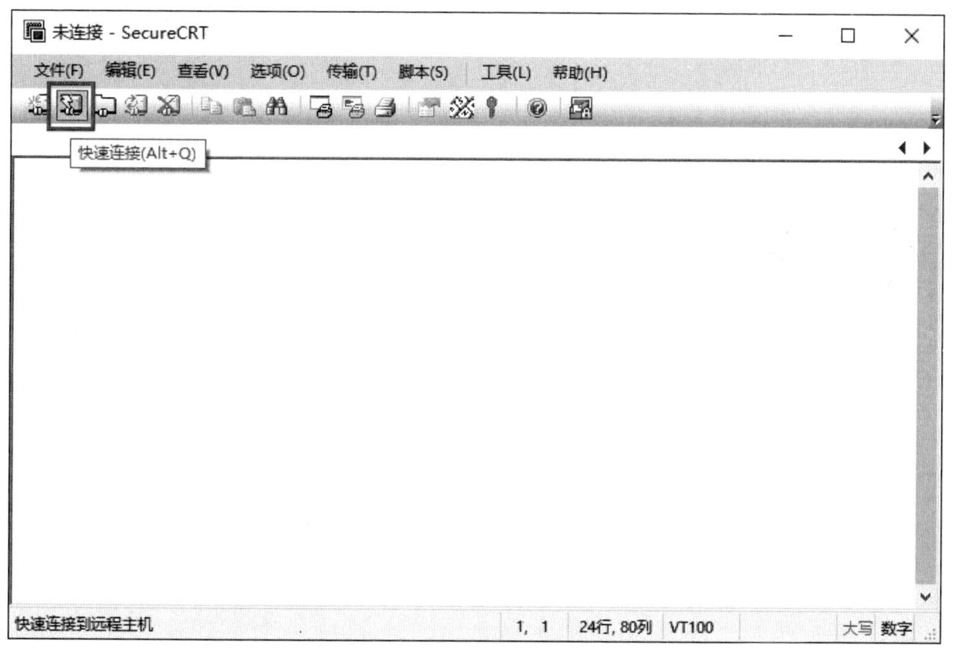

图 2-18 SecureCRT 软件“连接”窗口

单击“快速连接”按钮，在弹出的“快速连接”对话框中，默认的协议是 SSH2，在“协议”下拉列表中选择 Serial 选项，即选择串行传输协议，在弹出的参数配置界面中对串行传输协议参数进行配置，如图 2-19 所示。

设置完成后，单击“连接”按钮即可登录设备，并通过 CLI 配置网络设备。

(3) 使用交换机的基本配置命令。

接下来的实验在华为 ENSP 模拟器软件中进行，先在 eNSP 中搭建一个简单的网络，拓扑如图 2-20 所示。

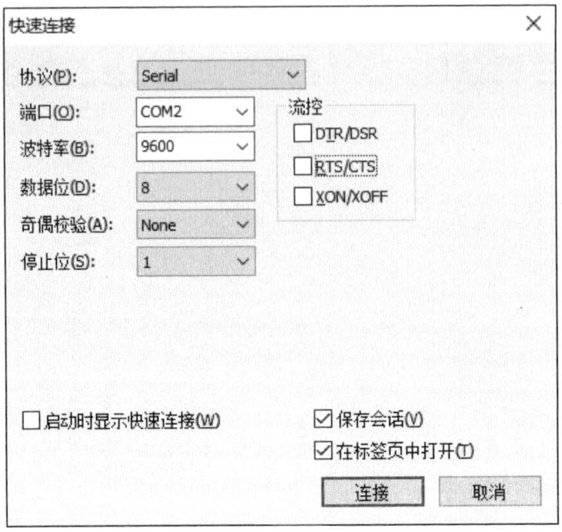

图 2-19 参数设置界面

图 2-20 网络拓扑

① 用户视图与系统视图切换。

登录交换机后，进入用户视图，这时命令提示符中的“Huawei”是默认的系统名称，提示符为“<>”。执行“system-view”命令切换到系统视图，此时提示符变为“[]”。在系统视图下执行 quit 命令，返回用户视图。

```
<Huawei>system-view
Enter system view, return user view with Ctrl+Z.
[Huawei]quit
<Huawei>
```

② 设置设备名称为 SW1。

在系统视图下，利用“sysname SW1”命令修改设备名称为“SW1”。

```
[Huawei]sysname SW1
[SW1]
```

③ Console 安全设置。

设置 Console 登录认证，认证方式为密码认证，密钥为明文的“huawei”。并且设置用户登录权限为 level 3。

```
[SW1]user-interface console 0                                   //进入 CON 0 视图
[SW1-ui-console0]authentication-mode password                   //设置认证方式为密码认证
[SW1-ui-console0]set authentication password cipher huawei      //设置认证密码为
                                                                //huawei
```

```
[SW1-ui-console0]user privilege level 3    //为通过 Console 登录的用户设置用户等级
[SW1-ui-console0]q
[SW1]
```

④ 设置交换机的管理地址。

```
[SW1]interface vlanif 1
[SW1-Vlanif1]ip address 192.168.1.100 255.255.255.0
[SW1-Vlanif1]q
[SW1]
```

⑤ 配置 Telnet。

```
[SW1]aaa          //进入 AAA 视图
[SW1-aaa]local-user admin password cipher huawei123       //配置本地用户 admin 的
//登录密码为 huawei123
[SW1-aaa]local-user admin privilege level 15   //配置本地用户 admin 的用户级别为 15
[SW1-aaa]local-user admin service-type telnet   //配置本地用户 admin 的接入方式
//为 Telnet,只有用户通过 Telnet 这种方式接入时,才允许用户接入
[SW1-aaa]q
[SW1]telnet server enable                        //启用 Telnet 服务器
Info: The Telnet server has been enabled.
[SW1]user-interface vty 0 4                      //进入 VTY 视图
[SW1-ui-vty0-4]protocol inbound telnet           //指定 VTY 用户界面所支持的协议
[SW1-ui-vty0-4]authentication-mode aaa           //指定 Telnet 的认证方式为 AAA
[SW1-ui-vty0-4]user privilege level 15           //指定通过 VTY 登录的用户级别
[SW1]quit
<SW1>
```

⑥ 查看配置信息。

执行“display version”,命令查看交换机的版本。

```
<SW1>display version
Huawei Versatile Routing Platform Software
VRP (R) software, Version 5.110 (S3700 V200R001C00)
Copyright (c) 2000-2011 HUAWEI TECH CO., LTD

Quidway S3700-26C-HI Routing Switch uptime is 0 week, 0 day, 1 hour, 29 minutes
<SW1>
```

执行“display current-configuration”命令查看当前配置信息。

```
<SW1>display current-configuration
#
sysname SW1
#
cluster enable
ntdp enable
ndp enable
...
```

执行“display interface GigabitEthernet 0/0/1”命令查看接口 G0/0/1 的配置信息。

```
<SW1>display interface GigabitEthernet 0/0/1
GigabitEthernet0/0/1 current state: UP
Line protocol current state: UP
...
```

思考：这里的两个 UP 分别是什么意思？

⑦ 保存配置。

```
<SW1>save
The current configuration will be written to the device.
Are you sure to continue? [Y/N]y
Info: Please input the file name ( *.cfg, *.zip ) [vrpcfg.zip]:
Sep  7 2023 21:05:09-08:00 SW1 %%01CFM/4/SAVE(l)[1]:The user chose Y when
decidi
ng whether to save the configuration to the device.
Now saving the current configuration to the slot 0.
Save the configuration successfully.
<SW1>
```

⑧ 验证配置。

- 在 R1 上设置 G0/0/0 接口的 IP 地址。

```
<Huawei>sys
Enter system view, return user view with Ctrl+Z.
[Huawei]sysn R1
[R1]int g0/0/0
[R1-GigabitEthernet0/0/0]ip address 192.168.1.2 24
[R1-GigabitEthernet0/0/0]q
[R1]
```

- 验证 R1 与交换机 SW1 之间的连通性。

```
[R1]ping 192.168.1.100
  PING 192.168.1.100: 56  data bytes, press CTRL_C to break
    Reply from 192.168.1.100: bytes=56 Sequence=1 ttl=255 time=80 ms
    Reply from 192.168.1.100: bytes=56 Sequence=2 ttl=255 time=10 ms
    Reply from 192.168.1.100: bytes=56 Sequence=3 ttl=255 time=20 ms
    Reply from 192.168.1.100: bytes=56 Sequence=4 ttl=255 time=40 ms
    Reply from 192.168.1.100: bytes=56 Sequence=5 ttl=255 time=30 ms

  ---192.168.1.100 ping statistics ---
    5 packet(s) transmitted
    5 packet(s) received
    0.00% packet loss
    round-trip min/avg/max =10/36/80 ms
```

- 验证控制台登录。

输入“quit”命令退出登录，再按 Enter 键，输入密码“huawei”，登录成功。

```
<SW1>quit User interface con0 is available
```

```
Please Press ENTER.

Login authentication

Password:
<SW1>
```

- 验证 Telnet 登录。

这里用 R1 路由器来模拟一台 PC,在 R1 上输入“telnet 192.168.1.100”命令,进入登录验证阶段,输入用户名“admin”再输入密码“huawei123”后按 Enter 键,显示为<SW1>,Telnet 登录成功。

```
<R1>telnet 192.168.1.100
  Press CTRL_] to quit telnet mode
  Trying 192.168.1.100 …
  Connected to 192.168.1.100 …


Login authentication


Username:admin
Password:
Info: The max number of VTY users is 5, and the number
      of current VTY users on line is 1.
      The current login time is 2023-09-07 21:32:01.
<SW1>sys
Enter system view, return user view with Ctrl+Z.
[SW1]
```

6.5　练习与思考

1. 选择题

(1) 以太网交换机中的端口/MAC 地址映射表是(　　)。

A. 交换机的生产厂商建立的

B. 交换机在数据转发过程中通过学习动态建立的

C. 网络管理员建立的

D. 网络用户利用特殊的命令建立的

(2) 非屏蔽双绞线的交叉电缆可用于下列哪两种设备间的通信?(　　)

A. 集线器(普通端口)到集线器(使用级联端口)

B. PC 到集线器

C. PC 到交换机

D. PC 到 PC

(3) 配置交换机名字的工作视图是(　　)。

A. 用户视图　　B. 系统视图　　C. 接口视图　　D. 协议视图

(4) 远程登录到交换机所使用的命令是(　　)。

A. ping 192.168.1.1

B. ip address 192.168.1.1 255.255.255.0

C. telnet 192.168.1.1

D. tracert 192.168.1.1

2. 思考与讨论题

(1) 交换机与集线器有什么不同?

(2) 二层交换机的地址学习功能是如何进行的?

(3) 登录交换机是如何实现的?

(4) 华为网络设备支持多少个用户同时使用 Console 口登录?

(5) 使用 Console 线连接网络设备(交换机)时要设置串行传输协议参数,这属于计算机网络体系结构中的哪一层协议的内容?若波特率设置与网络设备不一致,会导致什么结果?为什么?

第3章 数据链路层实验

实验7　PPP的配置与分析

7.1　实验目的

(1) 掌握基于PAP认证的PPP配置方法。

(2) 掌握基于CHAP认证的PPP配置方法。

(3) 理解PPP的工作过程和报文格式。

7.2　实验要求

(1) 设备要求：计算机两台以上(装有Windows操作系统、华为eNSP模拟器软件，安装有网卡已联网)。

(2) 分组要求：1人一组，但部分步骤需相互合作完成。

7.3　实验预备知识

点对点协议(Point-to-Point Protocol，PPP)是目前使用最广泛的点对点数据链路层协议。PPP由以下三个部分组成。

(1) 一个将上层数据(如IP数据报)封装到串行链路的方法。

(2) 一个链路控制协议(Link Control Protocol，LCP)，用来建立、配置和测试数据链路连接。

(3) 一套网络控制协议(Network Control Protocol，NCP)，能支持不同的网络层协议，如IP、OSI的网络层、DECnet，以及AppleTalk等。

1. PPP协议帧格式

如图3-1所示，PPP的帧格式主要由**首部**、**信息字段**、**尾部**三部分组成。

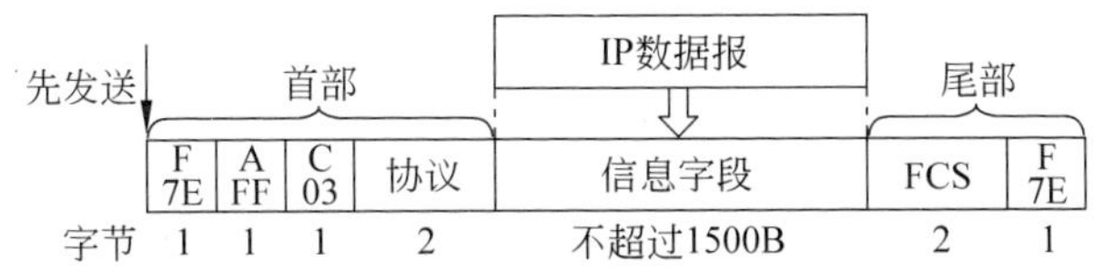

图3-1　PPP协议帧格式

1）**首部**

首部字段由 5B 构成：**标志字段 F**，占 1B，规定为 0x7E，表示一个帧的开始或结束。此标志字段就是 PPP 帧的定界符。连续两帧之间只需要用一个标志字段。若出现连续两个标志字段，则表示这是一个空帧，应当丢弃。**地址字段 A**，占 1B，规定为 0xFF。**控制字段 C**，占 1B，规定为 0x03。**协议字段**，表示信息字段数据所使用的协议。当协议字段为 0x0021 时，PPP 帧的信息字段就是 IP 数据报；若为 0xC021，则信息字段是 PPP 链路控制协议（LCP）的数据；若为 0x8021，表示这是 NCP 的 IPCP 分组；若为 0xC023，表示信息字段就是 PAP 认证协议；而 0xC223 则表示信息字段为 CHAP 认证协议。

2）**信息字段**

信息字段的长度是可变的，但不超过 1500B。

3）**尾部**

尾部由 3B 构成：**使用 CRC 的帧检验序列 FCS，占 2B；标志字段 F，占 1B**（**首部标志字段**）。

在 PPP 中，异步传输时一般使用字节填充保证透明传输，而在同步传输时一般使用零比特填充的方法来保证透明传输。

2. PPP 建立连接的过程

PPP 的状态图如图 3-2 所示，其主要工作过程如下。

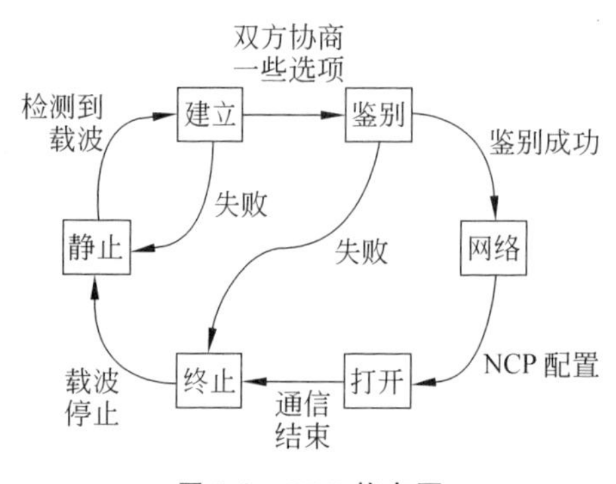

图 3-2　PPP 状态图

（1）开始“静止”阶段没有进行任何连接，没有可用链路，当两端检测到特定接口被激活时，转入“建立”阶段（即链路建立阶段）。

（2）在“建立”阶段，PPP 链路进行 LCP 参数协商。协商内容主要包括最大接收单元（MRU）、认证方式、魔术字等。LCP 参数协商成功后可进入“鉴别”阶段（若不需要进行鉴别，可直接进入“网络”阶段）。

（3）在“鉴别”阶段，通信双方可互相鉴别身份，也可只进行单向鉴别。鉴别成功后即可进入“网络”阶段，鉴别失败则转入“终止”状态，结束已建立的 PPP 链路。

（4）在“网络”阶段，PPP 链路进行 NCP（典型的是 IPCP）协商，只有相应的网络层协议（如 IP）协商成功后，网络层协议才可通过这条 PPP 链路发送数据分组。

（5）通信任何一方不需要使用该链路时，都可以终止建立的 PPP 连接，最后回到“静止”阶段。

3. PPP 认证方式

在“鉴别”阶段，PPP 认证方式主要有两种：口令认证协议（PAP）和挑战握手认证协议（CHAP）。

PAP 认证（两次握手）：

（1）被认证方将用户名和口令以明文方式发送给认证方。

（2）认证方根据本地用户表验证被认证方的用户名及口令是否匹配，若匹配，则通过认证,发送认证确认帧;若不匹配,则认证失败,发送认证否认帧。

CHAP 认证(三次握手):

(1) Challenge 过程:由认证端发送 Challenge 挑战报文,该报文主要由两个值组成:name 和 value。在这里没有 name 所以为空,value1 取一串随机的 128b 数。

(2) Response 过程:被认证方收到 Challenge 报文中的 value1 后,将和接口下配置的 chap 密码做 MD5 计算,最终生成自己的 MD5 摘要 value2,然后向认证方发送 Response 响应报文,并将自己的 name 和计算出来的 value2 带回给认证方。

(3) Success 过程:如果验证成功,由认证方回复 Success 报文,否则回复 Failure 报文。认证方收到 Response 报文后,会取出其中的 name 字段,跑到 aaa 配置下查找该用户名,假设找到该用户名,认证方会执行 MD5 计算过程,将密码和 value1 做 MD5 计算,得到 MD5 摘要 value3,如果对比 value2 = value3,则认证成功,认证方向被认证方回复 Success 报文。

由于 CHAP 在认证过程中没有明文传输用户口令,所以安全性比 PAP 高。

4. PPP 的基本配置

```
[R1]interface S1/0/0                          //进入 S1/0/0 接口视图
[R1-Serial1/0/0]link-protocol ppp             //S1/0/0 接口的链路层协议使用 PPP
[R1-Serial1/0/0]ip addr 192.168.1.1 30        //设置接口 IP 地址
```

7.4 实验内容与步骤

1. 建立网络拓扑

网络拓扑如图 3-3 所示,两台路由器通过串行线互连。本实验路由器型号为 AR3260,默认情况下,此型号路由器只提供 GigabitEthernet 接口,没有串口,需要增加一块 2SA 接口卡(拖入 1 号槽位),如图 3-4 所示,各设备的 IP 地址分配如表 3-1 所示。

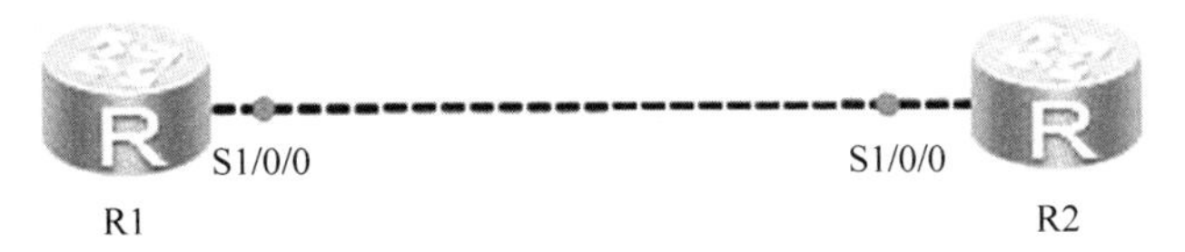

图 3-3 网络拓扑

表 3-1 设备 IP 地址分配

设 备	接 口	IP 地址
R1	S1/0/0	192.168.1.1/30
R2	S1/0/0	192.168.1.2/30

2. 基于 PAP 认证的 PPP 配置与分析

1) 基于 PAP 认证的 PPP 配置(R1 对 R2 的单向认证)

认证方 R1 配置如下。

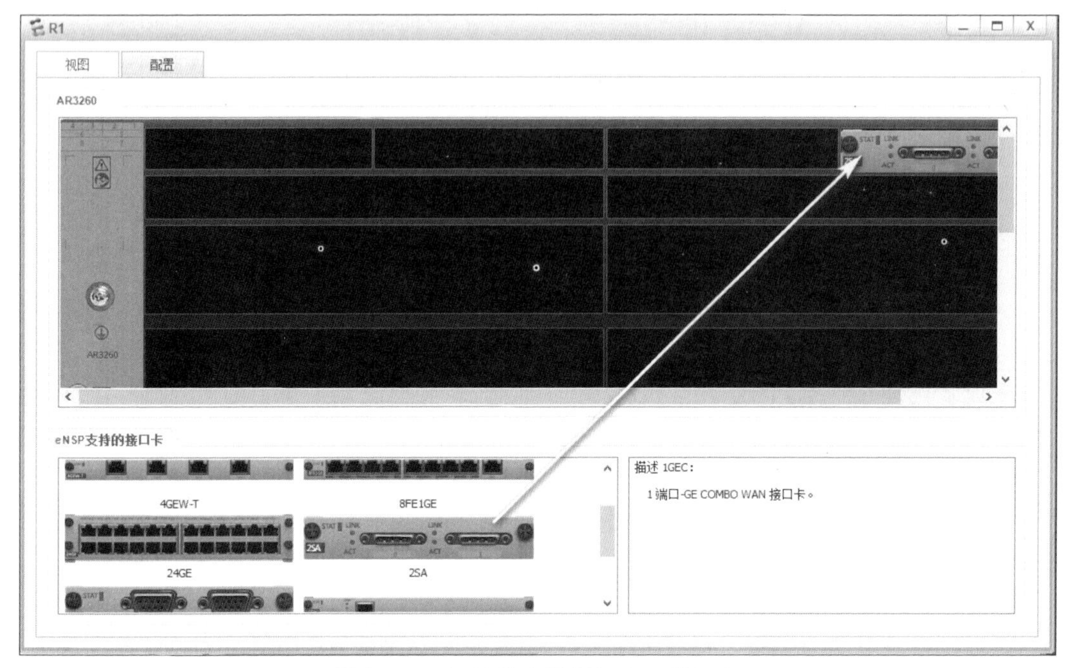

图 3-4 AR3260 路由器增加 2SA 接口卡

```
<Huawei>sys
[Huawei]sysn R1
[R1]aaa
[R1-aaa]local-user R2 password cipher seig   //创建用户 R2,密码为 seig
[R1-aaa]local-user R2 service-type ppp       //设置 R2 用户的业务类型为 PPP
[R1-aaa]q
[R1]interface s1/0/0
[R1-Serial1/0/0]link-protocol ppp            //S1/0/0 接口的链路层协议使用 PPP
[R1-Serial1/0/0]ppp authentication-mode pap //设置认证方式为 PAP
[R1-Serial1/0/0]ip addr 192.168.1.1 30       //设置接口 IP 地址
```

被认证方 R2 配置如下。

```
<Huawei>sys
[Huawei]sysn R2
[R2]interface s1/0/0
[R2-Serial1/0/0]link-protocol ppp
[R2-Serial1/0/0]ppp pap local-user R2 password cipher seig   //提供用户名和密码
[R2-Serial1/0/0]ip address 192.168.1.2 30                    //设置接口 IP 地址
```

在 R1 的 S1/0/0 接口启动抓包(自动运行 Wireshark 软件),选择链路类型为 PPP。在 R2 上执行"shutdown"命令关闭 S1/0/0 接口,然后再执行"undo shutdown"命令启动 S1/0/0 接口,查看启动接口后 Wireshark 软件捕获的分组,分析 PPP 的 LCP 协商过程、PAP 认证过程和 NCP 协商过程。

2) 分析 LCP 协商过程

在 LCP 建立链路阶段,通信双方通过相互发送 Configuration-Request 帧和 Configuration-

Ack 帧协商链路参数。一些常见的配置参数包括 MRU、认证协议、魔术字等。在华为设备上，MRU 参数使用接口上配置的最大传输单元（Maximum Transfer Unit，MTU）。LCP 使用魔术字 Magic-Number（随机产生）检测链路环路和其他异常情况。请分析 LCP 协商过程中的 Configuration-Request 帧，如图 3-5 所示，填写表 3-2。

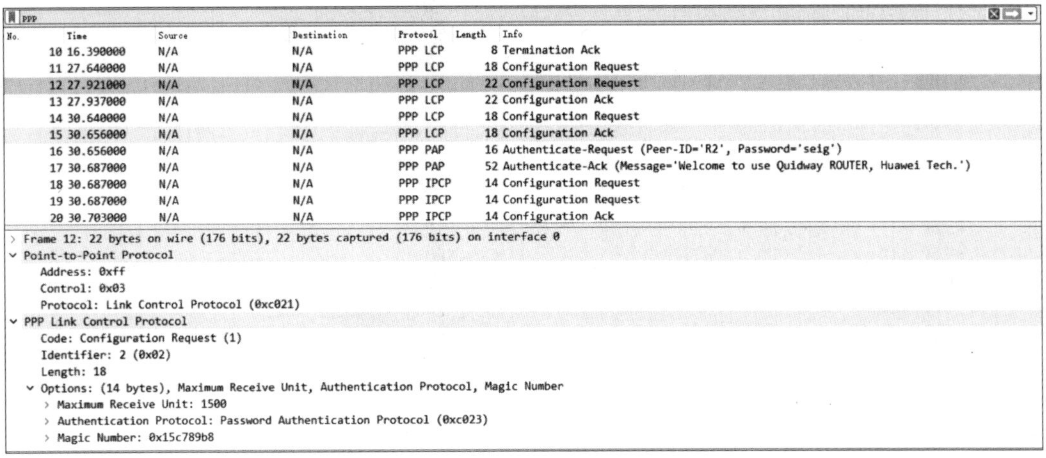

```
No.  Time       Source  Destination  Protocol  Length  Info
10 16.390000    N/A     N/A          PPP LCP    8 Termination Ack
11 27.640000    N/A     N/A          PPP LCP   18 Configuration Request
12 27.921000    N/A     N/A          PPP LCP   22 Configuration Request
13 27.937000    N/A     N/A          PPP LCP   22 Configuration Ack
14 30.640000    N/A     N/A          PPP LCP   18 Configuration Request
15 30.656000    N/A     N/A          PPP LCP   18 Configuration Ack
16 30.656000    N/A     N/A          PPP PAP   16 Authenticate-Request (Peer-ID='R2', Password='seig')
17 30.687000    N/A     N/A          PPP PAP   52 Authenticate-Ack (Message='Welcome to use Quidway ROUTER, Huawei Tech.')
18 30.687000    N/A     N/A          PPP IPCP  14 Configuration Request
19 30.687000    N/A     N/A          PPP IPCP  14 Configuration Request
20 30.703000    N/A     N/A          PPP IPCP  14 Configuration Ack

> Frame 12: 22 bytes on wire (176 bits), 22 bytes captured (176 bits) on interface 0
v Point-to-Point Protocol
    Address: 0xff
    Control: 0x03
    Protocol: Link Control Protocol (0xc021)
v PPP Link Control Protocol
    Code: Configuration Request (1)
    Identifier: 2 (0x02)
    Length: 18
  v Options: (14 bytes), Maximum Receive Unit, Authentication Protocol, Magic Number
    > Maximum Receive Unit: 1500
    > Authentication Protocol: Password Authentication Protocol (0xc023)
    > Magic Number: 0x15c789b8
```

图 3-5　Configuration-Request 帧

表 3-2　Configuration-Request 帧相关参数值

MRU		魔术字	
认证协议		PPP 首部中“协议”字段值及含义	

3）分析 PAP 认证过程

LCP 协商成功后，进入 PAP 认证过程，被认证方发送 Authentication-Request 帧提供用户名和密码（明文），如图 3-6 所示。认证方验证用户名和密码是否正确，如通过认证，则发送 Authentication-Ack 帧，否则发送 Authentication-Nak 帧。请分析 PAP 认证过程中的 Authentication-Ack 帧，填写表 3-3。

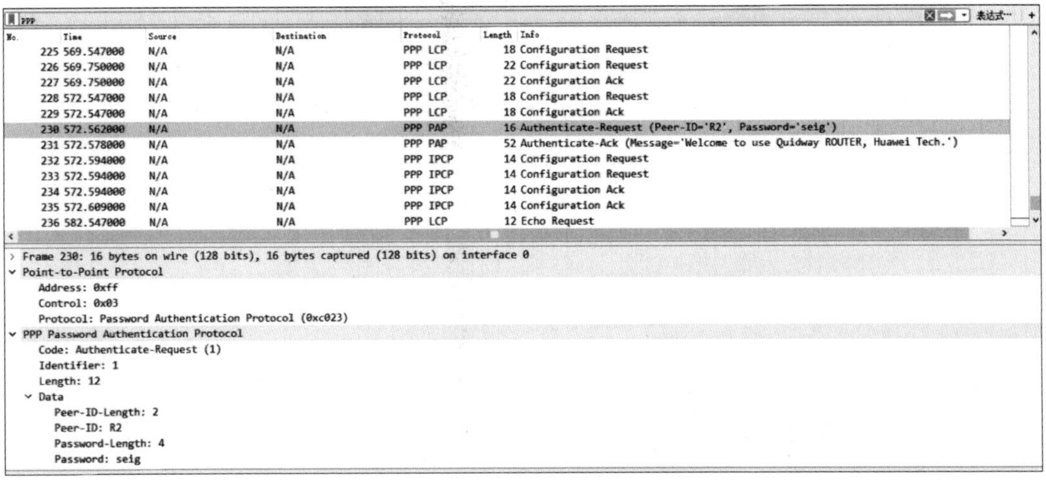

```
No.  Time        Source  Destination  Protocol  Length  Info
225 569.547000   N/A     N/A          PPP LCP   18 Configuration Request
226 569.750000   N/A     N/A          PPP LCP   22 Configuration Request
227 569.750000   N/A     N/A          PPP LCP   22 Configuration Ack
228 572.547000   N/A     N/A          PPP LCP   18 Configuration Request
229 572.547000   N/A     N/A          PPP LCP   18 Configuration Ack
230 572.562000   N/A     N/A          PPP PAP   16 Authenticate-Request (Peer-ID='R2', Password='seig')
231 572.578000   N/A     N/A          PPP PAP   52 Authenticate-Ack (Message='Welcome to use Quidway ROUTER, Huawei Tech.')
232 572.594000   N/A     N/A          PPP IPCP  14 Configuration Request
233 572.594000   N/A     N/A          PPP IPCP  14 Configuration Request
234 572.594000   N/A     N/A          PPP IPCP  14 Configuration Ack
235 572.609000   N/A     N/A          PPP IPCP  14 Configuration Ack
236 582.547000   N/A     N/A          PPP LCP   12 Echo Request

> Frame 230: 16 bytes on wire (128 bits), 16 bytes captured (128 bits) on interface 0
v Point-to-Point Protocol
    Address: 0xff
    Control: 0x03
    Protocol: Password Authentication Protocol (0xc023)
v PPP Password Authentication Protocol
    Code: Authenticate-Request (1)
    Identifier: 1
    Length: 12
  v Data
      Peer-ID-Length: 2
      Peer-ID: R2
      Password-Length: 4
      Password: seig
```

图 3-6　Authentication-Request 帧

表 3-3 Authentication-Request 帧相关参数值

用户名		密码	
PPP 首部中"协议"字段值及含义			

4）分析 NCP 协商过程

认证通过后，进入 NCP 协商过程，如图 3-7 所示。IPCP 支持静态地址协商和动态地址协商。本实验使用静态地址协商，由通信双方互相发送 Configuration-Request 帧告知对方自己的 IP 地址等信息，对方回复 Configuration-Ack 帧表示同意。请填写表 3-4。

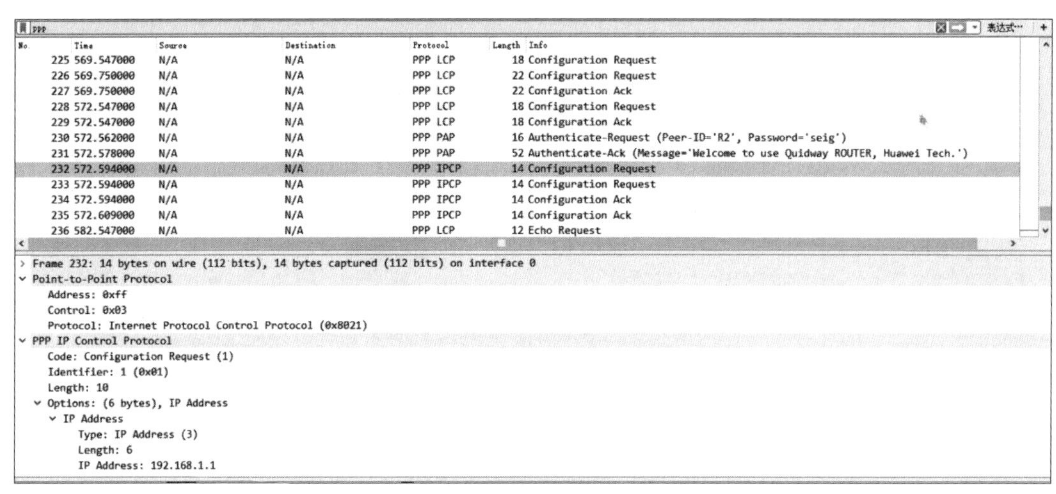

图 3-7 NCP 协商过程

表 3-4 Configuration-Request 帧相关参数值

数据帧的发送方		IP 地址	
PPP 首部中"协议"字段值及含义			

5）测试连通性

NCP 协商成功后，通信双方就可以通过这个链路传输数据了。在路由器 R1 上执行"ping 192.168.1.2"命令测试 R1 与 R2 间的连通性，并分析捕获的 ICMP 分组，如图 3-8

```
icmp
No. Time      Source       Destination  Protocol Length Info
13 23.672000  192.168.1.1  192.168.1.2  ICMP  88 Echo (ping) request  id=0xcdab, seq=256/1, ttl=255 (reply in 14)
14 23.703000  192.168.1.2  192.168.1.1  ICMP  88 Echo (ping) reply    id=0xcdab, seq=256/1, ttl=255 (request in 13)
15 24.172000  192.168.1.1  192.168.1.2  ICMP  88 Echo (ping) request  id=0xcdab, seq=512/2, ttl=255 (reply in 16)
16 24.172000  192.168.1.2  192.168.1.1  ICMP  88 Echo (ping) reply    id=0xcdab, seq=512/2, ttl=255 (request in 15)
17 24.656000  192.168.1.1  192.168.1.2  ICMP  88 Echo (ping) request  id=0xcdab, seq=768/3, ttl=255 (reply in 18)
18 24.656000  192.168.1.2  192.168.1.1  ICMP  88 Echo (ping) reply    id=0xcdab, seq=768/3, ttl=255 (request in 17)
19 25.156000  192.168.1.1  192.168.1.2  ICMP  88 Echo (ping) request  id=0xcdab, seq=1024/4, ttl=255 (reply in 20)
20 25.156000  192.168.1.2  192.168.1.1  ICMP  88 Echo (ping) reply    id=0xcdab, seq=1024/4, ttl=255 (request in 19)
21 25.641000  192.168.1.1  192.168.1.2  ICMP  88 Echo (ping) request  id=0xcdab, seq=1280/5, ttl=255 (reply in 22)
22 25.656000  192.168.1.2  192.168.1.1  ICMP  88 Echo (ping) reply    id=0xcdab, seq=1280/5, ttl=255 (request in 21)

> Frame 13: 88 bytes on wire (704 bits), 88 bytes captured (704 bits) on interface 0
v Point-to-Point Protocol
    Address: 0xff
    Control: 0x03
    Protocol: Internet Protocol version 4 (0x0021)
> Internet Protocol Version 4, Src: 192.168.1.1, Dst: 192.168.1.2
> Internet Control Message Protocol
```

图 3-8 捕获的 ICMP 分组

所示。填写表 3-5。

表 3-5　ICMP 分组

ICMP 分组的链路层协议	
PPP 首部中"协议"字段值及含义	

3. 基于 CHAP 认证的 PPP 配置与分析

1）基于 CHAP 认证的 PPP 配置（R1 对 R2 的单向认证）

先清除 R1 和 R2 的 PPP 配置：

```
[R1]interface s1/0/0
[R1-Serial1/0/0]undo ppp authentication-mode
[R1-Serial1/0/0]undo ip address 192.168.1.1 30
```

```
[R2]interface s1/0/0
[R2-Serial1/0/0]undo ppp pap local-user
[R2-Serial1/0/0]undo ip address 192.168.1.2 30
```

认证方 R1 配置如下。

```
[R1]aaa
[R1-aaa]local-user R2 password cipher seig      //创建用户 R2,密码为 seig
[R1-aaa]local-user R2 service-type ppp          //设置 R2 用户的业务类型为 PPP
[R1-aaa]interface s1/0/0
[R1-Serial1/0/0]link-protocol ppp               //S1/0/0 接口的链路层协议使用 PPP
[R1-Serial1/0/0]ppp authentication-mode chap //设置认证方式为 CHAP
[R1-Serial1/0/0]ip address 192.168.1.1 30       //设置接口 IP 地址
[R1-Serial1/0/0]remote address 192.168.1.2      //为对端分配 IP 地址 192.168.1.2
```

被认证方 R2 配置如下。

```
[R2]interface s1/0/0
[R2-Serial1/0/0]link-protocol ppp
[R2-Serial1/0/0]ppp pap local-user R2 password cipher seig   //提供用户名和密码
[R2-Serial1/0/0]ppp chap user R2                 //提供 CHAP 用户
[R2-Serial1/0/0]ppp chap password cipher seig  //提供 CHAP 用户密码
[R2-Serial1/0/0]ip address ppp-negotiate         //通过 PPP 协商获取 IP 地址
```

在 R1 的 S1/0/0 接口启动抓包（自动运行 Wireshark 软件），选择链路类型为 PPP。在 R2 上执行"shutdown"命令关闭 S1/0/0 接口，然后再执行"undo shutdown"命令启动 S1/0/0 接口，查看启动接口后 Wireshark 软件捕获的分组，分析 PPP 的 LCP 协商过程、CHAP 认证过程和 NCP(IPCP)协商过程。

2）分析 LCP 协商过程

Configuration-Request 帧如图 3-9 所示。请填写表 3-6。

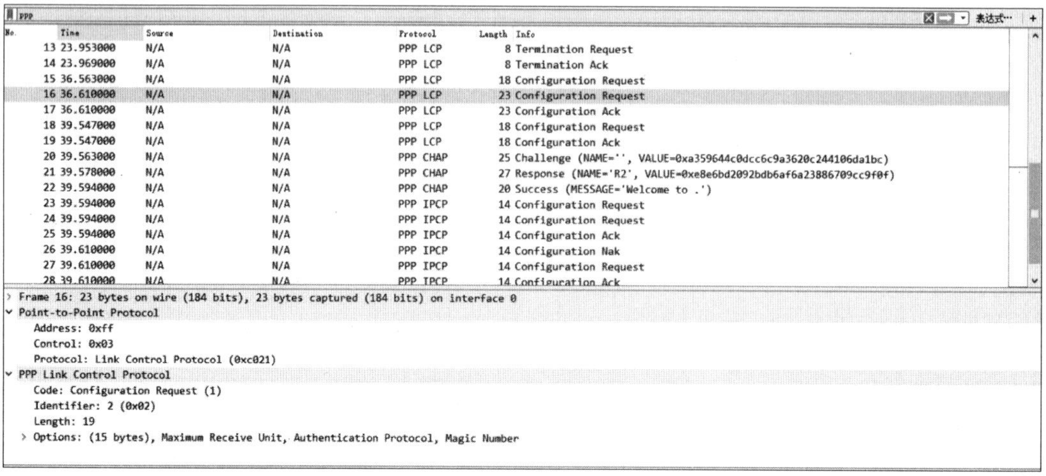

```
No.  Time       Source  Destination  Protocol  Length Info
13 23.953000    N/A     N/A          PPP LCP    8 Termination Request
14 23.969000    N/A     N/A          PPP LCP    8 Termination Ack
15 36.563000    N/A     N/A          PPP LCP   18 Configuration Request
16 36.610000    N/A     N/A          PPP LCP   23 Configuration Request
17 36.610000    N/A     N/A          PPP LCP   23 Configuration Ack
18 39.547000    N/A     N/A          PPP LCP   18 Configuration Request
19 39.547000    N/A     N/A          PPP LCP   18 Configuration Ack
20 39.563000    N/A     N/A          PPP CHAP  25 Challenge (NAME='', VALUE=0xa359644c0dcc6c9a3620c244106da1bc)
21 39.578000    N/A     N/A          PPP CHAP  27 Response (NAME='R2', VALUE=0xe8e6bd2092bdb6af6a23886709cc9f0f)
22 39.594000    N/A     N/A          PPP CHAP  20 Success (MESSAGE='Welcome to .')
23 39.594000    N/A     N/A          PPP IPCP  14 Configuration Request
24 39.594000    N/A     N/A          PPP IPCP  14 Configuration Request
25 39.594000    N/A     N/A          PPP IPCP  14 Configuration Ack
26 39.610000    N/A     N/A          PPP IPCP  14 Configuration Nak
27 39.610000    N/A     N/A          PPP IPCP  14 Configuration Request
28 39.610000    N/A     N/A          PPP IPCP  14 Configuration Ack

> Frame 16: 23 bytes on wire (184 bits), 23 bytes captured (184 bits) on interface 0
v Point-to-Point Protocol
    Address: 0xff
    Control: 0x03
    Protocol: Link Control Protocol (0xc021)
v PPP Link Control Protocol
    Code: Configuration Request (1)
    Identifier: 2 (0x02)
    Length: 19
  > Options: (15 bytes), Maximum Receive Unit, Authentication Protocol, Magic Number
```

图 3-9　Configuration-Request 帧

表 3-6　Configuration-Request 帧相关参数值

MRU		魔术字	
认证协议		PPP 首部中“协议”字段值及含义	

3）分析 CHAP 认证过程

捕获的 CHAP 认证过程中的相关分组如图 3-10 所示，请分析图中的三个 CHAP 帧，简单描述这三个帧的作用，并填写表 3-7。

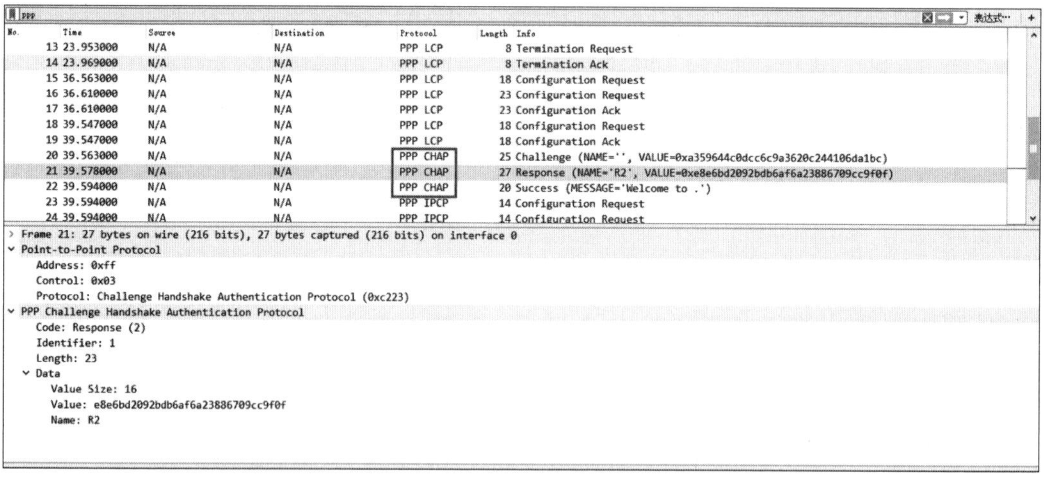

```
No.  Time       Source  Destination  Protocol  Length Info
13 23.953000    N/A     N/A          PPP LCP    8 Termination Request
14 23.969000    N/A     N/A          PPP LCP    8 Termination Ack
15 36.563000    N/A     N/A          PPP LCP   18 Configuration Request
16 36.610000    N/A     N/A          PPP LCP   23 Configuration Request
17 36.610000    N/A     N/A          PPP LCP   23 Configuration Ack
18 39.547000    N/A     N/A          PPP LCP   18 Configuration Request
19 39.547000    N/A     N/A          PPP LCP   18 Configuration Ack
20 39.563000    N/A     N/A          PPP CHAP  25 Challenge (NAME='', VALUE=0xa359644c0dcc6c9a3620c244106da1bc)
21 39.578000    N/A     N/A          PPP CHAP  27 Response (NAME='R2', VALUE=0xe8e6bd2092bdb6af6a23886709cc9f0f)
22 39.594000    N/A     N/A          PPP CHAP  20 Success (MESSAGE='Welcome to .')
23 39.594000    N/A     N/A          PPP IPCP  14 Configuration Request
24 39.594000    N/A     N/A          PPP IPCP  14 Configuration Request

> Frame 21: 27 bytes on wire (216 bits), 27 bytes captured (216 bits) on interface 0
v Point-to-Point Protocol
    Address: 0xff
    Control: 0x03
    Protocol: Challenge Handshake Authentication Protocol (0xc223)
v PPP Challenge Handshake Authentication Protocol
    Code: Response (2)
    Identifier: 1
    Length: 23
  v Data
      Value Size: 16
      Value: e8e6bd2092bdb6af6a23886709cc9f0f
      Name: R2
```

图 3-10　CHAP 认证过程

表 3-7　CHAP 帧作用

Challenge	
Response	
Success	
是否能看到 R2 发送的用户名和密码	

4）分析 NCP 协商过程

PPP 通过认证后进入 NCP 协商过程，如图 3-11 所示，R2 通过 IPCP 从 R1 动态获取 IP 地址。R2 首先发送 Configuration-Request 帧，请求分配的 IP 地址为空（0.0.0.0），R1 会应答 Configuration-Nak 帧，并给 R2 指派一个 IP 地址（192.168.1.2）。R2 收到后会两次发送一个 Configuration-Request 帧，请求配置该 IP 地址（192.168.1.2），R1 应答 Configuration-Ack 帧进行确认。这期间 R1 也会发送 Configuration-Request 帧进行静态地址协商，R2 会用 Configuration-Ack 帧进行确认（这个过程可能会与前面的动态地址协商同步进行）。

```
PPP
No.  Time       Source  Destination  Protocol  Length Info
  18 39.547000  N/A     N/A          PPP LCP       18 Configuration Request
  19 39.547000  N/A     N/A          PPP LCP       18 Configuration Ack
  20 39.563000  N/A     N/A          PPP CHAP      25 Challenge (NAME='', VALUE=0xa359644c0dcc6c9a3620c244106da1bc)
  21 39.578000  N/A     N/A          PPP CHAP      27 Response (NAME='R2', VALUE=0xe8e6bd2092bdb6af6a23886709cc9f0f)
  22 39.594000  N/A     N/A          PPP CHAP      20 Success (MESSAGE='Welcome to .')
  23 39.594000  N/A     N/A          PPP IPCP      14 Configuration Request
  24 39.594000  N/A     N/A          PPP IPCP      14 Configuration Request
  25 39.594000  N/A     N/A          PPP IPCP      14 Configuration Ack
  26 39.610000  N/A     N/A          PPP IPCP      14 Configuration Nak
  27 39.610000  N/A     N/A          PPP IPCP      14 Configuration Request
  28 39.610000  N/A     N/A          PPP IPCP      14 Configuration Ack
```

图 3-11　NCP 协商过程

从捕获的分组中找到 R2 向 R1 动态请求 IP 地址过程中所有交互的帧（不包括静态地址协商帧）并进行分析，简单描述这 4 个帧的作用，并填写表 3-8。

表 3-8　NCP 协商数据帧

Configuration-Request	
Configuration-Nak	
Configuration-Request	
Configuration-Ack	

5）测试连通性

NCP 协商成功后，通信双方就可以通过这个链路传输数据了。在路由器 R1 上执行“ping 192.168.1.2”命令测试 R1 与 R2 间的连通性，如图 3-12 所示。

```
R1
The device is running!

<R1>ping 192.168.1.2
  PING 192.168.1.2: 56  data bytes, press CTRL_C to break
    Reply from 192.168.1.2: bytes=56 Sequence=1 ttl=255 time=60 ms
    Reply from 192.168.1.2: bytes=56 Sequence=2 ttl=255 time=20 ms
    Reply from 192.168.1.2: bytes=56 Sequence=3 ttl=255 time=20 ms
    Reply from 192.168.1.2: bytes=56 Sequence=4 ttl=255 time=10 ms
    Reply from 192.168.1.2: bytes=56 Sequence=5 ttl=255 time=30 ms

  --- 192.168.1.2 ping statistics ---
    5 packet(s) transmitted
    5 packet(s) received
    0.00% packet loss
    round-trip min/avg/max = 10/28/60 ms

<R1>
```

图 3-12　连通性测试

7.5 练习与思考

1.【单选题】局域网数据链路层分为(　　)两个子层功能。

A. IP 子层和 MAC 子层　　B. MAC 子层和 TCP 子层

C. MAC 子层和 LLC 子层　　D. LLC 子层和 ICMP 子层

2.【单选题】PPP 提供的功能有(　　)。

A. 一种成帧方法　　B. 链路控制协议 LCP

C. 网络控制协议 NCP　　D. 全都是

3.【单选题】PPP 是哪一层的协议?(　　)

A. 数据链路层　　B. 物理层　　C. 高层　　D. 网络层

4.【单选题】当 PPP 使用同步传输时,使用(　　)填充方法来实现透明传输。

A. 字节　　B. 字符　　C. 数字　　D. 零比特

5.【单选题】哪种通信中,采用零比特填充实现透明传输?(　　)

A. 同步通信　　B. 异步通信　　C. 串行通信　　D. 并行通信

实验 8　集线器与交换机原理分析

8.1　实 验 目 的

（1）理解集线器与交换机的工作原理。

（2）掌握简单交换式以太网的组网方法及连通性测试。

（3）熟悉使用华为 eNSP 网络模拟软件。

8.2　实 验 要 求

（1）设备要求：计算机两台以上（安装有 Windows 操作系统、华为 eNSP 模拟器软件，安装有网卡已联网）。

（2）分组要求：1 人一组，但部分步骤需相互合作完成。

8.3　实验预备知识

1. 集线器与共享式以太网

在认识集线器之前，先了解一下中继器。在我们接触到的网络中，最简单的就是两台主机通过两块网卡构成“双机互连”，两块网卡之间通常是由非屏蔽双绞线来连接的。因为双绞线在传输信号时信号功率会逐渐衰减，当信号衰减到一定程度时将造成信号失真，因此在保证信号质量的前提下，双绞线的最大传输距离为 100m。当两台计算机之间的距离超过 100m 时，为了实现双机互连，人们便在这两台计算机之间安装一个“中继器”。它的作用就是将已经衰减得不完整的信号经过整理，再一次产生出完整的信号继续传送。

集线器实际上就是一种多端口的中继器。通过这些端口，集线器便能为对应数量的主机完成“中继”功能。因为它在网络中处于一种“中心”位置，因此集线器也叫作“Hub”。集线器本身不能识别目的物理地址，当同一局域网内的 A 主机给 B 主机传输数据时，数据包在以集线器为架构的网络上是以广播方式传输的，由每一台终端通过验证数据包头的地址信息来确定是否接收，因此，集线器是一种“共享”设备。使用集线器组建的以太网，物理上为星状结构而逻辑上为总线型结构，以共享传输介质为最大特点，如图 3-13 所示，称之为共享式以太网（所有的设备在同一个冲突域中，也在同一个广播域中）。

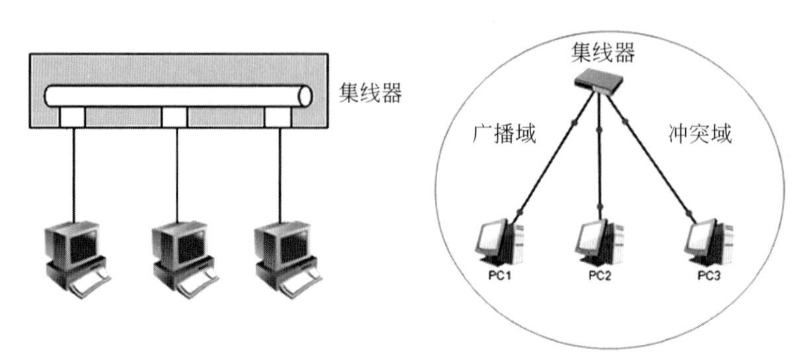

图 3-13 集线器组建的共享式以太网

共享式以太网是最简单、最便宜、最常用的一种组网方式。但是，在网络应用和组网过程中，共享式以太网也暴露出了它的弱点。

(1) 覆盖的地理范围有限。按照 CSMA/CD 的有关规定，以太网覆盖的地理范围随着网络速度的增加而减小。一旦网络速率固定下来，网络的覆盖范围也就固定下来。因此，只要两个节点处于同一个以太网中，它们之间的最大距离就不能超过这一固定值，不管它们之间的连接跨越一个集线器还是多个集线器。如果超过这个值，网络通信就会出现问题。

(2) 网络总带宽容量固定。共享式以太网的固定带宽容量被网络上的所有节点共同拥有，随机占用。网络中的节点越多，每个节点平均可以使用的带宽越窄，网络的响应速度也会越慢。例如，对于一个 100Mb/s 的以太网，如果连接 10 个节点，则每个节点平均带宽为 10Mb/s，如果连接节点增加到 100 个，则每个节点平均带宽下降为 1Mb/s。

(3) 不能支持多种速率。由于以太网共享传输介质，因此，网络中的设备必须保持相同的传输速率。否则一个设备发送的信息，另一个设备不可能收到。单一的共享式以太网不可能提供多种速率的设备支持。

2. 交换机与交换式以太网

通常，人们利用“分段”的方法解决共享式以太网存在的问题。所谓的“分段”，就是将一个大型的以太网分隔成两个或多个小型的以太网，每个段(分隔后的每个小以太网)使用 CSMA/CD 介质访问控制方法维持段内用户的通信。段与段之间通过一种“交换”设备进行沟通。这种交换设备可以将在一段接收到的信息，经过简单的处理转发给另一段，这就是交换式以太网。

如图 3-14 所示，给出了一个通过集线器级联组成的大型以太网。尽管部门 1、部门 2 和部门 3 都通过各自的集线器组网，但是，由于使用共享式集线器连接各个部门的集线器，因此，所构成的网络仍然属于一个大的以太网(所有的设备都仍然在同一个广播域中，也在同一个冲突域中)。这样，每台计算机发送的信息将在全网流动，即使它访问的部门的服务器也是如此。

通常，部门内部计算机之间的相互访问是最频繁的。为了限制部门内部信息在全网流动，利用交换设备将整个大的以太网分段，每个部门组成一个小的以太网，部门之间通过交换设备相互连接，如图 3-15 所示。通过分段，既可以保证部门内部信息不会流至其

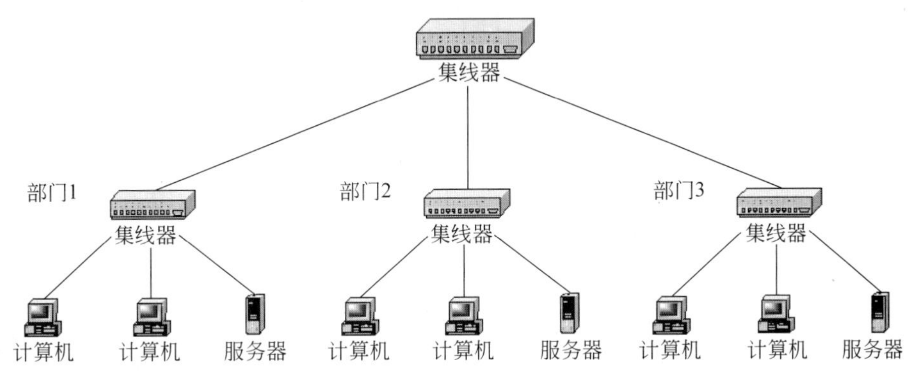

图 3-14 通过集线器级联组成大型的共享以太网

他部门，又可以保证部门之间的信息交互。以太网节点的减少使冲突和碰撞的概率更小，网络的效率更高。不仅如此，分段之后，各段可按需要选择自己的网络速率，组成性能价格比更高的交换式网络。

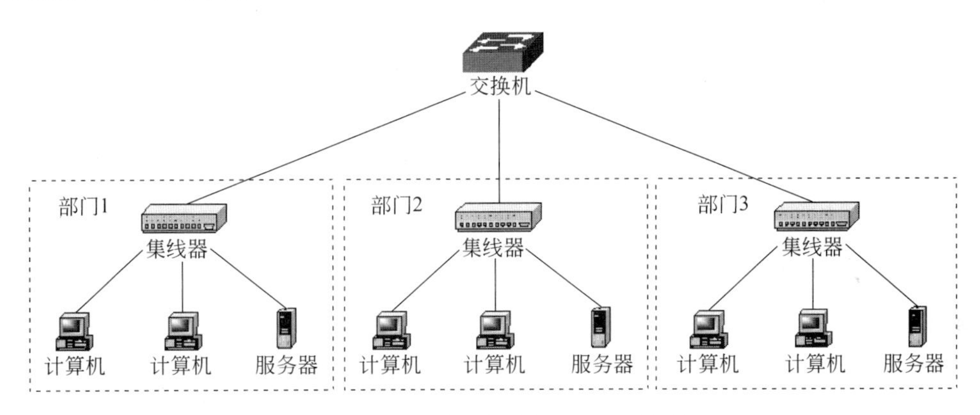

图 3-15 通过交换机对共享以太网分段

交换设备有多种类型，局域网交换机、路由器等都可以作为交换设备。交换机工作于数据链路层，用于连接较为相似的网络(例如以太网-以太网)；而路由器工作于互联层，可以实现异型网络的互联(例如以太网-帧中继)。

典型的局域网交换机是以太网交换机。以太网交换机可以通过交换机端口之间的多个并发连接，实现多节点之间数据的并发传输。这种并发数据传输方式与共享式以太网在某一时刻只允许一个节点占用共享信息的方式完全不同。

交换式以太网建立在以太网基础之上。利用以太网交换机组网，既可以将计算机直接连到交换机的端口上，也可以将它们连入一个网段，然后将这个网段连到交换机的端口。如图 3-16 所示，利用以太网交换机将两台服务器和两个以太网连成一个交换式的局域网。如果将计算机直接连到计算机的端口，那么它将独享该端口提供的带宽；如果计算机通过以太网连入交换机，那么该以太网的所有计算机共享交换机端口提供的带宽。此时交换机的每一个接口分别处在不同的冲突域中，但所有的接口仍然处在同一个广播域中，如图 3-17 所示。

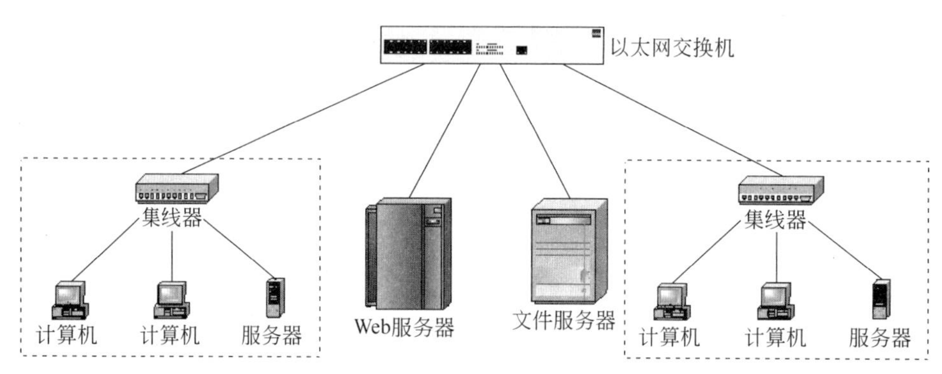

图 3-16 利用交换机连接计算机和以太网

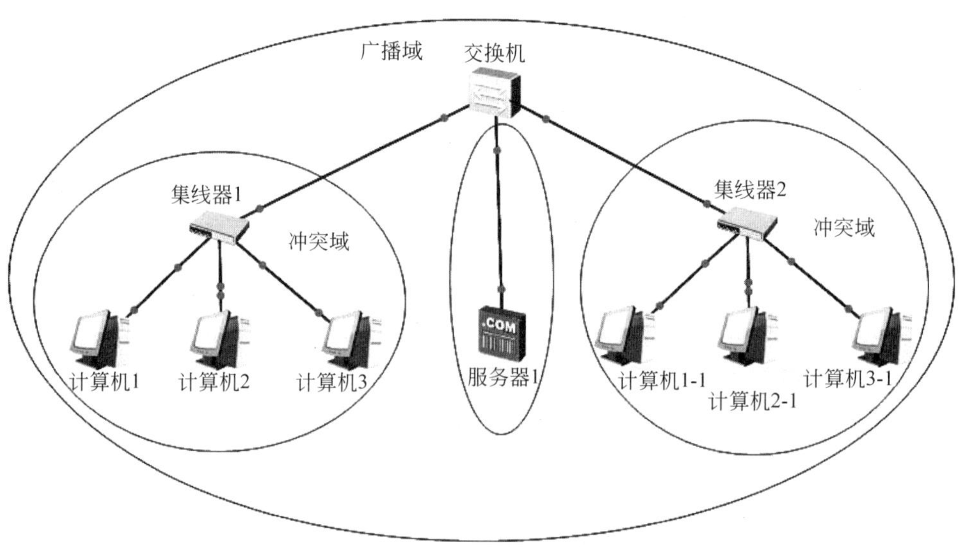

图 3-17 冲突域与广播域

8.4 实验内容与步骤

1. 集线器原理分析

建立共享式网络拓扑如图 3-18 所示。各设备 IP 地址分配如表 3-9 所示。

表 3-9 设备 IP 地址分配表

设 备	接 口	IP 地址	子 网 掩 码
PC1	Ethernet 0/0/1	192.168.1.1	255.255.255.0
PC2	Ethernet 0/0/1	192.168.1.2	255.255.255.0
PC3	Ethernet 0/0/1	192.168.1.3	255.255.255.0

在 Hub 的 Ethernet 0/0/1 接口上启动抓包,然后在 PC1 上执行"ping 192.168.1.3"命令,如图 3-19 所示。Wireshark 软件捕获到的分组如图 3-20 所示,分析所捕获的分组

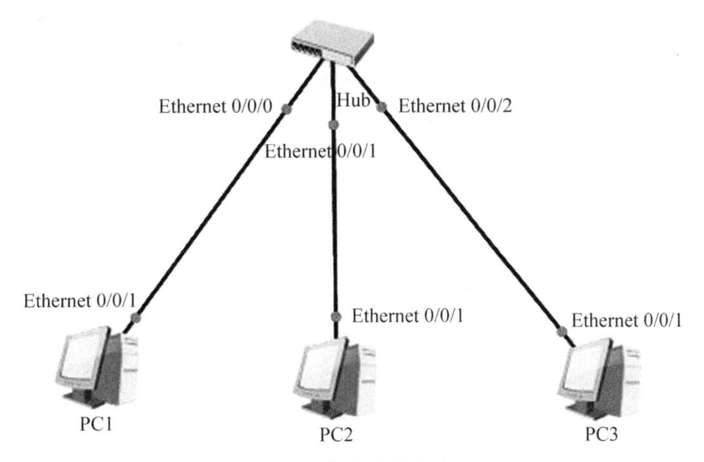

图 3-18 共享式网络拓扑

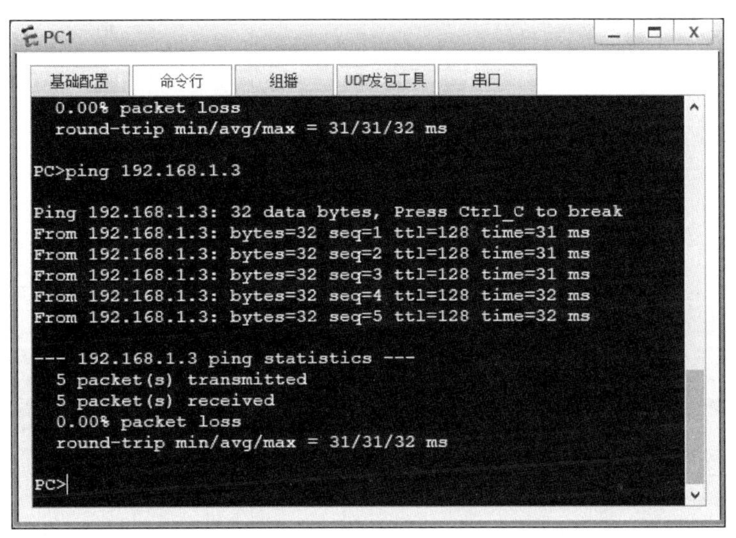

图 3-19 PC1 ping PC3

No.	Time	Source	Destination	Protocol	Length	Info
1	0.000000	192.168.1.1	192.168.1.3	ICMP	74	Echo (ping) request id=0x349b, seq=1/256, ttl=128 (reply in 2)
2	0.016000	192.168.1.3	192.168.1.1	ICMP	74	Echo (ping) reply id=0x349b, seq=1/256, ttl=128 (request in 1)
3	1.047000	192.168.1.1	192.168.1.3	ICMP	74	Echo (ping) request id=0x359b, seq=2/512, ttl=128 (reply in 4)
4	1.063000	192.168.1.3	192.168.1.1	ICMP	74	Echo (ping) reply id=0x359b, seq=2/512, ttl=128 (request in 3)
5	2.094000	192.168.1.1	192.168.1.3	ICMP	74	Echo (ping) request id=0x369b, seq=3/768, ttl=128 (reply in 6)
6	2.110000	192.168.1.3	192.168.1.1	ICMP	74	Echo (ping) reply id=0x369b, seq=3/768, ttl=128 (request in 5)
7	3.141000	192.168.1.1	192.168.1.3	ICMP	74	Echo (ping) request id=0x379b, seq=4/1024, ttl=128 (reply in 8)
8	3.157000	192.168.1.3	192.168.1.1	ICMP	74	Echo (ping) reply id=0x379b, seq=4/1024, ttl=128 (request in 7)
9	4.188000	192.168.1.1	192.168.1.3	ICMP	74	Echo (ping) request id=0x389b, seq=5/1280, ttl=128 (reply in 10)
10	4.204000	192.168.1.3	192.168.1.1	ICMP	74	Echo (ping) reply id=0x389b, seq=5/1280, ttl=128 (request in 9)

```
> Frame 1: 74 bytes on wire (592 bits), 74 bytes captured (592 bits) on interface 0
v Ethernet II, Src: HuaweiTe_61:20:28 (54:89:98:61:20:28), Dst: HuaweiTe_83:2c:6a (54:89:98:83:2c:6a)
  > Destination: HuaweiTe_83:2c:6a (54:89:98:83:2c:6a)
  > Source: HuaweiTe_61:20:28 (54:89:98:61:20:28)
    Type: IPv4 (0x0800)
> Internet Protocol Version 4, Src: 192.168.1.1, Dst: 192.168.1.3
> Internet Control Message Protocol

0000  54 89 98 83 2c 6a 54 89  98 61 20 28 08 00 45 00   T···,jT· ·a (··E·
0010  00 3c 9b 34 40 00 80 01  dc 37 c0 a8 01 01 c0 a8   ·<·4@··· ·7······
0020  01 03 08 00 51 e2 34 9b  00 01 08 09 0a 0b 0c 0d   ····Q·4· ········
0030  0e 0f 10 11 12 13 14 15  16 17 18 19 1a 1b 1c 1d   ········ ········
0040  1e 1f 20 21 22 23 24 25  26 27                     ·· !"#$% &'
```

图 3-20 在 Hub 的 Ethernet 0/0/1 接口上所捕获的分组

(以图中 1 号、2 号分组为例进行分析),填写表 3-10。

表 3-10 Hub 转发数据分组分析

1 号分组源 IP 地址		1 号分组目的 IP 地址	
2 号分组源 IP 地址		2 号分组目的 IP 地址	
为什么 PC2 能收到 PC1 ping PC3 的数据分组			

2. 交换机原理分析

(1)建立交换式网络拓扑如图 3-21 所示。各设备的 IP 地址等配置如表 3-11 所示。

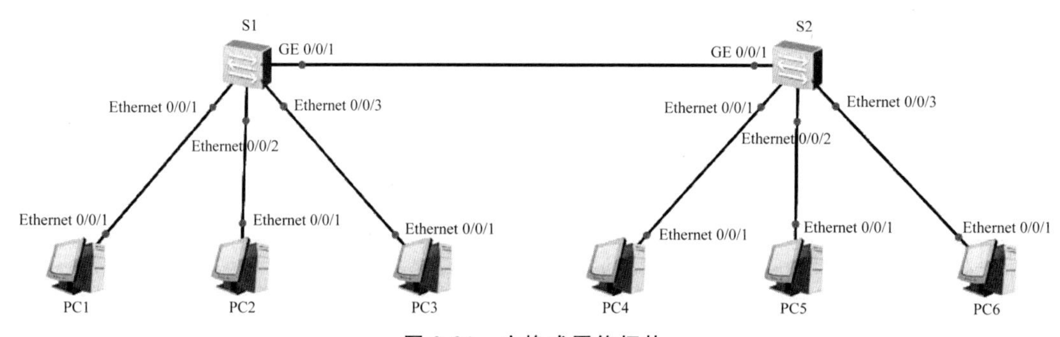

图 3-21 交换式网络拓扑

表 3-11 设备 IP 地址分配表

设备	接口	IP 地址	子网掩码	MAC 地址
PC1	Ethernet 0/0/1	192.168.1.1	255.255.255.0	54-89-98-61-20-28
PC2	Ethernet 0/0/1	192.168.1.2	255.255.255.0	54-89-98-A6-1B-2A
PC3	Ethernet 0/0/1	192.168.1.3	255.255.255.0	54-89-98-83-2C-6A
PC4	Ethernet 0/0/1	192.168.1.4	255.255.255.0	54-89-98-D4-34-50
PC5	Ethernet 0/0/1	192.168.1.5	255.255.255.0	54-89-98-1C-1A-57
PC6	Ethernet 0/0/1	192.168.1.6	255.255.255.0	54-89-98-66-74-24

下面依次在不同的主机间发送数据帧:PC1 →PC4,PC5 →PC6,PC4 →PC1,PC6 →PC5。查看交换机 S1 和交换机 S2 的 MAC 地址表,以及主机 PC3、PC4、PC6 的接口捕获的分组,分析交换机 MAC 地址表形成过程。

在这个实验中,利用 eNSP 模拟 PC 的 UDP 发包工具来发送数据(产生以太网帧),UDP 发包工具配置如图 3-22~图 3-25 所示。注意,要正确配置源 MAC 地址、目的 MAC 地址、源 IP 地址、目的 IP 地址,这里 UDP“源端口号”和“目的端口号”均设置为“888”。为避免操作时间过长导致 MAC 地址表项超时,建议把所有主机的 UDP 发包工具都配置好后再进行下面的实验。

图 3-22　PC1 发包工具配置

PC5
基础配置
命令行
组播
UDP发包工具
串口
地址
IPv4
IPv6
目的MAC地址: 54-89-98-66-74-24
源MAC地址: 54-89-98-1C-1A-57
目的IP地址: 192 . 168 . 1 . 6
源IP地址: 192 . 168 . 1 . 5
目的端口号: 888 (0~65535)
源端口号: 888 (0~65535)
VLAN
VLAN Vlan ID:
优先级: (0~7)
数据包信息
数据包长度: 56 (28~65535) MTU: 1500 (28~1500)
数据
输入十六进制字符串数据:
周期发送 时间间隔: 1000 ms
发包个数: 0
发送
停止

图 3-23　PC5 发包工具配置

PC4

基础配置 命令行 组播 UDP发包工具 串口

地址

IPv4 IPv6

目的MAC地址: 54-89-98-61-20-28 源MAC地址: 54-89-98-D4-34-50

目的IP地址: 192 . 168 . 1 . 1 源IP地址: 192 . 168 . 1 . 4

目的端口号: 888 (0~65535) 源端口号: 888 (0~65535)

VLAN

VLAN Vlan ID: 优先级: (0~7)

数据包信息

数据包长度: 56 (28~65535) MTU: 1500 (28~1500)

数据

输入十六进制字符串数据:

周期发送 时间间隔: 1000 ms 发包个数: 0 发送 停止

图 3-24 PC4 发包工具配置

PC6

基础配置 命令行 组播 UDP发包工具 串口

地址

IPv4 IPv6

目的MAC地址: 54-89-98-1C-1A-57 源MAC地址: 54-89-98-66-74-24

目的IP地址: 192 . 168 . 1 . 5 源IP地址: 192 . 168 . 1 . 6

目的端口号: 888 (0~65535) 源端口号: 888 (0~65535)

VLAN

VLAN Vlan ID: 优先级: (0~7)

数据包信息

数据包长度: 56 (28~65535) MTU: 1500 (28~1500)

数据

输入十六进制字符串数据:

周期发送 时间间隔: 1000 ms 发包个数: 0 发送 停止

图 3-25 PC6 发包工具配置

（2）清空交换机 S1 和交换机 S2 的 MAC 地址表，并查看执行结果。

```
[Huawei]sysn S1
[S1]undo mac-address
[S1]display mac-address
[S1]
```

```
[Huawei]sysn S2
[S2]undo mac-address
[S2]display mac-address
[S2]
```

（3）在主机 PC3、PC4、PC6 的接口启动抓包，将分组显示过滤设置为仅显示 UDP 分组。

（4）主机 PC1 向主机 PC4 发送 UDP 分组。查看 S1 交换机和 S2 交换机的 MAC 地址表，如图 3-26 和图 3-27 所示。查看主机 PC3 的接口能否捕获该分组，并解释原因，填写表 3-12。

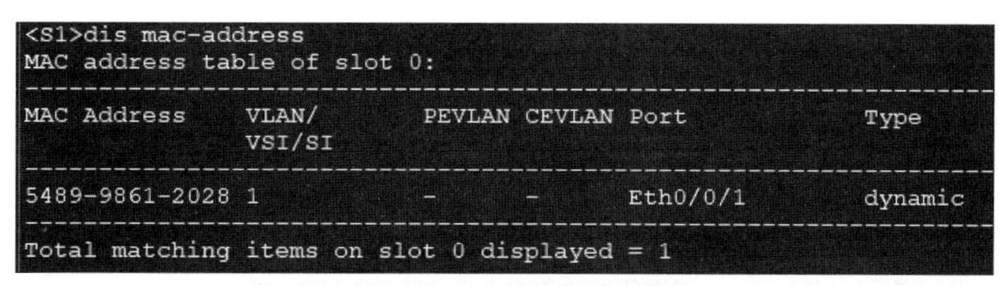

```
<S1>dis mac-address
MAC address table of slot 0:
-------------------------------------------------------------------------------
MAC Address    VLAN/       PEVLAN CEVLAN Port            Type
               VSI/SI
-------------------------------------------------------------------------------
5489-9861-2028 1           -      -      Eth0/0/1        dynamic
-------------------------------------------------------------------------------
Total matching items on slot 0 displayed = 1
```

图 3-26　S1 的 MAC 地址表（1）

```
<S2>dis mac-address
MAC address table of slot 0:
-------------------------------------------------------------------------------
MAC Address    VLAN/       PEVLAN CEVLAN Port            Type
               VSI/SI
-------------------------------------------------------------------------------
5489-9861-2028 1           -      -      GE0/0/1         dynamic
-------------------------------------------------------------------------------
Total matching items on slot 0 displayed = 1
```

图 3-27　S2 的 MAC 地址表（1）

表 3-12　主机 PC3 的接口捕获该分组分析（1）

是否捕获到 PC1 发送给 PC4 的分组	
原因	

（5）主机 PC5 向主机 PC6 发送 UDP 分组。查看 S1 交换机和 S2 交换机的 MAC 地址表，如图 3-28 和图 3-29 所示。查看主机 PC3 的接口能否捕获该分组，并解释原因，填写表 3-13。

```
<S1>dis mac-address
MAC address table of slot 0:
-------------------------------------------------------------------------------
MAC Address    VLAN/       PEVLAN CEVLAN Port            Type
               VSI/SI
-------------------------------------------------------------------------------
5489-9861-2028 1           -      -      Eth0/0/1        dynamic
5489-981c-1a57 1           -      -      GE0/0/1         dynamic
-------------------------------------------------------------------------------
Total matching items on slot 0 displayed = 2
```

图 3-28 S1 的 MAC 地址表(2)

```
<S2>dis mac-address
MAC address table of slot 0:
-------------------------------------------------------------------------------
MAC Address    VLAN/       PEVLAN CEVLAN Port            Type
               VSI/SI
-------------------------------------------------------------------------------
5489-9861-2028 1           -      -      GE0/0/1         dynamic
5489-981c-1a57 1           -      -      Eth0/0/2        dynamic
-------------------------------------------------------------------------------
Total matching items on slot 0 displayed = 2
```

图 3-29 S2 的 MAC 地址表(2)

表 3-13 主机 PC3 的接口捕获该分组分析(2)

是否捕获到 PC5 发送给 PC6 的分组	
原因	

(6) 主机 PC4 向主机 PC1 发送 UDP 分组。查看 S1 交换机和 S2 交换机的 MAC 地址表,如图 3-30 和图 3-31 所示。查看主机 PC3 的接口能否捕获该分组,并解释原因,填写表 3-14。

```
[S1]display mac-address
MAC address table of slot 0:
-------------------------------------------------------------------------------
MAC Address    VLAN/       PEVLAN CEVLAN Port            Type
               VSI/SI
-------------------------------------------------------------------------------
5489-9861-2028 1           -      -      Eth0/0/1        dynamic
5489-981c-1a57 1           -      -      GE0/0/1         dynamic
5489-98d4-3450 1           -      -      GE0/0/1         dynamic
-------------------------------------------------------------------------------
Total matching items on slot 0 displayed = 3
```

图 3-30 S1 的 MAC 地址表(3)

```
[S2]display mac-address
MAC address table of slot 0:
-------------------------------------------------------------------------------
MAC Address    VLAN/       PEVLAN CEVLAN Port            Type
               VSI/SI
-------------------------------------------------------------------------------
5489-9861-2028 1           -      -      GE0/0/1         dynamic
5489-981c-1a57 1           -      -      Eth0/0/2        dynamic
5489-98d4-3450 1           -      -      Eth0/0/1        dynamic
-------------------------------------------------------------------------------
Total matching items on slot 0 displayed = 3
```

图 3-31 S2 的 MAC 地址表(3)

表 3-14　主机 PC3 的接口捕获该分组分析(3)

是否捕获到 PC4 发送给 PC1 的分组	
原因	

(7) 主机 PC6 向主机 PC85 送 UDP 分组。查看 S1 交换机和 S2 交换机的 MAC 地址表,如图 3-32 和图 3-33 所示。查看主机 PC3 的接口能否捕获该分组,并解释原因,填写表 3-15。

```
<S1>dis mac-addr
MAC address table of slot 0:
-------------------------------------------------------------------------
MAC Address      VLAN/       PEVLAN CEVLAN Port            Type
                 VSI/SI
-------------------------------------------------------------------------
5489-98d4-3450 1             -      -      GE0/0/1         dynamic
5489-981c-1a57 1             -      -      GE0/0/1         dynamic
5489-9861-2028 1             -      -      Eth0/0/1        dynamic
-------------------------------------------------------------------------
Total matching items on slot 0 displayed = 3
```

图 3-32　S1 的 MAC 地址表(4)

```
<S2>dis mac-addr
MAC address table of slot 0:
-------------------------------------------------------------------------
MAC Address      VLAN/       PEVLAN CEVLAN Port            Type
                 VSI/SI
-------------------------------------------------------------------------
5489-98d4-3450 1             -      -      Eth0/0/1        dynamic
5489-981c-1a57 1             -      -      Eth0/0/2        dynamic
5489-9861-2028 1             -      -      GE0/0/1         dynamic
5489-9866-7424 1             -      -      Eth0/0/3        dynamic
-------------------------------------------------------------------------
Total matching items on slot 0 displayed = 4
```

图 3-33　S2 的 MAC 地址表(4)

表 3-15　主机 PC3 的接口捕获该分组分析(4)

是否捕获到 PC6 发送给 PC5 的分组	
原因	

(8) 比较主机 PC3、PC4、PC6 的接口捕获的分组列表(见图 3-34～图 3-36)有何不同,请解释各主机的接口捕获的列表不同的原因。

(9) 使用 UDP 发包工具,由主机 PC1 向所有主机发送一个广播帧(目的 MAC 地址设置为广播地址),如图 3-37 所示。查看 PC3、PC4、PC6 的接口捕获的分组列表,填写表 3-16。

```
udp
No.   Time          Source        Destination   Protocol  Length  Info
   38 75.922000     192.168.1.1   192.168.1.4   UDP           70  888 → 888 Len=28
   44 86.766000     192.168.1.5   192.168.1.6   UDP           70  888 → 888 Len=28

> Frame 38: 70 bytes on wire (560 bits), 70 bytes captured (560 bits) on interface 0
> Ethernet II, Src: HuaweiTe_61:20:28 (54:89:98:61:20:28), Dst: HuaweiTe_d4:34:50 (54:89:98:d4:34:50)
> Internet Protocol Version 4, Src: 192.168.1.1, Dst: 192.168.1.4
> User Datagram Protocol, Src Port: 888, Dst Port: 888
> Data (28 bytes)
```

图 3-34　主机 PC3 的接口捕获的分组列表

```
udp
No.   Time          Source        Destination   Protocol  Length  Info
   31 63.625000     192.168.1.1   192.168.1.4   UDP           70  888 → 888 Len=28
   37 74.422000     192.168.1.5   192.168.1.6   UDP           70  888 → 888 Len=28
   41 81.172000     192.168.1.4   192.168.1.1   UDP           70  888 → 888 Len=28

> Frame 31: 70 bytes on wire (560 bits), 70 bytes captured (560 bits) on interface 0
> Ethernet II, Src: HuaweiTe_61:20:28 (54:89:98:61:20:28), Dst: HuaweiTe_d4:34:50 (54:89:98:d4:34:50)
> Internet Protocol Version 4, Src: 192.168.1.1, Dst: 192.168.1.4
> User Datagram Protocol, Src Port: 888, Dst Port: 888
> Data (28 bytes)
```

图 3-35　主机 PC4 的接口捕获的分组列表

```
udp
No.   Time          Source        Destination   Protocol  Length  Info
   25 47.343000     192.168.1.1   192.168.1.4   UDP           70  888 → 888 Len=28
   30 58.140000     192.168.1.5   192.168.1.6   UDP           70  888 → 888 Len=28
   39 76.437000     192.168.1.6   192.168.1.5   UDP           70  888 → 888 Len=28

> Frame 25: 70 bytes on wire (560 bits), 70 bytes captured (560 bits) on interface 0
> Ethernet II, Src: HuaweiTe_61:20:28 (54:89:98:61:20:28), Dst: HuaweiTe_d4:34:50 (54:89:98:d4:34:50)
> Internet Protocol Version 4, Src: 192.168.1.1, Dst: 192.168.1.4
> User Datagram Protocol, Src Port: 888, Dst Port: 888
> Data (28 bytes)
```

图 3-36　主机 PC6 的接口捕获的分组列表

表 3-16　主机 PC3、PC4、PC6 的接口捕获该分组分析

是否捕获到 PC1 发送的广播包	
原因	

图 3-37　PC1 发送广播包配置

8.5　练习与思考

1. 请查阅技术资料，完成下列选择题。

(1) 在以太网中，集线器的级联(　　)。

A. 必须使用直通 UTP 电缆　　B. 必须使用交叉 UTP 电缆

C. 必须使用同一种速率的集线器　　D. 可以使用不同速率的集线器

(2) 下列哪种说法是正确的？(　　)

A. 集线器可以对接收到的信号进行放大　　B. 集线器具有信息过滤功能

C. 集线器具有路径检测功能　　D. 集线器具有交换功能

(3) 正确描述 100Base-TX 特性的是(　　)。(2004.11 网络管理员试题)

A. 传输介质为阻抗 100Ω 的 5 类 UTP，介质访问控制方式为 CSMA/CD，每段电缆的长度限制为 100m，数据传输率为 100Mb/s

B. 传输介质为阻抗 100Ω 的 3 类 UTP，介质访问控制方式为 CSMA/CD，每段电缆的长度限制为 185m，数据传输率为 100Mb/s

C. 传输介质为阻抗 100Ω 的 3 类 UTP，介质访问控制方式为 TokenRing，每段电缆的长度限制为 185m，数据传输率为 100Mb/s

D. 传输介质为阻抗 100Ω 的 5 类 UTP，介质访问控制方式为 TokenRing，每段

电缆的长度限制为 100m,数据传输率为 100Mb/s

(4) 1000Base-LX 使用的传输介质是(　　)。(2005.5 网络管理员试题)

A. UTP　　B. STP　　C. 同轴电缆　　D. 光纤

(5) 组建局域网可以用集线器,也可以用交换机。用集线器连接的一组工作站(　　),用交换机连接的一组工作站(　　)。(2004.11 网络管理员试题)

A. 同属一个冲突域,但不属一个广播域

B. 同属一个冲突域,也同属一个广播域

C. 不属一个冲突域,但同属一个广播域

D. 不属一个冲突域,也不属一个广播域

2. 思考与讨论

(1) 请比较共享式以太网和交换式以太网,说明两种以太网的异同点。

(2) 请查阅相关技术资料,说明什么是冲突域? 什么是广播域?

(3) 在以太网中发生了冲突和碰撞是否说明这时出现了某种故障?

(4) 如果将已有的 10Mb/s 以太网升级到 100Mb/s,试问原来使用的连接导线是否还能继续使用?

(5) 使用 5 类线的 10Base-T 以太网的最大传输距离是 100m,但听到有人说,他使用 10Base-T 以太网传送数据的距离达到 180m,这可能吗?

(6) 以太网的覆盖范围受限的一个原因是:如果站点之间的距离太大,那么由于信号传输时会衰减得很多而无法对信号进行可靠地接收。试问:如果设法提高发送信号的功率,那么是否就可以提高以太网的通信距离?

(7) 如果某人家里有三台计算机,需要共享上网,是否需要使用集线器或者交换机? 如果需要,请问你会选择集线器,还是选择交换机? 如何连接?

实验 9　虚拟局域网 VLAN 的配置与分析

9.1　实 验 目 的

（1）理解 VLAN 的工作原理。

（2）掌握基于端口划分 VLAN 的方法。

9.2　实 验 要 求

（1）设备要求：计算机两台以上（安装有 Windows 操作系统、华为 eNSP 模拟器软件，安装有网卡已联网）。

（2）分组要求：1 人一组，但部分步骤需相互合作完成。

9.3　实验预备知识

VLAN（Virtual Local Area Network，虚拟局域网）是一种将局域网内的设备通过逻辑地划分成为一个个网段来进行管理的技术。IEEE 于 1999 年颁布了用以标准化 VLAN 实现方案的 802.1Q 协议标准。

VLAN 扩大了交换机的应用和管理功能。VLAN 是建立在物理网络基础上的一种逻辑子网，因此建立 VLAN 需要相应的支持 VLAN 技术的网络设备。当网络中的不同 VLAN 间进行相互通信时，需要路由的支持，这时就需要增加路由设备——要实现路由功能，既可采用路由器，也可采用三层交换机来完成。

VLAN 的最大特点是不受物理位置的限制，可以根据用户的需要进行灵活的划分。基于端口的 VLAN 划分方法是较为常用的，许多厂商的交换机产品都支持这一功能。本实验将在一台交换机上实现端口 VLAN 的划分，给学生一个从概念到应用的初步认识。

1. VLAN 的优点

分隔广播域：一个 VLAN 就是一个逻辑广播域，通过对 VLAN 的创建，隔离了广播，缩小了广播范围，可以控制广播风暴的产生。

提高网络整体安全性：通过路由访问列表和 MAC 地址分配等 VLAN 划分原则，可以控制用户访问权限和逻辑网段大小，将不同用户群划分在不同 VLAN，从而提高交换式网络的整体性能和安全性。

网络管理简单、直观：对于交换式以太网，如果对某些用户重新进行网段分配，需要网络管理员对网络系统的物理结构重新进行调整，甚至需要追加网络设备，增大网络管理的工作量。而对于采用 VLAN 技术的网络来说，一个 VLAN 可以根据部门职能、对象组或者应用将不同地理位置的网络用户划分为一个逻辑网段。在不改动网络物理连接的情况下可以任意地将工作站在工作组或子网之间移动。利用虚拟网络技术，大大减轻了网络管理和维护工作的负担，降低了网络维护费用。在一个交换网络中，VLAN 提供了网段和机构的弹性组合机制。

2. VLAN 的划分

从技术角度讲，VLAN 的划分可依据不同原则，一般有以下三种划分方法。

1）基于端口的 VLAN 划分

这种划分是把一个或多个交换机上的几个端口划分为一个逻辑组，这是最简单、最有效的划分方法。该方法只需网络管理员对网络设备的交换端口进行重新分配即可，不用考虑该端口所连接的设备。

2）基于 MAC 地址的 VLAN 划分

MAC 地址其实就是指网卡的标识符，每一块网卡的 MAC 地址都是唯一且固化在网卡上的。MAC 地址由 12 位十六进制数表示，前 8 位为厂商标识，后 4 位为网卡标识。网络管理员可按 MAC 地址把一些站点划分为一个逻辑子网。

3）基于路由的 VLAN 划分

路由协议工作在网络层，相应的工作设备有路由器和路由交换机（即三层交换机）。该方式允许一个 VLAN 跨越多个交换机，或一个端口位于多个 VLAN 中。

就目前来说，对于 VLAN 的划分主要采取上述第 1）、3）种方式，第 2）种方式为辅助性的方案。

端口 VLAN 根据交换机的端口来定义 VLAN 用户，即先从逻辑上把局域网交换机的端口划分成 VLAN，然后根据用户的 IP 地址在 VLAN 中划分子网。端口 VLAN 的划分方法分为单交换机端口 VLAN 划分和多交换机端口 VLAN 划分；前者支持在一台交换机上划分多个 VLAN，再将不同的端口指定到不同的 VLAN 中进行管理；后者可以使一个 VLAN 跨越多个交换机并且同一台交换机上的不同端口可以属于不同的 VLAN。

3. VLAN 的配置操作

配置 VLAN 端口时要考虑以下两个问题。

一是 VLAN ID，每一个 VLAN 都需要一个唯一的 VLAN ID。不同类型的交换机提供的 VLAN ID 范围可能不同，但一般都支持 1～98 这一范围。

二是 VLAN 所包含的成员端口，设置时需要指定该端口的设备号和端口号；设备号是指成员端口所在的交换机号，即该交换机在堆叠单元中的编号，一般从 0 开始；端口号是指该端口在所属设备中的编号，一般在交换机的面板上都有明显标识，如一台快速以太网交换机，设备号为 0，端口号为 5，一般写成 Fastethernet 0/5，也可以简写成 f 0/5。

(1) 查看交换机的 VLAN 配置。

查看交换机的 VLAN 配置可以使用 display vlan 命令。如图 3-38 所示,交换机返回的信息显示了当前交换机配置的 VLAN 个数、VLAN 编号、VLAN 名字、VLAN 状态以及每个 VLAN 所包含的端口号。

```
<Huawei>system                          //进入系统视图
[Huawei]display vlan                    //查看 VLAN
```

(2) 添加 VLAN。

如果要添加编号为 10、20、30、40 的 VLAN,则添加步骤如下。

```
[Huawei]vlan 10                         //添加 VLAN 10
[Huawei]vlanbatch 20 30 40              //添加多个 VALN(20、30、40)
[Huawei-vlan10]quit                     //从 VLAN 视图退回到 VLAN 视图
[Huawei]display vlan                    //查看 VLAN
```

添加 VLAN 之后,可以使用"display vlan"再次查看交换机的 VLAN 配置,确认新的 VLAN 已经添加成功,如图 3-38 所示。

```
<Huawei>system
Enter system view, return user view with Ctrl+Z.
[Huawei]display vlan
The total number of vlans is : 1
--------------------------------------------------------------------------------
U: Up;          D: Down;          TG: Tagged;          UT: Untagged;
MP: Vlan-mapping;                 ST: Vlan-stacking;
#: ProtocolTransparent-vlan;     *: Management-vlan;
--------------------------------------------------------------------------------

VID  Type     Ports
--------------------------------------------------------------------------------
1    common   UT:Eth0/0/1(D)      Eth0/0/2(D)      Eth0/0/3(D)      Eth0/0/4(D)
                 Eth0/0/5(D)      Eth0/0/6(D)      Eth0/0/7(D)      Eth0/0/8(D)
                 Eth0/0/9(D)      Eth0/0/10(D)     Eth0/0/11(D)     Eth0/0/12(D)
                 Eth0/0/13(D)     Eth0/0/14(D)     Eth0/0/15(D)     Eth0/0/16(D)
                 Eth0/0/17(D)     Eth0/0/18(D)     Eth0/0/19(D)     Eth0/0/20(D)
                 Eth0/0/21(D)     Eth0/0/22(D)     GE0/0/1(D)       GE0/0/2(D)


VID  Status  Property      MAC-LRN Statistics Description
--------------------------------------------------------------------------------
1    enable  default       enable  disable    VLAN 0001
[Huawei]
```

图 3-38　查看 VLAN 的配置

(3) 为 VLAN 分配端口。

交换机将端口分配给某一个 VLAN 的过程如下。

```
[Huawei]interface Ethernet 0/0/1      //进入 Ethernet 0/0/1 的接口配置视图
[Huawei-Ethernet0/0/1]port link-type access      //将 Ethernet 0/0/1 端口设置为
                                                 //access 模式
[Huawei-Ethernet0/0/1]port default vlan 10       //将端口添加到 VLAN 10 中
[Huawei-Ethernet0/0/1]quit
[Huawei]port-group port5-9             //创建并进入端口组,组名为 port5-9
[Huawei-port-group-port5-9]group-member E0/0/5 to E0/0/9     //添加端口范围
[Huawei-port-group-port5-9]port link-type access    //将 Ethernet 0/0/5~0/0/9
```

```
                                              //端口设置为 access 模式
[Huawei-port-group-port5-9]port default vlan 10    //将 Ethernet 0/0/5~0/0/9
                                              //端口添加到 VLAN 10 中
```

（4）删除 VLAN。

当一个 VLAN 的存在没有任何意义时，可以将它删除。删除 VLAN 的步骤如下。

```
[Huawei]interface Ethernet 0/0/1
[Huawei-Ethernet0/0/1]undo port default vlan      //使端口 Ethernet 0/0/1 不再属于
                                                  //VLAN 10
[Huawei-Ethernet0/0/1]quit
[Huawei]undo vlan 10                              //删除 VLAN 10
```

（5）将端口设置为 Trunk 模式，并允许 VLAN 10 和 VLAN 20 的流量通过，命令如下。

```
[Huawei]interface Ethernet 0/0/10
[Huawei-Ethernet0/0/10]port link-type trunk
[Huawei-Ethernet0/0/10]port trunk allow-pass vlan 10 20
```

（6）设置 Trunk 端口允许所有 VLAN 的流量通过，命令如下。

```
[Huawei-Ethernet0/0/10]port trunk allow-pass vlan all
```

9.4 实验内容与步骤

1. 建立网络拓扑

新建网络拓扑如图 3-39 所示，拓扑中的两台交换机选用 S5700 型号。各设备的 IP 地址配置如表 3-17 所示，VLAN 规划如表 3-18 所示。

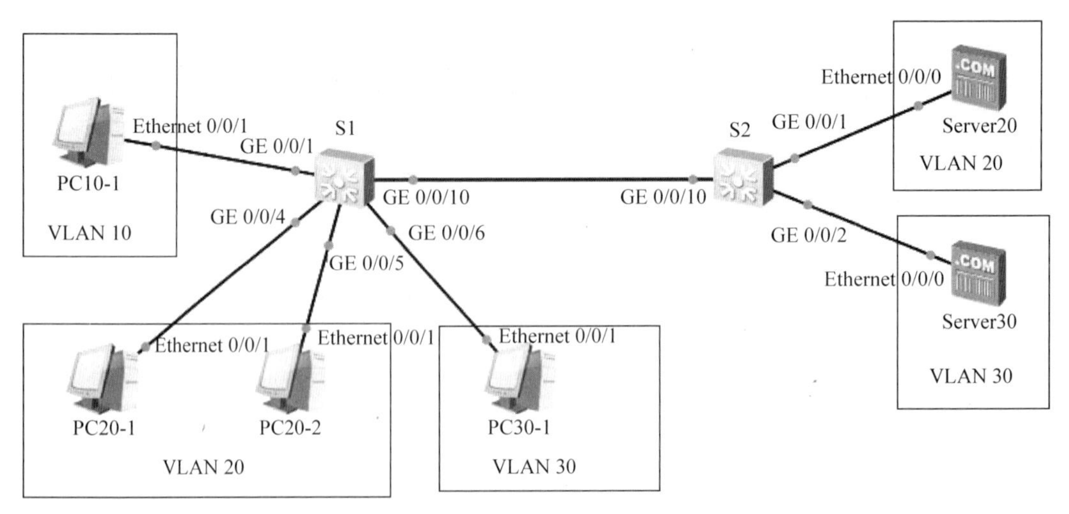

图 3-39 VLAN 网络拓扑

表 3-17　各设备 IP 地址分配

设备名称	IP 地址	连接交换机接口
PC10-1	192.168.10.1/24	S1：G0/0/1
PC20-1	192.168.10.2/24	S1：G0/0/4
PC20-2	192.168.10.3/24	S1：G0/0/5
PC30-1	192.168.10.4/24	S1：G0/0/6
Server20	192.168.10.100/24	S2：G0/0/1
Server30	192.168.10.101/24	S2：G0/0/2

表 3-18　VLAN 规划

VLAN ID	交换机端口	PC 或服务器
10	S1：G0/0/1-G0/0/3	PC10-1
20	S1：G0/0/4-G0/0/5	PC20-1、PC20-2
	S2：G0/0/1	Server20
30	S1：G0/0/6-G0/0/9	PC30-1
	S2：G0/0/2	Server30

测试各设备之间是否能够 ping 通，填写表 3-19。

表 3-19　各设备之间是否能 ping 通

设　　备	PC10-1	PC20-1	PC20-2	PC30-1	Server20	Server30
PC10-1						
PC20-1						
PC20-2						
PC30-1						
Server20						
Server30						

2. 创建 VLAN

(1) 在交换机 S1 上创建 VLAN。

```
<Huawei>undo terminal monitor                //关闭屏幕输出开关
<Huawei>system
[Huawei]sysname S1
[S1]vlan 10                                  //创建 VLAN 10
[S1-vlan10]quit
[S1]vlan 20                                  //创建 VLAN 20
[S1-vlan20]quit
[S1]vlan 30                                  //创建 VLAN 30
```

```
[S1-vlan30]quit
[S1]
```

(2) 在交换机 S2 上创建 VALN。

```
<Huawei>undo terminal monitor
<Huawei>sys
[Huawei]sysname S2
[S2]vlan batch 20 30                          //创建 VLAN 20 和 VLAN 30
[S2]quit
```

(3) 使用 display vlan summary 命令查看 VLAN 汇总信息,如图 3-40 所示。

```
[S1]display vlan summary
static vlan:
Total 4 static vlan.
  1 10 20 30

dynamic vlan:
Total 0 dynamic vlan.

reserved vlan:
Total 0 reserved vlan.
```

图 3-40 交换机 S1 上的 VLAN 汇总信息

(4) 使用命令 display vlan 查看 VLAN 与端口的对应关系,如图 3-41 所示。可以看出,目前所有端口都属于 VLAN 1。

```
[S1]display vlan
The total number of vlans is : 4
--------------------------------------------------------------------------------
U: Up;          D: Down;          TG: Tagged;          UT: Untagged;
MP: Vlan-mapping;                 ST: Vlan-stacking;
#: ProtocolTransparent-vlan;      *: Management-vlan;
--------------------------------------------------------------------------------

VID  Type     Ports
--------------------------------------------------------------------------------
1    common   UT:GE0/0/1(U)      GE0/0/2(D)       GE0/0/3(D)       GE0/0/4(U)
                 GE0/0/5(U)      GE0/0/6(U)       GE0/0/7(D)       GE0/0/8(D)
                 GE0/0/9(D)      GE0/0/10(U)      GE0/0/11(D)      GE0/0/12(D)
                 GE0/0/13(D)     GE0/0/14(D)      GE0/0/15(D)      GE0/0/16(D)
                 GE0/0/17(D)     GE0/0/18(D)      GE0/0/19(D)      GE0/0/20(D)
                 GE0/0/21(D)     GE0/0/22(D)      GE0/0/23(D)      GE0/0/24(D)

10   common
20   common
30   common

VID  Status  Property      MAC-LRN Statistics Description
--------------------------------------------------------------------------------

1    enable  default       enable  disable    VLAN 0001
10   enable  default       enable  disable    VLAN 0010
20   enable  default       enable  disable    VLAN 0020
30   enable  default       enable  disable    VLAN 0030
```

图 3-41 交换机 S1 上的 VLAN 与端口对应关系

3. 基于端口划分 VLAN

(1) 在交换机 S1 上设置端口 Access 模式并绑定 VLAN。

```
[S1]interface g0/0/1
[S1-GigabitEthernet0/0/1]port link-type access  //将 GigabitEthernet0/0/1 端口
                                                //设置为 Access 模式
[S1-GigabitEthernet0/0/1]port default vlan 10   //将端口添加到 VLAN 10 中
[S1-GigabitEthernet0/0/1]interface g0/0/2
[S1-GigabitEthernet0/0/2]port link-type access
[S1-GigabitEthernet0/0/2]port default vlan 10
[S1-GigabitEthernet0/0/2]int g0/0/3
[S1-GigabitEthernet0/0/3]port link-type access
[S1-GigabitEthernet0/0/3]port default vlan
[S1-GigabitEthernet0/0/3]quit
[S1]port-group port4-5                        //创建并进入端口组,组名为 port4-5
[S1-port-group-port4-5]group-member g0/0/4 to g0/0/5     //添加端口范围
[S1-port-group-port4-5]port link-type access
[S1-port-group-port4-5]port default vlan 20  //将端口组成员都添加到 VLAN 20 中
[S1-port-group-port4-5]quit
[S1]port-group port6-9                        //创建并进入端口组,组名为 port6-9
[S1-port-group-port6-9]group-member g0/0/6 to g0/0/9     //添加端口范围
[S1-port-group-port6-9]port link-type access
[S1-port-group-port6-9]port default vlan 30  //将端口组成员都添加到 VLAN 30 中
[S1-port-group-port6-9]quit
[S1]
```

分配完端口后查看端口配置情况,如图 3-42 所示。

```
[S1]display vlan
The total number of vlans is : 4
--------------------------------------------------------------------------------
U: Up;          D: Down;          TG: Tagged;          UT: Untagged;
MP: Vlan-mapping;                 ST: Vlan-stacking;
#: ProtocolTransparent-vlan;      *: Management-vlan;
--------------------------------------------------------------------------------

VID  Type    Ports
--------------------------------------------------------------------------------
1    common  UT:GE0/0/10(U)     GE0/0/11(D)     GE0/0/12(D)     GE0/0/13(D)
                GE0/0/14(D)     GE0/0/15(D)     GE0/0/16(D)     GE0/0/17(D)
                GE0/0/18(D)     GE0/0/19(D)     GE0/0/20(D)     GE0/0/21(D)
                GE0/0/22(D)     GE0/0/23(D)     GE0/0/24(D)

10   common  UT:GE0/0/1(U)      GE0/0/2(D)      GE0/0/3(D)

20   common  UT:GE0/0/4(U)      GE0/0/5(U)

30   common  UT:GE0/0/6(U)      GE0/0/7(D)      GE0/0/8(D)      GE0/0/9(D)


VID  Status  Property      MAC-LRN Statistics Description
--------------------------------------------------------------------------------

1    enable  default       enable  disable    VLAN 0001
10   enable  default       enable  disable    VLAN 0010
20   enable  default       enable  disable    VLAN 0020
30   enable  default       enable  disable    VLAN 0030
```

图 3-42　交换机 S1 端口配置情况

(2) 在交换机 S2 上设置端口 Access 模式并绑定 VLAN。

```
[S2]interface g0/0/1
[S2-GigabitEthernet0/0/1]port link-type access
[S2-GigabitEthernet0/0/1]port default vlan 20
[S2-GigabitEthernet0/0/1]interface g0/0/2
[S2-GigabitEthernet0/0/2]port link-type access
[S2-GigabitEthernet0/0/2]port default vlan 30
[S2-GigabitEthernet0/0/2]quit
[S2]
```

分配完端口后查看端口配置情况，如图 3-43 所示。

```
[S2]display vlan
The total number of vlans is : 3
--------------------------------------------------------------------------------
U: Up;         D: Down;         TG: Tagged;         UT: Untagged;
MP: Vlan-mapping;               ST: Vlan-stacking;
#: ProtocolTransparent-vlan;    *: Management-vlan;
--------------------------------------------------------------------------------

VID  Type    Ports
--------------------------------------------------------------------------------
1    common  UT:GE0/0/3(D)      GE0/0/4(D)      GE0/0/5(D)      GE0/0/6(D)
                GE0/0/7(D)      GE0/0/8(D)      GE0/0/9(D)      GE0/0/10(U)
                GE0/0/11(D)     GE0/0/12(D)     GE0/0/13(D)     GE0/0/14(D)
                GE0/0/15(D)     GE0/0/16(D)     GE0/0/17(D)     GE0/0/18(D)
                GE0/0/19(D)     GE0/0/20(D)     GE0/0/21(D)     GE0/0/22(D)
                GE0/0/23(D)     GE0/0/24(D)

20   common  UT:GE0/0/1(U)

30   common  UT:GE0/0/2(U)


VID  Status  Property      MAC-LRN Statistics Description
--------------------------------------------------------------------------------

1    enable  default       enable  disable    VLAN 0001
20   enable  default       enable  disable    VLAN 0020
30   enable  default       enable  disable    VLAN 0030
```

图 3-43　交换机 S2 端口配置情况

4. 设置 Trunk 端口并允许 VLAN

（1）配置交换机 S1 上的 Trunk 端口。

```
[S1]interface g0/0/10
[S1-GigabitEthernet0/0/10]port link-type trunk          //将端口设置为 Trunk 模式
[S1-GigabitEthernet0/0/10]port trunk allow-pass vlan 10 20 30
                                    //允许 VLAN 10、VLAN 20 和 VLAN 30 的流量通过
[S1-GigabitEthernet0/0/10]quit
[S1]
```

（2）配置交换机 S2 上的 Trunk 端口。

```
[S2]interface g0/0/10
[S2-GigabitEthernet0/0/10]port link-type trunk          //将端口设置为 Trunk 模式
[S2-GigabitEthernet0/0/10]port trunk allow-pass vlan all        //允许所有的 VLAN
                                                                //流量通过
```

```
[S2-GigabitEthernet0/0/10]quit
[S2]
```

5. 验证与分析

(1) VLAN 配置完后再次测试各设备之间是否能够 ping 通，填写表 3-20。

表 3-20　各设备之间是否能 ping 通

设　备	PC10-1	PC20-1	PC20-2	PC30-1	Server20	Server30
PC10-1						
PC20-1						
PC20-2						
PC30-1						
Server20						
Server30						
各设备之间是否 ping 通的情况说明什么						

(2) 在交换机 S1 的 G0/0/10 接口进行抓包分析(设置分组显示过滤器为 ICMP)，由 PC20-1 ping Server20，如图 3-44 所示，捕获的分组如图 3-45 所示。分析分组中 802.1Q 标记帧中的 type 字段的内容和作用是什么？为什么需要该字段？填写表 3-21。

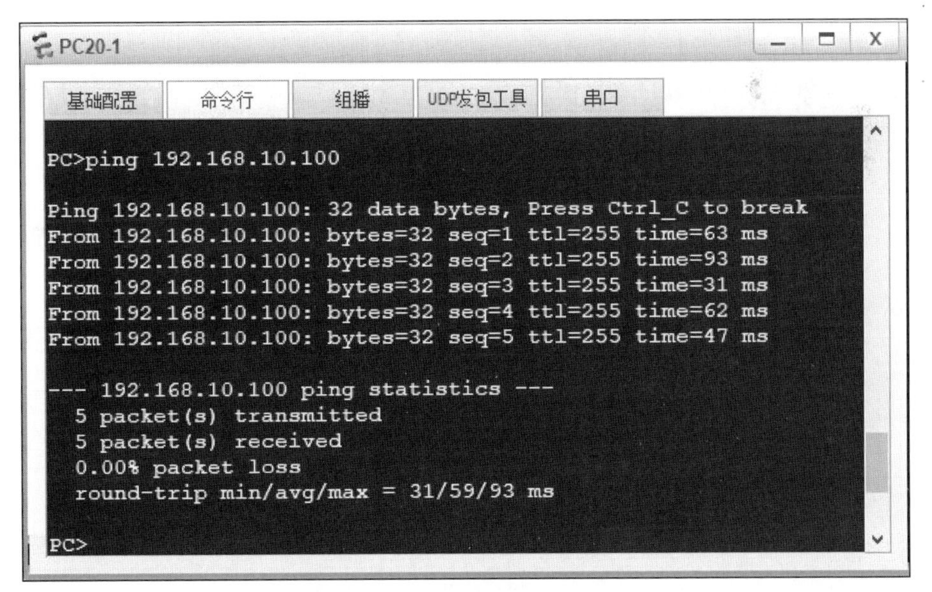

图 3-44　PC20-1 ping Server20

表 3-21　分析捕获分组

分组 type 字段内容	
type 字段作用	

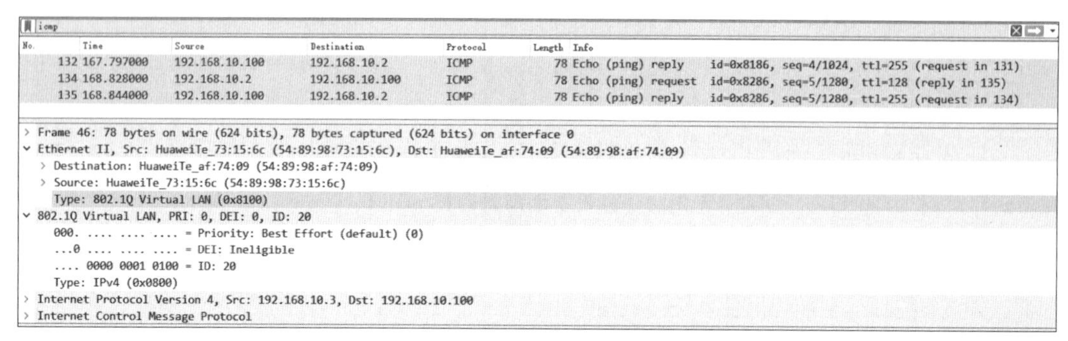

图 3-45　交换机 S1 的 G0/0/10 接口捕获的分组

9.5　练习与思考

(1) 调查校园网的 VLAN 划分情况，并访问网络中心的技术人员如此划分 VLAN 的原因。

(2) 划分 VLAN 以后，属于不同 VLAN 的 PC 之间不能通信，请问可以采用什么方法使之能通信?

(3) 划分 VLAN 既可以按静态方式划分，也可以按动态方式划分。请查阅交换机的使用说明书，配置一个动态 VLAN，并验证配置的结果是否正确。

(4) 阅读以下说明，回答问题 1～7。

【说明】如图 3-46 所示，是在网络中划分 VLAN 的连接示意图。VLAN 可以不考虑用户的物理位置，而根据功能、应用等因素将用户从逻辑上划分为一个个功能相对独立的工作组，每个用户主机都连接在支持 VLAN 的交换机端口上，并属于某个 VLAN。

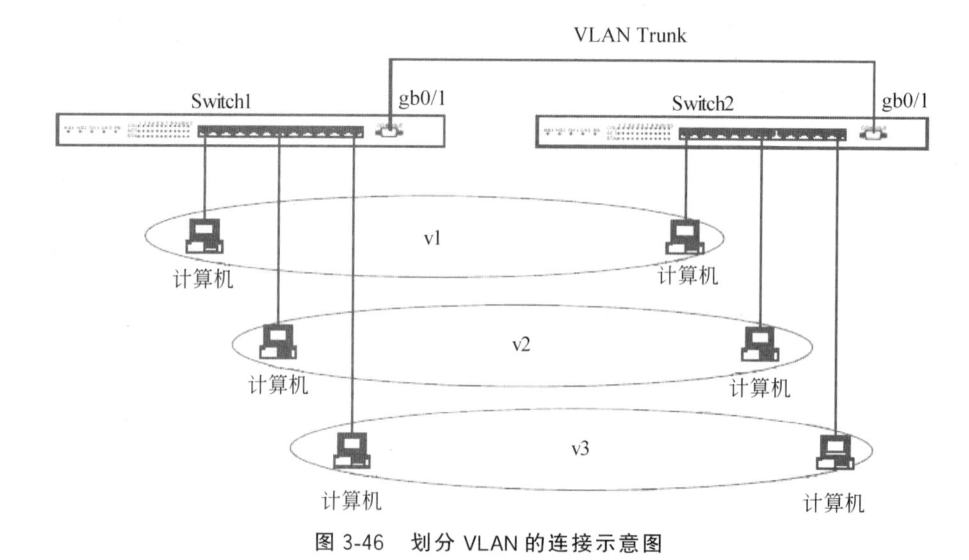

图 3-46　划分 VLAN 的连接示意图

【问题 1】同一个 VLAN 中的成员可以形成一个广播域，从而实现何种功能?

【问题 2】在交换机中配置 VLAN 时，VLAN1 是否需要通过命令创建？为什么？

【问题 3】创建一个描述信息为 V2 的 VLAN（VLAN 10）的虚拟局域网的配置命令如下，请给出空白处的配置内容。

```
<Huawei>____________________________    （进入系统视图）
[Huawei]____________________________    （创建编号为 10 的 VLAN）
[Huawei-vlan10]_____________________    （设置 VLAN 10 的描述信息为 V2）
[Huawei-vlan10]_____________________    （退出 VLAN 视图）
[Huawei]
```

【问题 4】使 Switch1 的千兆端口允许所有 VLAN 通过的配置命令如下，请给出空白处的配置内容。

```
[Switch1]interface g0/0/1                    （进入千兆端口配置模式）
[Switch1-GigabitEthernet0/0/1]____________________（将端口设置为 Trunk 模式）
[Switch1-GigabitEthernet0/0/1]____________________（允许所有的 VLAN 流量通过）
```

【问题 5】若交换机 Switch1 和 Switch2 没有千兆端口，在图 3-46 中能否实现 VLAN Trunk 的功能？若能，如何实现？

【问题 6】将 Switch1 的端口 6 划入 v2 的配置命令如下，请给出空白处的配置内容。

```
[Switch1]interface F0/0/6                    （进入端口 6 配置模式）
[Switch1-FastEthernet0/0/6]____________________（将端口设置为 Access 模式）
[Switch1-FastEthernet0/0/6]____________________（将端口添加到 VLAN 10 中）
```

【问题 7】若网络用户的物理位置需要经常移动，应采用什么方式划分 VLAN？

实验 10　生成树协议的配置与分析

10.1　实 验 目 的

（1）理解 STP 工作原理。

（2）掌握 STP 的配置方法。

10.2　实 验 要 求

（1）设备要求：计算机两台以上（安装有 Windows 操作系统、华为 eNSP 模拟器软件，安装有网卡已联网）。

（2）分组要求：1 人一组，但部分步骤需相互合作完成。

10.3　实验预备知识

为了保证网络的可靠性，网络中存在设备冗余和链路冗余，以解决单点失效和单链路断开引起的网络故障。在交换网络中交换机之间的冗余解决了可靠性问题，但是也会引起一些隐患，如交换环路问题，如图 3-47 所示。概括地讲，环路的存在会导致 MAC 地址表翻摆、广播风暴、多帧复制等现象。

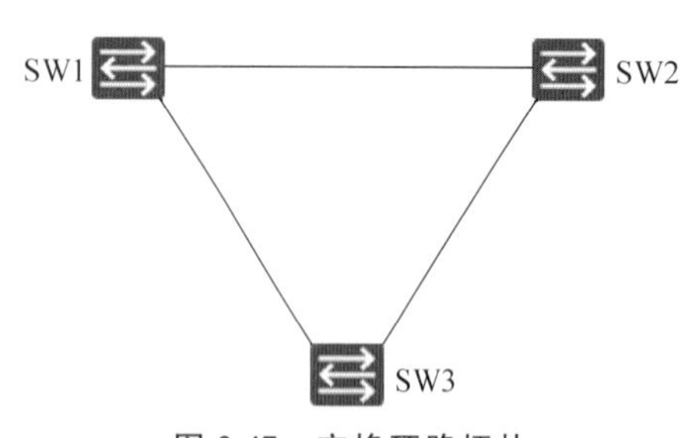

图 3-47　交换环路拓扑

为了得到环路带来的好处（提高网络连接的可靠），同时又避免因环路而产生的灾难性问题（MAC 地址表翻摆、广播风暴、多帧复制），IEEE 802.ID 中定义了 STP（Spanning Tree Protocol）。在描述 STP 之前，需要先了解几个基本术语：桥、桥的 MAC 地址、桥 ID、端口 ID。

（1）桥（Bridg）。

因为性能方面的限制等因素，早期的交换机一般只有两个转发端口（如果端口多了，交换的转发速度就会慢得无法接受），所以那时的交换机常常被称为“网桥”，或简称为“桥”。在 IEEE 的术语中，“桥”这个术语一直沿用至今，但并不只是指只有两个转发端口的交换机，而是泛指具有任意多端口的交换机。目前，“桥”和“交换机”这两个术语是完全混用的，本节也采用了这一混用习惯。

(2) 桥的 MAC 地址(Bridge MAC Address)。

一个桥有多个转发端口，每个端口有一个 MAC 地址。通常，把端口编号最小的那个端口的 MAC 地址作为整个桥的 MAC 地址。

(3) 桥 ID(Bridge Identifier，BID)。

如图 3-48 所示，一个桥(交换机)的 BID 由两部分组成，前面 2B 是这个桥的桥优先级，后面 6B 是这个桥的 MAC 地址。桥优先级的值可以人为设定，默认值为 0x8000(相当于十进制的 32 768)。

图 3-48　BID 组成

(4) 端口 ID(Port Identifier，PID)。

一个桥(交换机)的某个端口的 PID 的定义方法有很多种，图 3-49 给出了其中的两种定义。在第一种定义中，PID 由 2B 组成，第一个字节是该端口的端口优先级，后一个字节是该端口的端口编号。在第二种定义中，PID 由 16b 组成，前 4b 是该端口的端口优先级，后 12b 是该端口的端口编号。端口优先级的值是可以人为设定的。不同的设备商所采用的 PID 定义方法可能不同。

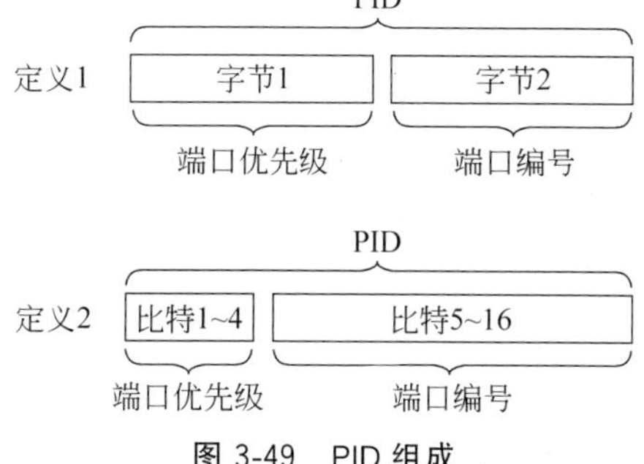

图 3-49　PID 组成

STP(Spanning Tree Protocol)是用来避免数据链路层出现逻辑环路的协议，运行 STP 的设备通过交换信息发现环路，并通过阻塞特定端口，最终将网络结构修剪成无环路的树状结构。在网络出现故障的时候，STP 能快速发现链路故障，并尽快找出另外一条路径进行数据传输。

交换机上运行的 STP 通过 BPDU 信息的交互，选举根交接机，然后每台非根交换机选择用来与根交换机通信的根端口，之后每个网段选择用来转发数据至根交换机的指定端口，最后剩余端口则被阻塞。

在 STP 工作过程中，根交换机的选举，根端口、指定端口的选举都非常重要。华为 VRP 提供了各种命令来调整 STP 的参数，用以优化网络。例如，交换机优先级、端口优先级、端口代价值等。

1. 选举根桥

根桥是 STP 树的根节点。要生成一棵 STP 树，首先要确定出一个根桥。根桥是整个交换网络的逻辑中心，但不一定是它的物理中心。当网络的拓扑发生变化时，根桥也可能会发生变化。

运行 STP 的交换机(简称为 STP 交换机)会相互交换 STP 协议帧,这些协议帧的载荷数据被称为 BPDU(Bridge Protocol Data Unit,网桥协议数据单元)。虽然 BPDU 是 STP 协议帧的载荷数据,但它并非网络层的数据单元:BPDU 的产生者、接收者、处理者都是 STP 交换机本身,而非终端计算机。BPDU 中包含与 STP 相关的所有信息(后续会对 BPDU 进行专门的讲解),其中就有 BID。

STP 交换机初始启动之后,都会认为自己是根桥,并在发送给别的交换机的 BPDU 中宣告自己是根桥。当交换机从网络中收到其他设备发送过来的 BPDU 的时候,会比较 BPDU 中指定的根桥 BID 和自己的 BID。交换机不断地交互 BPDU,同时对 BID 进行比较,直至最终选举出一台 BID 最小的交换机作为根桥。

如图 3-50 所示,交换机 S1、S2、S3 都使用了默认的桥优先级 32 768。显然,S1 的 BID 最小,所以最终 S1 将被选举为根桥。

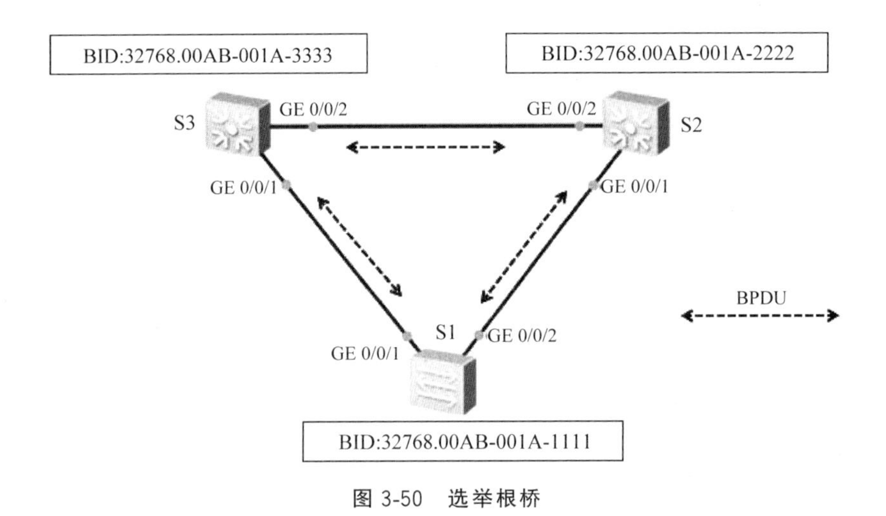

图 3-50 选举根桥

2. 确定根端口

根桥确定后,其他没有成为根桥的交换机都被称为非根桥。一台非根桥设备上可能会有多个端口与网络相连,为了保证从某台非根桥设备到根桥设备的工作路径是最优且唯一的,就必须从该非根桥设备的端口中确定出一个被称为"根端口"的端口,由根端口作为该非根桥设备与根桥设备之间进行报文交互的端口。一台非根桥设备上最多只能有一个根端口。

STP 把根路径开销作为确定根端口的一个重要依据。一个运行 STP 的网络中,将某个交换机的端口到根桥的累计路径开销(即从该端口到根桥所经过的所有链路的路径开销的和)称为这个端口的根路径开销(Root Path Cost,RPC)。链路的路径开销(PathCost)与端口速率有关,端口转发速率越大,则路径开销越小。如图 3-51 所示,S1 是根桥,假设 S4 的 GE 0/0/1 端口的 RPC(路径 1 的开销)与 GE 0/0/2 端口的 RP(路径 2 的开销)相同,则 S4 会对上行设备 S2 和 S3 的 BID 进行比较:如果 S2 的 BID 小于 S3 的 BID,则 S4 会将自己的 GE 0/0/1 端口确定为自己的根端口;如果 S3 的 BID 小于 S2 的 BID,则 S4 会将自己的 GE 0/0/2 端口确定为自己的根端口。对于 S5 而言,假设其

GE 0/0/1 端口的 RPC 与 GE 0/0/2 端口的 RPC 相同，由于这两个端口的上行设备同为 S4，所以 S5 还会对 S4 的 GE 0/0/3 端口的 PID 和 S4 的 GE 0/0/4 端口的 PID 进行比较；如果 S4 的 GE 0/0/3 端口的 PID 小于 S4 的 GE 0/0/4 端口的 PID，则 S5 会将自己的 GE 0/0/1 端口确定为自己的根端口；如果 S4 的 GE 0/0/4 端口的 PID 小于 S4 的 GE 0/0/3 端口的 PID，则 S5 会将自己的 GE 0/0/2 端口确定为自己的根端口。

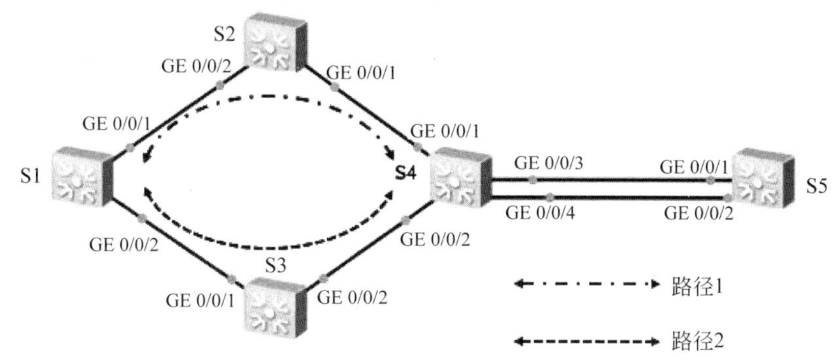

图 3-51　确定根端口（RPC 相同）

3. 确定指定端口

根端口保证了交换机与根桥之间工作路径的唯一性和最优性。为了防止工作环路的存在，网络中每个网段与根桥之间的工作路径也必须是唯一的且最优的。当一个网段有两条及两条以上的路径通往根桥时（该网段连接了不同的交换机，或者该网段连接了同台交换机的不同端口），与该网段相连的交换机（可能不止一台）就必须确定出一个唯一的指定端口。指定端口也是通过比较 RPC 来确定的，RPC 较小的端口将成为指定端口。如果 RPC 相同，则需要比较 BID、PID 等。

如图 3-52 所示，假定 S1 已被选举为根桥，并且假定各链路的开销均相等。显然，S3 的 GE 0/0/1 端口的 RPC 小于 S3 的 GE 0/0/2 端口的 RPC，所以 S3 将自己的 GE 0/0/1 端口确定为自己的根端口。类似地，S2 的 GE 0/0/1 端口的 RPC 小于 S2 的 GE 0/0/2 端口的 RPC，所以 S2 将自己的 GE 0/0/1 端口确定为自己的根端口。

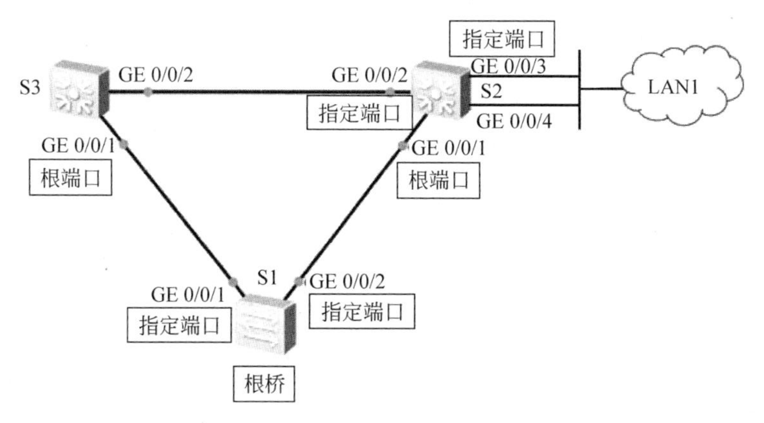

图 3-52　确定指定端口（RPC 相同）

对于 S3 的 GE 0/0/2 和 S2 的 GE 0/0/2 之间的网段来说，S3 的 GE 0/0/2 端口的 RPC 是与 S2 的 GE 0/0/2 端口的 RPC 相等的，所以需要比较 S3 的 BID 和 S2 的 BID。假定 S2 的 BID 小于 S3 的 BID，则 S2 的 GE 0/0/2 端口将被确定为 S3 的 GE 0/0/2 和 S2 的 GE 0/0/2 之间的网段的指定端口。

对于网段 LAN1 来说，与之相连的交换机只有 S2。在这种情况下，就需要比较 S2 的 GE 0/0/3 端口的 PID 和 GE 0/0/4 端口的 PID。假定 GE 0/0/3 端口的 PID 小于 GE 0/0/4 端口的 PID，则 S2 的 GE 0/0/3 端口将被确定为网段 LAN1 的指定端口。

最后需要指出的是，根桥上不存在任何根端口，只存在指定端口。

4. 阻塞备用端口

在确定了根端口和指定端口之后，交换机上所有剩余的非根端口和非指定端口统称为备用端口。STP 会对这些备用端口进行逻辑阻塞。所谓逻辑阻塞，是指这些备用端口不能转发由终端计算机产生并发送的帧，这些帧也被称为用户数据帧。不过，备用端口可以接收并处理 STP 协议帧。根端口和指定端口既可以发送和接收 STP 协议帧，又可以转发用户数据帧。

5. STP 端口状态

STP 定义了三种端口角色：根端口、指定端口、备用端口。不仅如此，根据端口是否能接收和发送 STP 协议帧，以及端口是否能转发用户数据帧，STP 还将端口的状态分为 5 种：禁用状态、阻塞状态、侦听状态、学习状态、转发状态。表 3-22 给出了这 5 种端口状态的简单说明。

表 3-22　STP 端口的 5 种状态

状态名称	状态描述
禁用(Disable)	该接口不能收发 BPDU，也不能收发业务数据帧，例如，接口为 down
阻塞(Blocking)	该接口被 STP 阻塞。处于阻塞状态的接口不能发送 BPDU，但是会持续侦听 BPDU，而且不能收发业务数据帧，也不会进行 MAC 地址学习
侦听(Listening)	当接口处于该状态时，表明 STP 初步认定该接口为根接口或指定接口，但接口依然处于 STP 计算的过程中，此时接口可以收发 BPDU，但是不能收发业务数据帧，也不会进行 MAC 地址学习
学习(Learning)	当接口处于该状态时，会侦听业务数据帧(但是不能转发业务数据帧)，并且在收到业务数据帧后进行 MAC 地址学习
转发(Forwarding)	处于该状态的接口可以正常地收发业务数据帧，也会进行 BPDU 处理。接口的角色需是根接口或指定接口才能进入转发状态

为了解决普通生成树 STP 不能实现快速收敛以及对 VLAN 与网络资源的高效利用的支持的问题，后来又出现快速生成树协议(RSTP)及多生成树协议(MSTP)(在此不做展开)。

10.4 实验内容与步骤

1. 建立网络拓扑

新建网络拓扑如图 3-53 所示，拓扑中的三台交换机选用 S3700 型号。各设备的 IP

地址配置如表 3-23 所示。

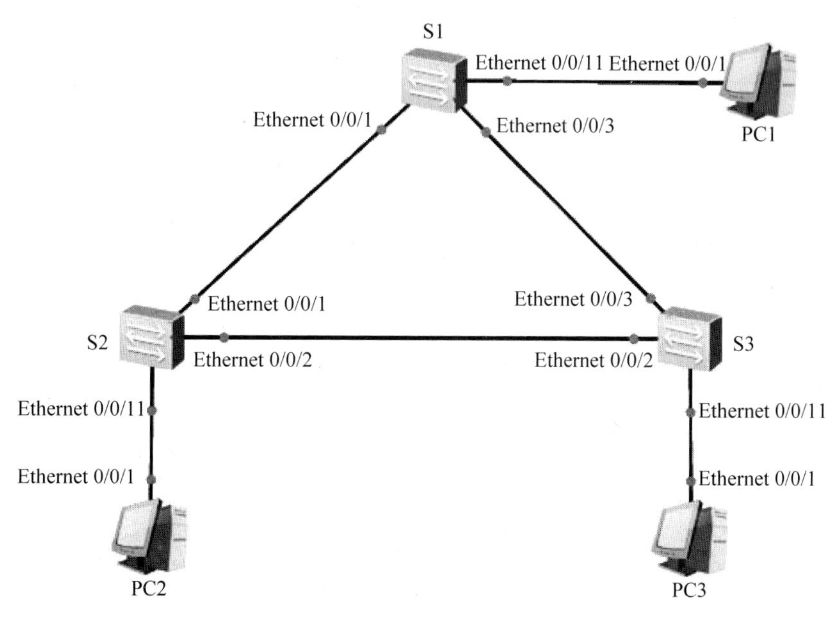

图 3-53 STP 网络拓扑

表 3-23 各设备 IP 地址分配

设 备 名 称	IP 地址	连接交换机接口
PC1	192.168.10.1/24	S1：E0/0/11
PC2	192.168.10.2/24	S2：E0/0/11
PC3	192.168.10.3/24	S3：E0/0/11

使用"ping"命令测试 PC1、PC2、PC3 之间的连通性，看看三台 PC 之间是否能相互通信。

2. 设置 STP 模式

使用命令"stp mode stp"设置三台交换机 STP 模式为 STP。

```
<Huawei>undo terminal monitor
<Huawei>system
[Huawei]sysname S1
[S1]stp mode stp
```

```
<Huawei>undo terminal monitor
<Huawei>system
[Huawei]sysname S2
[S2]stp mode stp
```

```
<Huawei>undo terminal monitor
<Huawei>system
```

```
[Huawei]sysname S3
[S3]stp mode stp
```

3. 查看三台交换机 BID

使用"display stp"命令查看三台交换机的 BID，如图 3-54～图 3-56 所示，填写表 3-24，分析三台交换机共同的根桥（STP 选举出的根桥），与查看到的信息是否一致？

```
[S1]display stp
-------[CIST Global Info][Mode STP]-------
CIST Bridge         :32768.4c1f-cc5e-1055
Config Times        :Hello 2s MaxAge 20s FwDly 15s MaxHop 20
Active Times        :Hello 2s MaxAge 20s FwDly 15s MaxHop 20
CIST Root/ERPC      :32768.4c1f-cc4f-5a80 / 200000
CIST RegRoot/IRPC   :32768.4c1f-cc5e-1055 / 0
CIST RootPortId     :128.3
BPDU-Protection     :Disabled
TC or TCN received  :43
TC count per hello  :0
STP Converge Mode   :Normal
Time since last TC  :0 days 0h:2m:22s
Number of TC        :14
Last TC occurred    :Ethernet0/0/3
----[Port1(Ethernet0/0/1)][FORWARDING]----
 Port Protocol       :Enabled
 Port Role           :Designated Port
 Port Priority       :128
 Port Cost(Dot1T )   :Config=auto / Active=200000
 Designated Bridge/Port    :32768.4c1f-cc5e-1055 / 128.1
 Port Edged          :Config=default / Active=disabled
 Point-to-point      :Config=auto / Active=true
 Transit Limit       :147 packets/hello-time
 Protection Type     :None
  ---- More ----
```

图 3-54 交换机 S1 的 STP 信息

```
[S2]display stp
-------[CIST Global Info][Mode STP]-------
CIST Bridge         :32768.4c1f-cca3-557b
Config Times        :Hello 2s MaxAge 20s FwDly 15s MaxHop 20
Active Times        :Hello 2s MaxAge 20s FwDly 15s MaxHop 20
CIST Root/ERPC      :32768.4c1f-cc4f-5a80 / 200000
CIST RegRoot/IRPC   :32768.4c1f-cca3-557b / 0
CIST RootPortId     :128.2
BPDU-Protection     :Disabled
TC or TCN received  :106
TC count per hello  :0
STP Converge Mode   :Normal
Time since last TC  :0 days 0h:2m:58s
Number of TC        :14
Last TC occurred    :Ethernet0/0/2
----[Port1(Ethernet0/0/1)][DISCARDING]----
 Port Protocol       :Enabled
 Port Role           :Alternate Port
 Port Priority       :128
 Port Cost(Dot1T )   :Config=auto / Active=200000
 Designated Bridge/Port    :32768.4c1f-cc5e-1055 / 128.1
 Port Edged          :Config=default / Active=disabled
 Point-to-point      :Config=auto / Active=true
 Transit Limit       :147 packets/hello-time
 Protection Type     :None
  ---- More ----
```

图 3-55 交换机 S2 的 STP 信息

```
[S3]display stp
-------[CIST Global Info][Mode STP]-------
CIST Bridge          :32768.4c1f-cc4f-5a80
Config Times         :Hello 2s MaxAge 20s FwDly 15s MaxHop 20
Active Times         :Hello 2s MaxAge 20s FwDly 15s MaxHop 20
CIST Root/ERPC       :32768.4c1f-cc4f-5a80 / 0
CIST RegRoot/IRPC    :32768.4c1f-cc4f-5a80 / 0
CIST RootPortId      :0.0
BPDU-Protection      :Disabled
TC or TCN received   :10
TC count per hello   :0
STP Converge Mode    :Normal
Time since last TC   :0 days 0h:4m:4s
Number of TC         :14
Last TC occurred     :Ethernet0/0/11
----[Port1(Ethernet0/0/1)][DOWN]----
 Port Protocol        :Enabled
 Port Role            :Disabled Port
 Port Priority        :128
 Port Cost(Dot1T )    :Config=auto / Active=200000000
 Designated Bridge/Port   :32768.4c1f-cc4f-5a80 / 128.1
 Port Edged           :Config=default / Active=disabled
 Point-to-point       :Config=auto / Active=false
 Transit Limit        :147 packets/hello-time
 Protection Type      :None
  ---- More ----
```

图 3-56　交换机 S3 的 STP 信息

表 3-24　各交换机的 BID 及根桥

S1 BID	
S2 BID	
S3 BID	
根桥	

4. 分析三台交换机之间相连的各接口的角色

分析三台交换机之间相连的各接口的角色(根端口 ROOT、指定端口 DESI、阻塞端口 ALTE),填写表 3-25。

表 3-25　交换机各接口角色表 1

设　备	端　口	角　色
S1	Ethernet 0/0/1	
	Ethernet 0/0/3	
S2	Ethernet 0/0/1	
	Ethernet 0/0/2	
S3	Ethernet 0/0/2	
	Ethernet 0/0/3	

下面对三种接口角色进行简要说明。

Root Port(ROOT):根端口,是去往根桥路径开销最小的端口,该端口可以正常转发流量。

Designated Port(DESI)：指定端口，是负责转发 BPDU 报文的端口，根桥上的端口都是指定端口，该端口可以正常转发流量。

Alternate Port(ALTE)：阻塞端口，是禁止转发流量的端口。

5. 查看 STP 接口状态信息

执行命令“display stp brief”查看各交换机的 STP 接口状态信息，如图 3-57～图 3-59 所示，填写表 3-26。

```
<S1>display stp brief
 MSTID  Port                        Role  STP State     Protection
   0    Ethernet0/0/1               DESI  FORWARDING      NONE
   0    Ethernet0/0/3               ROOT  FORWARDING      NONE
   0    Ethernet0/0/11              DESI  FORWARDING      NONE
```

图 3-57　交换机 S1 接口状态信息

```
<S2>display stp brief
 MSTID  Port                        Role  STP State     Protection
   0    Ethernet0/0/1               ALTE  DISCARDING      NONE
   0    Ethernet0/0/2               ROOT  FORWARDING      NONE
   0    Ethernet0/0/11              DESI  FORWARDING      NONE
```

图 3-58　交换机 S2 接口状态信息

```
<S3>display stp brief
 MSTID  Port                        Role  STP State     Protection
   0    Ethernet0/0/2               DESI  FORWARDING      NONE
   0    Ethernet0/0/3               DESI  FORWARDING      NONE
   0    Ethernet0/0/11              DESI  FORWARDING      NONE
```

图 3-59　交换机 S3 接口状态信息

表 3-26　交换机各接口角色表 2

设　备	端　口	角　色
S1	Ethernet 0/0/1	
	Ethernet 0/0/3	
S2	Ethernet 0/0/1	
	Ethernet 0/0/2	
S3	Ethernet 0/0/2	
	Ethernet 0/0/3	

比较表 3-25 与表 3-26 的内容，看看自己分析的结果与最终查看到的结果是否一致。

6. 验证网络可靠性

将根桥上的任意一个指定端口关闭(模拟网络链路出现问题)，再次使用命令“display stp brief”查看之前的阻塞端口状态，如图 3-60 所示，观察端口状态有什么变化。(这里关闭 S3 的 Ethernet 0/0/2 端口，同学们可根据网络拓扑实际情况选择关闭的端口。)

```
[S3]interface Ethernet 0/0/2
[S3-Ethernet0/0/2]shutdown
```

再次使用“ping”命令测试 PC1、PC2、PC3 之间的连通性，看看三台 PC 之间是否能相

<S2>display stp brief
MSTID　Port　Role　STP State　Protection
0　Ethernet0/0/1　ROOT　FORWARDING　NONE
0　Ethernet0/0/11　DESI　FORWARDING　NONE

图 3-60　网络故障引起端口变化

互通信。说明什么问题？

7. 关闭 STP 导致广播风暴

重新将前面关闭的接口打开，关闭所有交换机上的 STP，命令如下。

```
[S3]interface Ethernet 0/0/2
[S3-Ethernet0/0/2]undo shutdown
```

```
[S1]undo stp enable
[S2]undo stp enable
[S3]undo stp enable
```

先将 PC1 重新启动一次，然后使用“ping”命令测试与其他 PC 的连通性，结果如何？

在交换机 S1 的 Ethernet 0/0/1 接口启动抓包，会捕获大量的 ARP 广播帧和重复的 ARP 单播帧，如图 3-61 所示。

No.	Time	Source	Destination	Protocol	Length	Info
7745	19.547000	HuaweiTe_bf:10:06	HuaweiTe_22:33:3c	ARP	60	192.168.10.3 is at 54:89:98:bf:10:06
7746	19.547000	HuaweiTe_1e:1d:96	HuaweiTe_22:33:3c	ARP	60	192.168.10.2 is at 54:89:98:1e:1d:96
7747	19.547000	HuaweiTe_1e:1d:96	HuaweiTe_22:33:3c	ARP	60	192.168.10.2 is at 54:89:98:1e:1d:96
7748	19.547000	HuaweiTe_bf:10:06	HuaweiTe_22:33:3c	ARP	60	192.168.10.3 is at 54:89:98:bf:10:06
7749	19.547000	HuaweiTe_22:33:3c	Broadcast	ARP	60	Who has 192.168.10.3? Tell 192.168.10.1
7750	19.547000	HuaweiTe_22:33:3c	Broadcast	ARP	60	Who has 192.168.10.2? Tell 192.168.10.1
7751	19.547000	HuaweiTe_22:33:3c	Broadcast	ARP	60	Who has 192.168.10.2? Tell 192.168.10.1
7752	19.547000	HuaweiTe_22:33:3c	Broadcast	ARP	60	Who has 192.168.10.3? Tell 192.168.10.1
7753	19.547000	HuaweiTe_1e:1d:96	HuaweiTe_22:33:3c	ARP	60	192.168.10.2 is at 54:89:98:1e:1d:96
7754	19.547000	HuaweiTe_1e:1d:96	HuaweiTe_22:33:3c	ARP	60	192.168.10.2 is at 54:89:98:1e:1d:96
7755	19.547000	HuaweiTe_bf:10:06	HuaweiTe_22:33:3c	ARP	60	192.168.10.3 is at 54:89:98:bf:10:06
7756	19.547000	HuaweiTe_bf:10:06	HuaweiTe_22:33:3c	ARP	60	192.168.10.3 is at 54:89:98:bf:10:06
7757	19.547000	HuaweiTe_22:33:3c	Broadcast	ARP	60	Who has 192.168.10.3? Tell 192.168.10.1
7758	19.547000	HuaweiTe_22:33:3c	Broadcast	ARP	60	Who has 192.168.10.2? Tell 192.168.10.1
7759	19.547000	HuaweiTe_22:33:3c	Broadcast	ARP	60	Who has 192.168.10.2? Tell 192.168.10.1
7760	19.547000	HuaweiTe_22:33:3c	Broadcast	ARP	60	Who has 192.168.10.3? Tell 192.168.10.1
7761	19.547000	HuaweiTe_1e:1d:96	HuaweiTe_22:33:3c	ARP	60	192.168.10.2 is at 54:89:98:1e:1d:96
7762	19.578000	HuaweiTe_bf:10:06	HuaweiTe_22:33:3c	ARP	60	192.168.10.3 is at 54:89:98:bf:10:06
7763	19.578000	HuaweiTe_22:33:3c	Broadcast	ARP	60	Who has 192.168.10.3? Tell 192.168.10.1

图 3-61　交换机 S1 的 Ethernet 0/0/1 接口上捕获的分组

由于停止运行 STP 后，交换机间产生环路，从而导致广播风暴，交接机无法正常工作。

10.5　练习与思考

1. 如图 3-62 所示，交换机开启 STP，当网络稳定后，下列说法正确的有（　　）。（多选）

A. SWB 是这个网络中的根桥

B. SWA 是这个网络中的根桥

C. SWB 的两个端口都处于 Forwarding 状态

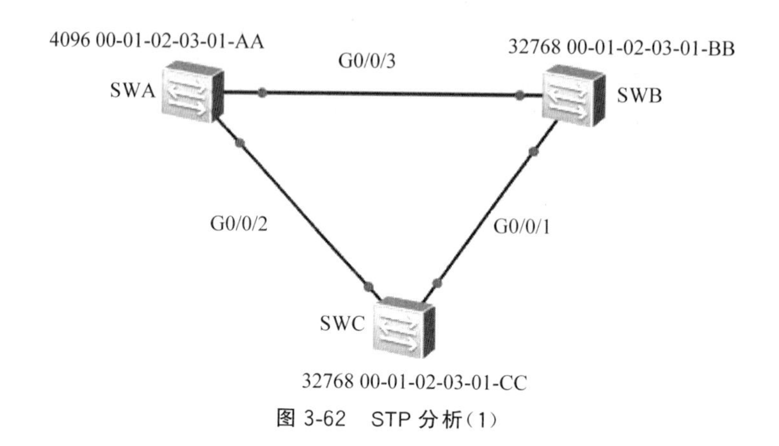

图 3-62 STP 分析(1)

D. SWC 的两个端口都处于 Forwarding 状态

2. 如图 3-63 所示的两台交换机都开启了 STP,某工程师对此网络做出了如下结论,你认为正确的结论有(　　)。(多选)

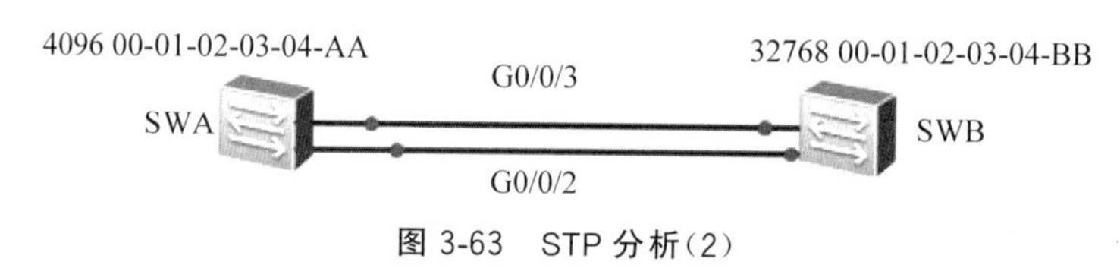

图 3-63 STP 分析(2)

A. SWB 的 G0/0/2 端口稳定在 Forwarding 状态

B. SWA 的 G0/0/2 端口稳定在 Forwarding 状态

C. SWB 的两个端口都是指定端口

D. SWA 的 G0/0/3 端口稳定在 Forwarding 状态

E. SWA 的两个端口都是指定端口

3. 在 STP 中,假设所有交换机所配置的优先级相同,交换机 1 的 MAC 地址为 00-e0-fc-00-00-40,交换机 2 的 MAC 地址为 00-e0-fc-00-00-10,交换机 3 的 MAC 地址为 00-e0-fc-00-00-20,交换机 4 的 MAC 地址为 00-e0-fc-00-00-80,则根交换机应当为(　　)。

A. 交换机 1　　B. 交换机 2　　C. 交换机 3　　D. 交换机 4

4. 如图 3-64 所示的两台交换机都开启了 STP,哪个端口最终会处于 Blocking 状态?(　　)

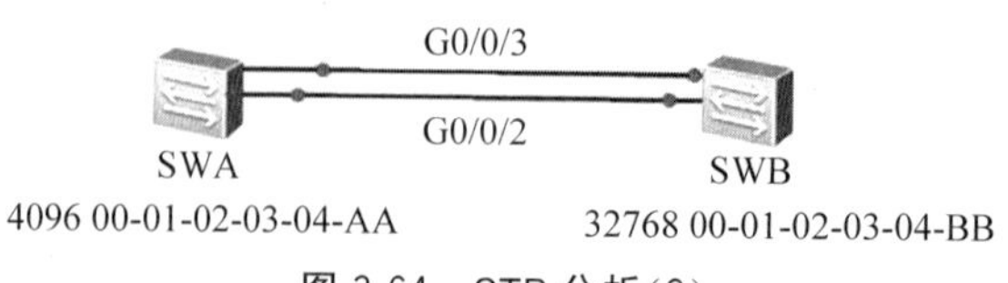

图 3-64 STP 分析(3)

A. SWA 的 G0/0/2 端口　　B. SWA 的 G0/0/3 端口

C. SWB的G0/0/2端口　　D. SWB的G0/0/3端口

5. STP中选举根端口时需要考虑以下哪些参数?(多选)(　　)

A. 端口的双工模式　　B. 端口优先级

C. 端口到达根交换机的Cost　　D. 端口的MAC地址

E. 端口槽位编号,如G0/0/1

实验 11　无线局域网组建与配置

11.1　实 验 目 的

（1）理解 VLAN 的工作原理。

（2）掌握基于端口划分 VLAN 的方法。

11.2　实 验 要 求

（1）设备要求：计算机两台以上（安装有 Windows 操作系统、华为 eNSP 模拟器软件，安装有网卡已联网）。

（2）分组要求：1 人一组，但部分步骤需相互合作完成。

11.3　实验预备知识

1. WLAN 概述

以有线电缆或光纤作为传输介质的有线局域网应用广泛，但有线传输介质的铺设成本高，位置固定，移动性差。随着人们对网络的便携性和移动性的要求日益增强，传统的有线网络已经无法满足需求，WLAN 技术应运而生。目前，WLAN 已经成为一种经济、高效的网络接入方式。通过 WLAN 技术，用户可以方便地接入无线网络，并在无线网络覆盖区域内自由移动。

WLAN 即 Wireless LAN（无线局域网），是指通过无线技术构建的无线局域网络。这里指的无线技术不仅包含 Wi-Fi，还有红外、蓝牙、ZigBee 等。通过 WLAN 技术，用户可以方便地接入无线网络，并在无线网络覆盖区域内自由移动，摆脱有线网络的束缚。

无线网络根据应用范围可分为 WPAN、WLAN、WMAN、WWAN。

WPAN（Wireless Personal Area Network）：个人无线网络，常用技术有 Bluetooth、ZigBee、NFC、HomeRF、UWB。

WLAN（Wireless Local Area Network）：无线局域网，常用技术有 Wi-Fi（WLAN 中也会使用 WPAN 的相关技术）。

WMAN（Wireless Metropolitan Area Network）：无线城域网，常用技术有 WiMax。

WWAN (Wireless Wide Area Network)：无线广域网，常用技术有 GSM、CDMA、WCDMA、TD-SCDMA、LTE、5G。

WLAN 的优点如下。

(1) 网络使用自由：凡是自由空间均可连接网络，不受限于线缆和端口位置。在办公大楼、机场候机厅、度假村、商务酒店、体育场馆、咖啡店等场所尤为适用。

(2) 网络部署灵活：对于地铁、公路交通监控等难于布线的场所，采用 WLAN 进行无线网络覆盖，免去或减少了繁杂的网络布线，实施简单，成本低，扩展性好。

IEEE 802.11 是现今无线局域网通用的标准。它是由电气与电子工程师协会(IEEE)定义的无线网络通信的标准。

Wi-Fi 联盟制造商的商标，并作为产品的品牌认证，是一种创建于 IEEE 802.11 标准上的无线局域网技术。在大多数场景下，Wi-Fi 可等同于 IEEE 802.11，如图 3-65 所示。

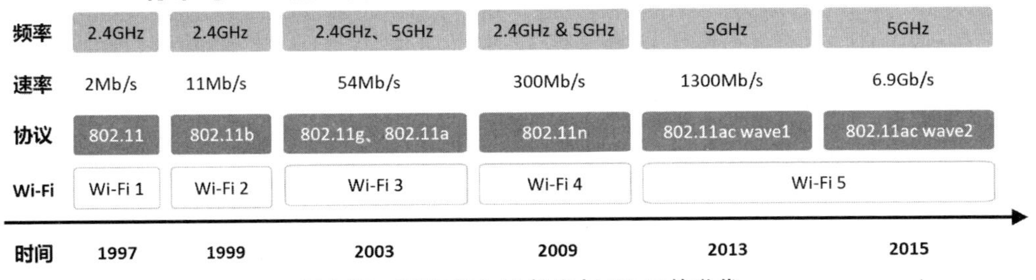

图 3-65　IEEE 802.11 标准与 Wi-Fi 的世代

IEEE 802.11 标准聚焦在 TCP/IP 对等模型的下两层。

数据链路层：主要负责信道接入、寻址、数据帧校验、错误检测、安全机制等内容。

物理层：主要负责在空口(空中接口)中传输比特流，例如，规定所使用的频段等。

Wi-Fi 联盟成立于 1999 年，当时的名称叫作 Wireless Ethernet Compatibility Alliance(WECA)。2002 年 10 月，正式改名为 Wi-Fi Alliance。

IEEE 802.11 第一个版本发表于 1997 年。此后，更多的基于 IEEE 802.11 的补充标准逐渐被定义，最为人们所熟知的是影响 Wi-Fi 代际演进的标准：802.11b、802.11a、802.11g、802.11n、802.11ac 等。

在 IEEE 802.11ax 标准推出之际，Wi-Fi 联盟将新 Wi-Fi 规格的名字简化为 Wi-Fi 6，主流的 IEEE 802.11ac 改称为 Wi-Fi 5、IEEE 802.11n 改称为 Wi-Fi 4，其他世代以此类推。

Wi-Fi 在办公场景的发展趋势如下。

第一阶段：初级移动办公时代，无线作为有线的补充。

WaveLAN 技术的应用可以被认为是最早的企业 WLAN 雏形。早期的 Wi-Fi 技术主要应用在类似“无线收音机”这样的物联设备上，但是随着 IEEE 802.11a/b/g 标准的推出，无线连接的优势越来越明显。企业和消费者开始认识到 Wi-Fi 技术的应用潜力，无线热点开始出现在咖啡店、机场和酒店。

Wi-Fi 也在这一时期诞生，它是 Wi-Fi 联盟的商标，该联盟最初的目的是推动

802.11b 标准的制定，并在全球范围内推行 Wi-Fi 产品的兼容认证。随着标准的演进和遵从标准产品的普及，人们往往将 Wi-Fi 等同于 802.11 标准。

802.11 标准是众多 WLAN 技术中的一种，只是 802.11 标准已成为业界的主流技术，所以人们提到 WLAN 时，通常是指使用 Wi-Fi 技术的 WLAN。

这是 WLAN 应用的第一阶段，主要是解决"无线接入"的问题，核心价值是摆脱有线的束缚，设备在一定范围内可以自由移动，用无线网络延伸了有线网络。但是这一阶段的 WLAN 对安全、容量和漫游等方面没有明确的诉求，接入点（Access Point，AP）的形态还是单个接入点，用于单点组网覆盖。通常称单个接入点架构的 AP 为 FAT AP。

第二阶段：无线办公时代，有线无线一体化。

随着无线设备的进一步普及，WLAN 从起初仅作为有线网络的补充，发展到和有线网络一样不可或缺，由此进入第二阶段。

在这个阶段，WLAN 作为网络的一部分，还需要为企业访客提供网络接入。

在办公场景下，存在大量视频、语音等大带宽业务，对 WLAN 的带宽有更大的需求。

从 2012 年开始，802.11ac 标准趋于成熟，对工作频段、信道带宽、调制与编码方式等做出了诸多改进，与以往的 Wi-Fi 标准相比，其具有更高的吞吐率、更少的干扰，能够允许更多的用户接入。

第三阶段：全无线办公时代，以无线为中心。

目前，WLAN 已经进入第三阶段，在办公环境中，使用无线网络彻底替代有线网络。办公区采用全 Wi-Fi 覆盖，办公位不再提供有线网口，办公环境更为开放和智能。未来，云桌面办公、智真会议、4K 视频等大带宽业务将从有线网络迁移至无线网络，而 VR/AR 等新技术将直接基于无线网络部署。新的应用场景对 WLAN 的设计与规划提出更高的要求。

2018 年，新一代 Wi-Fi 标准 Wi-Fi 6（IEEE 命名为 802.11ax，Wi-Fi 6 是 Wi-Fi 联盟的命名）发布，这是 Wi-Fi 发展史上的又一重大里程碑，Wi-Fi 6 的核心价值是容量的进一步提升，引领无线通信进入 10Gb/s 时代；多用户并发性能提升 4 倍，让网络在高密度接入、业务重载的情况下，依然保持优秀的服务能力。

2. WLAN 的基本概念

1）WLAN 设备介绍

华为无线局域网产品形态丰富，覆盖室内室外、家庭企业等各种应用场景，提供高速、安全和可靠的无线网络连接。

（1）家庭 WLAN 产品。家庭 Wi-Fi 路由器通过把有线网络信号转换成无线信号，供家庭计算机、手机等设备接收，实现无线上网功能。

（2）企业 WLAN 产品。

① 无线接入点（Access Point，AP）：一般支持 FAT AP（胖 AP）、FIT AP（瘦 AP）和云管理 AP 三种工作模式，根据网络规划的需求，可以灵活地在多种模式下切换。

② 无线接入控制器（Access Controller，AC）：一般位于整个网络的汇聚层，提供高速、安全、可靠的 WLAN 业务。提供大容量、高性能、高可靠性、易安装、易维护的无线数据控制业务，具有组网灵活、绿色节能等优势。

③ PoE(Power over Ethernet,以太网供电)交换机：是指通过以太网进行供电,也被称为基于局域网的供电系统(Power over LAN,PoL)或有源以太网(Active Ethernet)。PoE 允许电功率通过传输数据的线路或空闲线路传输到终端设备。在 WLAN 中,可以通过 PoE 交换机对 AP 设备进行供电。

2) 基本的 WLAN 组网架构

WLAN 架构分为有线侧和无线侧两部分,有线侧是指 AP 上行到 Internet 的网络使用以太网协议,无线侧是指 STA 到 AP 之间的网络使用 802.11 协议。

无线侧接入的 WLAN 架构为集中式架构。从最初的 FAT AP 架构,演进为 AC+FIT AP 架构。

FAT AP (胖 AP)架构：这种架构不需要专门的设备集中控制就可以完成无线用户的接入、业务数据的加密和业务数据报文的转发等功能,因此又称为自治式网络架构。适用范围：家庭。特点：AP 独立工作,需要单独配置,功能较为单一,成本低。缺点：随着 WLAN 覆盖面积增大,接入用户增多,需要部署的 FAT AP 数量也会增多,但 FAT AP 是独立工作的,缺少统一的控制设备,因此管理维护这些 FAT AP 就十分麻烦。

AC+FIT AP(瘦 AP)架构：在这种架构中,AC 负责 WLAN 的接入控制、转发和统计、AP 的配置监控、漫游管理、AP 的网管代理、安全控制;FIT AP 负责 802.11 报文的加解密、802.11 的物理层功能、接受 AC 的管理等简单功能。适用范围：大中型企业。特点：AP 需要配合 AC 使用,由 AC 统一管理和配置,功能丰富,对网络运维人员的技能要求高。

3) WLAN 基本概念

工作站 STA(Station)：支持 802.11 标准的终端设备。例如,带无线网卡的计算机、支持 WLAN 的手机等。

无线接入控制器(Access Controller,AC)：在 AC+FIT AP 网络架构中,AC 对无线局域网中的所有 FIT AP 进行控制和管理。例如,AC 可以通过与认证服务器交互信息来为 WLAN 用户提供认证服务。

无线接入点(Access Point,AP)：为 STA 提供基于 802.11 标准的无线接入服务,起到有线网络和无线网络的桥接作用。

无线接入点控制与规范(Control And Provisioning of Wireless Access Points,CAPWAP)：由 RFC 5415 协议定义,实现 AP 和 AC 之间互通的一个通用封装和传输机制。

射频信号(无线电磁波)：提供基于 802.11 标准的 WLAN 技术的传输介质,是具有远距离传输能力的高频电磁波。本书指的射频信号是 2.4G 或 5G 频段的无线电磁波。WLAN 中,AP 的工作状态会受到周围环境的影响。例如,当相邻 AP 的工作信道存在重叠频段时,某个 AP 的功率过大会对相邻 AP 造成信号干扰。通过射频调优功能,动态调整 AP 的信道和功率,可以使同一 AC 管理的各 AP 的信道和功率保持相对平衡,保证 AP 工作在最佳状态。

BSS(Basic Service Set)：无线网络的基本服务单元,通常由一个 AP 和若干 STA 组成,BSS 是 802.11 网络的基本结构。由于无线介质共享性,BSS 中报文收发需携带

BSSID(MAC 地址)。

基本服务集标识符(Basic Service Set Identifier,BSSID):AP 上的数据链路层 MAC 地址。终端要发现和找到 AP,需要通过 AP 的一个身份标识,这个身份标识就是 BSSID。为了区分 BSS,要求每个 BSS 都有唯一的 BSSID,因此使用 AP 的 MAC 地址来保证其唯一性。

服务集标识符(Service Set Identifier,SSID):表示无线网络的标识,用来区分不同的无线网络。例如,当我们在笔记本电脑上搜索可接入无线网络时,显示出来的网络名称就是 SSID。如果一个空间部署了多个 BSS,终端就会发现多个 BSSID,只要选择加入的 BSSID 就行。但是做选择的是用户,为了使 AP 的身份更容易辨识,则用一个字符串来作为 AP 的名字。这个字符串就是 SSID。

ESS(Extend Service Set):采用相同的 SSID 的多个 BSS 组成的更大规模的虚拟 BSS。用户可以带着终端在 ESS 内自由移动和漫游,不管用户移动到哪里,都可以认为使用的同一个 WLAN。

WLAN 漫游:指 STA 在同属一个 ESS 的不同 AP 的覆盖范围之间移动且保持用户业务不中断的行为。WLAN 的最大优势就是 STA 不受物理介质的影响,可以在 WLAN 覆盖范围内四处移动并且能够保持业务不中断。同一个 ESS 内包含多个 AP 设备,当 STA 从一个 AP 覆盖区域移动到另外一个 AP 覆盖区域时,利用 WLAN 漫游技术可以实现 STA 用户业务的平滑切换。

3. WLAN 工作流程

步骤 1:AP 上线。

(1) AP 获取 IP 地址。

(2) CAPWAP 隧道建立。

(3) AP 接入控制。

(4) AP 的版本升级。

(5) CAPWAP 隧道维持。

步骤 2:WLAN 业务配置下发。

步骤 3:STA 接入。

步骤 4:WLAN 业务数据转发。

11.4 实验内容与步骤

1. 实验背景

高校会议室是人群密集区域。用户数较多、数据流量较大,WLAN 业务需求量较大,WLAN 建设应同时兼顾覆盖和容量。根据会议室现场勘测情况,采用华为无线 AC+AP 实现会议室的无线网络覆盖,组网方式为二层壁挂组网,由于数据流量较大,为了减轻 AC 的负担,数据的转发方式采用直接转发,业务流量不经过 AC 转发。

2. 建立实验拓扑

在 eNSP 中新建网络拓扑如图 3-66 所示,其中,路由器型号为 AR2240。

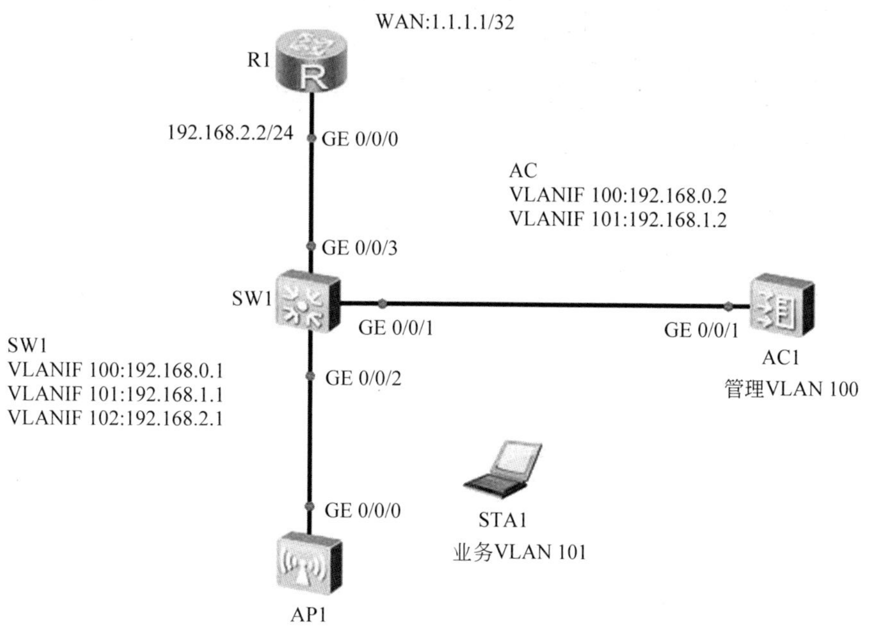

图 3-66　WLAN 实验拓扑

3. WLAN 数据规划

对各设备的 IP 地址配置及数据规划如表 3-27 所示。

表 3-27　IP 地址配置及数据规划

配 置 项	数　　据
DHCP 服务器	AC 作为 DHCP 服务器为 AP 和 STA 分配 IP 地址
AP 的 IP 地址池	VLAN 100：192.168.0.3～192.168.0.254/24
STA 的地址池	VLAN 101：192.168.1.2～192.168.1.254/24
AC 的源接口 IP 地址	VLANIF 100：192.168.0.2/24
AP 组	名称：ap-group1 引用模板：VAP 模板、域管理模板
域管理模板	域管理模板：domain1，国家码：CN(默认)
SSID 模板	名称：ssid-1　　SSID：huawei-1
安全模板	名称：security-1，WEP Open-System 认证，不加密
VAP 模板	名称：vap-1 转发模式：直接转发（默认） 业务 VLAN：101 引用模板：SSID 模板 ssid-1、安全模板 security-1

4. 实验步骤

1）配置网络互通

（1）交换机的基本配置。

```
<Huawei>undo  ter mo
<Huawei>sys
[Huawei]sysn SW1
[SW1]vlan batch 100 101
[SW1]interface GigabitEthernet 0/0/2
[SW1-GigabitEthernet0/0/2]port link trunk
[SW1-GigabitEthernet0/0/2]port trunk pvid vlan 100
[SW1-GigabitEthernet0/0/2]port trunk allow vlan 100 101
[SW1-GigabitEthernet0/0/2]quit
[SW1]interface GigabitEthernet 0/0/1
[SW1-GigabitEthernet0/0/1]port link-type trunk
[SW1-GigabitEthernet0/0/1]port trunk allow vlan 100 101
[SW1-GigabitEthernet0/0/1]quit
[SW1]interface Vlanif 100
[SW1-Vlanif100]ip address 192.168.0.1 24
[SW1-Vlanif100]quit
[SW1]interface Vlanif 101
[SW1-Vlanif101]ip address 192.168.1.1 24
```

（2）AC 端口基本配置。

```
<Huawei>undo  ter mo
<Huawei>sys
[Huawei]sysn AC
[AC]vlan batch 100 101
[AC]interface GigabitEthernet 0/0/1
[AC-GigabitEthernet0/0/1]port link-type trunk
[AC-GigabitEthernet0/0/1]port trunk allow vlan 100 101
[AC-GigabitEthernet0/0/1]quit
```

（3）配置 DHCP 服务器为 STA 和 AP 分配 IP 地址。

```
#在 AC 上配置 VLANIF100 接口为 AP 提供 IP 地址
[AC]dhcp enable
[AC] interface vlanif 100
[AC-Vlanif100]ip address 192.168.0.2 24
[AC-Vlanif100]dhcp select interface

#在 AC 上配置 VLANIF 101 接口为 STA 提供 IP 地址,并指定 192.168.1.1 作为 STA 的默认网
关地址
[AC]ip pool sta
[AC-ip-pool-sta]network 192.168.1.0 mask 24
[AC-ip-pool-sta]gateway-list 192.168.1.1
[AC]interface Vlanif 101
[AC-Vlanif101]ip address 192.168.1.2 24
[AC-Vlanif101]dhcp select global
```

2）配置 AP 上线

（1）创建域管理模板，配置 AC 的国家码为 CN。

```
[AC]wlan
[AC-wlan-view]regulatory-domain-profile name domain1
[AC-wlan-regulate-domain-domain1]country-code CN
[AC-wlan-regulate-domain-domain1]q
```

（2）创建域管理模板，并配置 AC 的国家码。

```
[AC-wlan-view]ap-group name ap-group1
[AC-wlan-ap-group-ap-group1]regulatory-domain-profile domain1
Warning: Modifying the country code will clear channel, power and antenna gain
configurations of the radio and reset the AP. Continue? [Y/N]:y
[AC-wlan-ap-group-ap-group1]quit
[AC-wlan-view]quit
```

（3）配置 AC 的源接口(与 AP 建隧道)。

```
[AC] capwap source ip-address 192.168.0.2
```

（4）配置 AP 认证方式，将 ap1 使用 MAC 地址认证上线，查看 AP 连接 AC。

```
[AC]wlan
[AC-wlan-view]ap auth-mode mac-auth
[AC-wlan-view]ap-mac 00E0-FCAF-46C0 ap-id 1        #具体拓扑中 AP 的 MAC 地址
[AC-wlan-ap-1]ap-name ap1
[AC-wlan-ap-1]ap-group ap-group1
Warning: This operation may cause AP reset. If the country code changes, it will
clear channel, power and antenna gain configurations of the radio, Whether to
continue? [Y/N]:y
Info: This operation may take a few seconds. Please wait for a moment.. done.
[AC-wlan-ap-1]quit
[AC-wlan-view]quit
<AC>display ap all                                  #查看 AP 的上线信息
```

将 AP 上电后，当执行命令"display ap all"查看到 AP 的"State"字段为"nor"时，表示 AP 正常上线，如图 3-67 所示。

```
<AC>display ap all
Info: This operation may take a few seconds. Please wait for a moment.done.
Total AP information:
nor  : normal          [1]
--------------------------------------------------------------------------------
----------
ID   MAC            Name Group     IP          Type            State STA Uptime
--------------------------------------------------------------------------------
----------
1    00e0-fcaf-46c0 ap1  ap-group1 192.168.0.5 AP3030DN        nor   0   7M:9S
--------------------------------------------------------------------------------
----------
Total: 1
```

图 3-67　查看 AP 的"State"字段

3）配置 WLAN 业务参数

（1）创建名为“wlan-net”的安全模板，并配置安全策略。

```
[AC-wlan-view]security-profile name security-1
[AC-wlan-sec-prof-security-1]security  open
[AC-wlan-sec-prof-security-1]quit
[AC-wlan-view]
```

（2）创建名为“wlan-net”的 SSID 模板，并配置 SSID 名称为“wlan-net”。

```
[AC-wlan-view]ssid-profile name ssid-1
[AC-wlan-ssid-prof-ssid-1]ssid huawei-1
[AC-wlan-ssid-prof-ssid-1]quit
[AC-wlan-view]
```

（3）创建名为“wlan-net”的 VAP 模板，配置业务数据转发模式、业务 VLAN，并且引用安全模板和 SSID 模板。

```
[AC-wlan-view]vap-profile name vap-1
[AC-wlan-vap-prof-vap-1]forward-mode direct-forward
[AC-wlan-vap-prof-vap-1]service-vlan vlan-id 101
[AC-wlan-vap-prof-vap-1]ssid-profile ssid-1
[AC-wlan-vap-prof-vap-1]security-profile security-1
```

（4）配置 AP 组引用 VAP 模板，AP 上射频 0 和射频 1 都使用 VAP 模板“wlan-net”的配置。

```
[AC]wlan
[AC-wlan-view]ap-group name ap-group1
[AC-wlan-ap-group-ap-group1]vap-profile vap-1 wlan 1 radio all
Info: This operation may take a few seconds, please wait...done.
[AC-wlan-ap-group-ap-group1]q
[AC-wlan-view]q
[AC]q
<AC>save
```

配置完成 AP 会放出 Wi-Fi 信号，实现会议室无线网络覆盖移动终端用户 STA1 成功连接到 SSID 为 huawei-1 的 Wi-Fi，如图 3-68 所示。

4）让用户访问互联网

使用动态路由协议 OSPF，具体配置如下。

SW1：

```
[SW1]vlan 102
[SW1-vlan102]q
[SW1]interface Vlanif 102
[SW1-Vlanif102]ip address 192.168.2.1 24
[SW1-Vlanif102]q
[SW1]interface GigabitEthernet 0/0/3
[SW1-GigabitEthernet0/0/3]port link-type access
[SW1-GigabitEthernet0/0/3]port default vlan 102
[SW1-GigabitEthernet0/0/3]quit
```

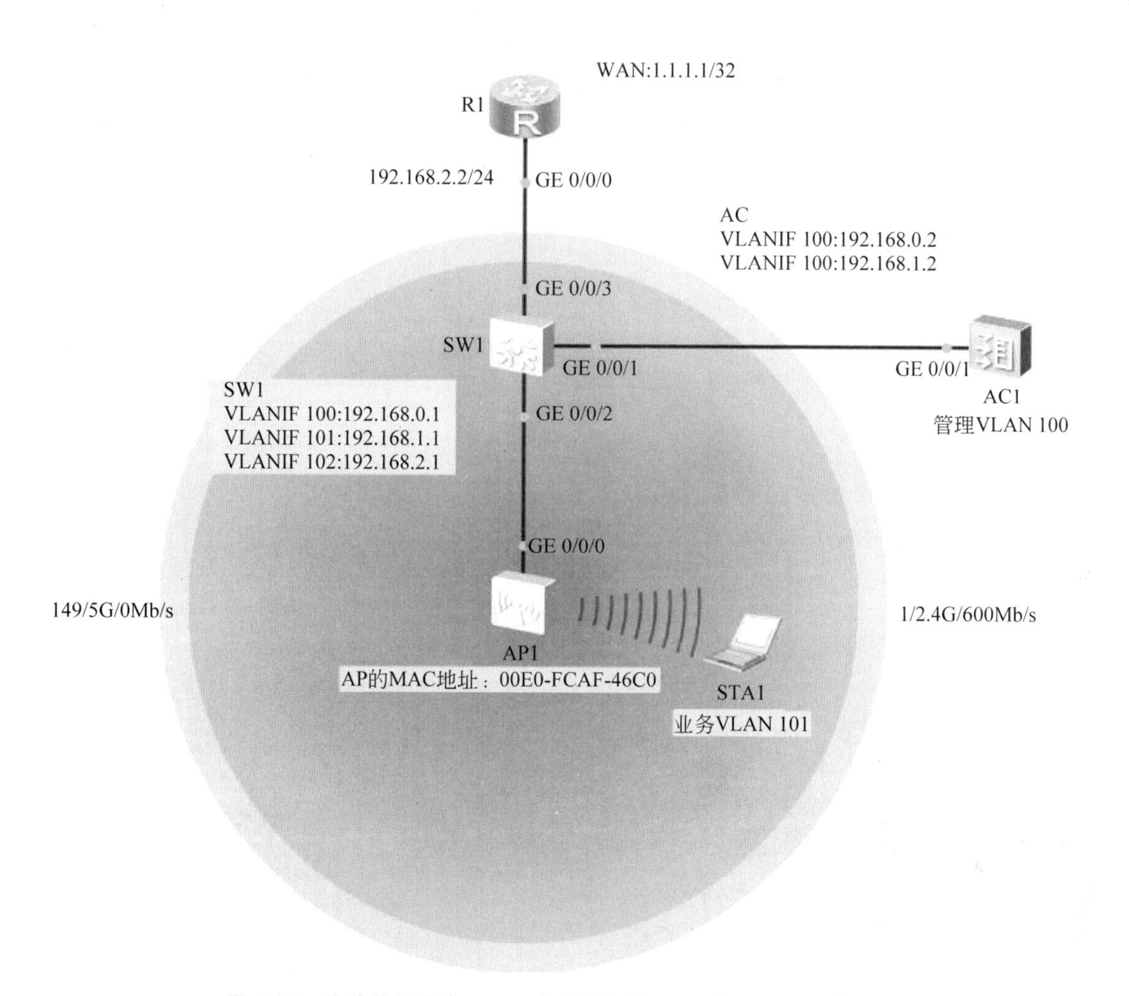

图 3-68　移动终端用户 STA1 成功连接到 SSID 为 huawei-1 的 Wi-Fi

```
[SW1]ospf 1
[SW1-ospf-1]area 0
[SW1-ospf-1-area-0.0.0.0]network 192.168.1.0 0.0.0.255
[SW1-ospf-1-area-0.0.0.0]network 192.168.2.0 0.0.0.255
[SW1-ospf-1-area-0.0.0.0]q
[SW1-ospf-1]q
[SW1]q
<SW1>save
```

R1：

```
<Huawei>undo  ter mo
Info: Current terminal monitor is off.
<Huawei>sys
Enter system view, return user view with Ctrl+Z.
[Huawei]sysn R1
[R1]interface GigabitEthernet 0/0/0
```

```
[R1-GigabitEthernet0/0/0]ip address 192.168.2.2 24
[R1-GigabitEthernet0/0/0]quit
[R1]interface LoopBack 0
[R1-LoopBack0]ip address 1.1.1.1 32
[R1-LoopBack0]quit
[R1]ospf 1
[R1-ospf-1]area 0
[R1-ospf-1-area-0.0.0.0]network 1.1.1.1 0.0.0.0
[R1-ospf-1-area-0.0.0.0]network 192.168.2.0 0.0.0.255
[R1-ospf-1-area-0.0.0.0]q
[R1-ospf-1]q
[R1]q
<R1>save
```

配置完成后,网络连通情况如图 3-69 所示。

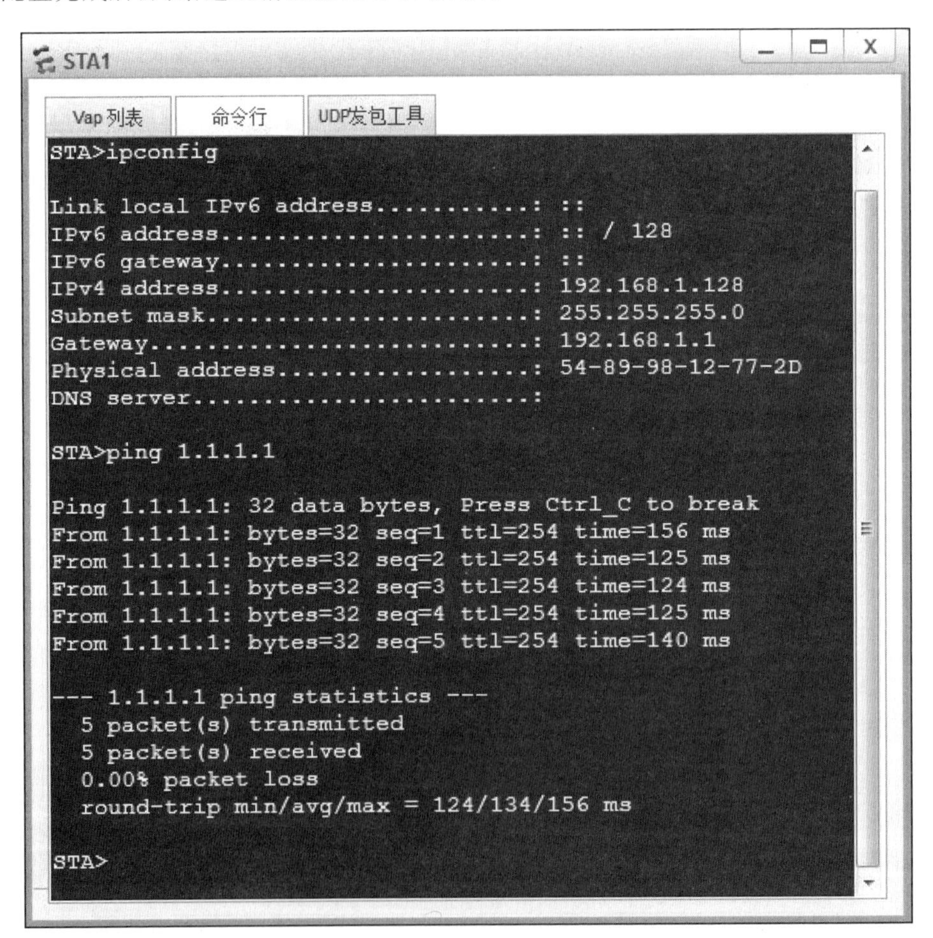

图 3-69　网络连通(访问外网)情况

11.5　练习与思考

1. 填空题

(1) AP相当于有线网络中的________,覆盖范围一般为________米。

(2) AP根据其工作原理和功能划分有________和________两类。

2. 单项选择题

(1) 无线局域网WLAN的传输介质是(　　)。

A. 无线电波　　B. 红外线　　C. 载波电流　　D. 卫星通信

(2) IEEE 802.11b射频调制使用________调制技术,最高数据速率达________。(　　)

A. 跳频扩频,5Mb/s　　B. 跳频扩频,11Mb/s

C. 直接序列扩频,5Mb/s　　D. 直接序列扩频,11Mb/s

(3) 无线局域网的最初协议是(　　)。

A. IEEE 802.11　　B. IEEE 802.5　　C. IEEE 802.3　　D. IEEE 802.1

(4) 802.11b和802.11a的工作频段、最高传输速率分别为(　　)。

A. 2.4GHz、11Mb/s; 2.4GHz、54Mb/s　　B. 5GHz、54Mb/s; 5GHz、11Mb/s

C. 5GHz、54Mb/s; 2.4GHz、11Mb/s　　D. 2.4GHz、11Mb/s; 5GHz、54Mb/s

(5) 中国的2.4GHz标准共有(　　)个频点,互不重叠的频点有(　　)个。

A. 11　　B. 13　　C. 3　　D. 5

(6) 下面哪个属于频率范围2.4GHz的物理层规范?(　　)

A. 802.11g　　B. 802.11a　　C. 802.11e　　D. 802.11i

(7) 802.11g不支持下面哪种传输速率?(　　)

A. 9Mb/s　　B. 65Mb/s　　C. 54Mb/s　　D. 12Mb/s

(8) 当同一区域使用多个AP时,通常使用(　　)信道。

A. 1、2、3　　B. 1、6、11　　C. 1、5、10　　D. 以上都不是

第 4 章 网络层实验

实验12　子网规划与划分

12.1　实 验 目 的

（1）掌握子网的划分中的IP地址分配方法。

（2）熟悉子网掩码设计方法。

12.2　实 验 要 求

（1）设备要求：计算机4台以上（安装有Windows 2000/XP/2003操作系统，安装有网卡），交换机1台，UTP网线。

（2）分组要求：4人一组，合作完成（建议使用模拟器来完成本实验）。

12.3　实验预备知识

1. 子网划分及其优点

子网的划分，实际上就是设计子网掩码的过程。子网掩码主要是用来区分IP地址中的网络ID和主机ID，用来屏蔽IP地址的一部分，从IP地址中分离出网络ID和主机ID。

（1）减少网络流量。

（2）提高网络性能。

（3）简化管理。

（4）按应用选地址范围。

子网编址的初衷是避免小型或微型网络浪费IP地址；将一个大规模的物理网络划分成几个小规模的子网：各个子网在逻辑上独立，没有路由器的转发，子网之间的主机不能相互通信。

2. 子网掩码是什么

子网掩码是用连续的1的串后跟连续的0串组成的32位的掩码；其中，全为1的位代表网络号，全为0的位代表主机号。掩码中连续1串为整个字节的，称为默认子网掩码：A类IP地址的默认子网掩码为255.0.0.0，B类的为255.255.0.0，C类的为255.255.255.0。

无类域间路由(CIDR)以斜线表示掩码,如 192.168.10.32/28;其中,/28 表示网络号占 28 位,主机号占位为 32−28=4 位。掩码最长是/32,但是必须知道,不管是 A 类还是 B 类或是其他类地址,最大可用的只能为/30,即保留 2 位给主机位。使用 VLSM 的作用是节约 IP 地址空间,减小路由表长度;所采用的路由协议必须能够支持它,这些路由协议包括 RIPv2、OSPF、EIGRP 和 BGP。ISP 常用这样的方法给客户分配地址,如给客户 1 个块: 192.168.10.0/24。

3. IP 地址规划原则

(1) IP 地址分配前需进行子网规划。

(2) 选择的子网号部分应能产生足够的子网数。

(3) 选择的主机号部分应能容纳足够的主机。

(4) 路由器需要占用有效的 IP 地址。

从标准 IP 地址的主机号部分借位并把它们作为子网号部分

网络号	主机号		
网络号	子网号	主机号	→子网 IP

(标准 IP 一行:网络号 | 主机号 →标准 IP)

(1) 子网号位数≥2,主机号位数≥2。

(2) 去掉全 0 或全 1 的主机号。

(3)子网数$=2^{子网号位数}$,主机数$=2^{主机号位数}-2$。

12.4 实验内容与步骤

(1) 在 eNSP 里建立网络拓扑结构,如图 4-1 所示。

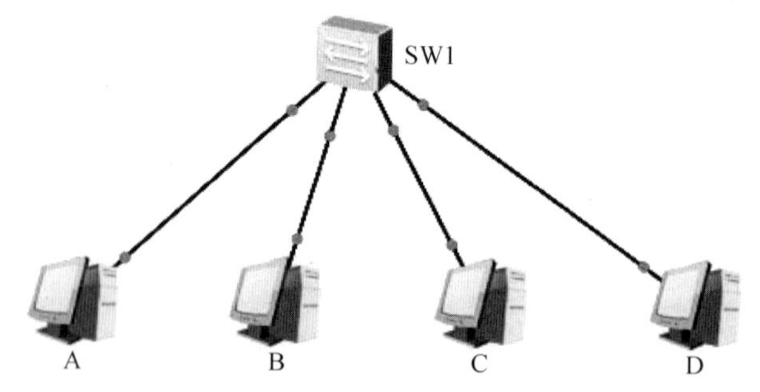

图 4-1 实验网络拓扑结构

(2) 使用默认掩码划分子网,设置主机 TCP/IP 属性,测试连通性,填写表 4-1。

表 4-1 设置主机 TCP/IP 属性,测试连通性(1-2)

Host ID	第一次设置 C 类默认掩码	ping				分析结论
		A	B	C	D	
A	128.168.32.1 255.255.255.0					

续表

Host ID	第一次设置 C 类默认掩码	ping				分析结论
		A	B	C	D	
B	128.168.32.2 255.255.255.0					
C	128.168.64.1 255.255.255.0					
D	128.167.63.100 255.255.255.0					
Host ID	**第二次设置 B 类默认掩码**	**ping**				**分析结论**
		A	**B**	**C**	**D**	
A	128.168.32.1 255.255.0.0					
B	128.168.32.2 255.255.0.0					
C	128.168.64.1 255.255.0.0					
D	128.167.63.100 255.255.0.0					

(3) 子网掩码划分,设置主机 TCP/IP 属性。

案例:需要对一个局域网进行子网划分,其中,第一个子网包括 10 台计算机,第二个子网包括 56 台计算机,第三个子网包括 58 台计算机。如果这个局域网被分配 C 类 IP 地址 192.168.0.0,完成下列分配,填写表 4-2。

① IP 地址分配方案。

子网号位数的决定是根据前述 **IP 划分四原则**。

- 对 192.168.0.0 划分三个子网。
- 根据公式:最小子网数$=2^{\text{子网号位数}}$,子网个数有 $2^x \geqslant 3$ 解之得 $x=2$。
- 最多主机数$=2^{\text{主机号位数}}-2$,子网内最多主机个数有 $2^{8-2}-2=62 \geqslant 58$。
- 三个子网连接需要两个路由器,居中的子网必须多两个有效的 IP 地址。

以 255.255.255.192(取 2 位)作子网掩码,每个网段长 $2^6=64$。

表 4-2 IP 子网划分

子网号位数		
主机号位数		
子网掩码		
第一个子网	子网号	
	IP 范围	
	广播地址	

续表

第二个子网	子网号	
	IP 范围	
	广播地址	
第三个子网	子网号	
	IP 范围	
	广播地址	

再次设置主机 TCP/IP 属性，测试连通性，填写表 4-3。

表 4-3 设置主机 TCP/IP 属性，测试连通性(3)

Host ID	第三次设置 IP/Subnet mask	ping				结　论
		A	B	C	D	
A	192.168.0.1 255.255.255.192					
B	192.168.0.2 255.255.255.192					
C	192.168.0.65 255.255.255.192					
D	192.168.0.129 255.255.255.192					

② 子网划分的验证。

- 利用 ping 命令，验证原来处于同一子网的计算机划分后是否能够通信，填写表 4-4。

表 4-4 同一子网的计算机通信情况

Host ID	默认子网掩码 IP/Subnet mask	能否通信	划分子网后掩码 IP/Subnet mask	能否通信
A	128.168.0.1,255.255.0.0		128.168.0.1,255.255.192.0	
C	128.168.64.1,255.255.0.0		128.168.64.1,255.255.192.0	

- 验证原来处于不同子网的计算机是否能够通信，填写表 4-5。

表 4-5 不同子网的计算机通信情况

Host ID	IP/Subnet mask	能否通信	IP/Subnet mask	能否通信
A	128.168.0.1,255.255.255.0		128.168.0.1,255.255.192.0	
D	128.168.128.1,255.255.255.0		128.168.128.1,255.255.192.0	

- 上述两个结论是否普遍适用？

12.5　练习与思考

（1）128.168.0.0，255.255.0.0 是一个 B 类网；128.168.0.0，255.255.255.0 是一个什么网？128 在 128～191 中是 B 类网，掩码写 255.255.255.0 对不对？为什么？用斜线表示法表示上述两个网。

（2）6 台计算机接入一台交换机进行实验。设第一组各计算机的 IP 地址和掩码如表 4-6 所示，用 ping 命令测试各台计算机的连通性，并将子网号填入表 4-6。

表 4-6　各计算机的 IP 地址和掩码

IP 地址	掩码为 255.255.255.192		掩码为 255.255.255.224		掩码为 255.255.255.240	
	子网号	ping	子网号	ping	子网号	ping
192.168.1.161						
192.168.1.190						
192.168.1.65						
192.168.1.78						
192.168.1.97						
192.168.1.118						

（3）对本实验的局域网进行子网划分，其中，第一个子网包含 2 台计算机，第二个子网包含 260 台计算机，第三个子网包含 62 台计算机。如果分配给该局域网一个 B 类地址 128.168.0.0，请写出另外的 IP 地址分配方案（按最少主机数），并验证其正确性。

思考：

① 需要取几位子网位数可以满足要求？（只写出一种你认为最好的方案，填写在表 4-7 中。）

表 4-7　最好方案

子网位数	所能创建的子网数	每个子网能接入的主机数

② 写出每个子网的 IP 范围（只写出其中三个子网的范围），填写在表 4-8 中。

表 4-8　子网范围

子　网　号		子 网 掩 码	IP 范围
二进制	十进制		/

③ 每个子网取 1～2 台主机，组网并验证。

④ 请记录实验现象，并分析实验数据，写出实验结论。

实验 13　ARP 地址解析协议分析与应用

13.1　实验目的

（1）理解地址解析协议（ARP）的概念、工作过程及用途。

（2）理解 IP 地址和 MAC 地址的区别。

（3）掌握 ARP 命令的使用。

13.2　实验要求

（1）设备要求：计算机两台以上（安装有 Windows 操作系统、华为 eNSP 模拟器软件、抓包软件 Wireshark，安装有网卡已联网）。

（2）分组要求：1 人一组，但部分步骤需相互合作完成。

13.3　实验预备知识

1. IP 地址与物理地址

在学习 IP 地址时，很重要的一点就是要分清一个主机的 IP 地址与物理地址的区别。物理地址就是在单个物理网络内部对一台计算机进行寻址时所使用的地址。在局域网中，由于物理地址已固化在网卡的 ROM 中，因此常常将物理地址称为硬件地址或 MAC 地址，而有一些网络并不是物理地址就是 MAC 地址，如 X.25 网络。

在互联网中，IP 地址能够屏蔽各个物理网络地址的差异，为上层用户提供“统一”的地址形式，而且这种“统一”是通过在物理网络上覆盖一层 IP 软件实现的，并不对物理地址做任何修改。高层软件通过 IP 地址来指定源地址和目的地址，而低层的物理网络通过物理地址发送和接收信息。在数据的封装过程中，网络层将 IP 地址放入 IP 数据报（IP 协议使用的数据单元）的首部，而数据链路层将物理地址放在 MAC 帧（数据链路层的数据单元）的首部。IP 数据报与 MAC 帧的关联如图 4-2 所示。

假如一个网络上的两台主机 A 和 B，它们的 IP 地址分别是 I_A 和 I_B，物理地址为 M_A 和 M_B。在主机 A 需要将信息传送到主机 B 时，使用 I_A 和 I_B 作为源地址和目的地址。但是，信息最终的传递必须利用下层的物理地址 M_A 和 M_B 实现。那么，主机 A 怎么将主

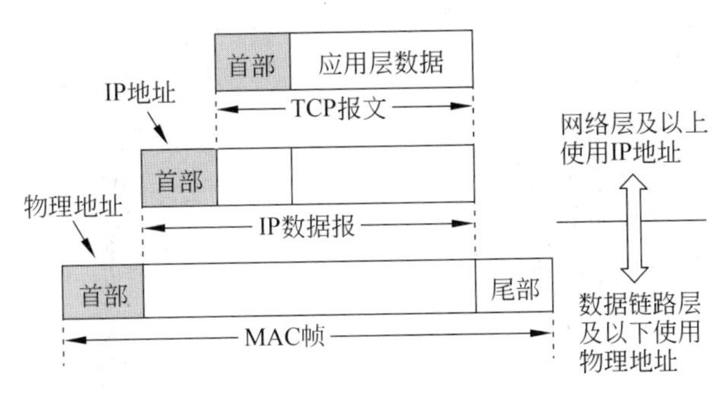

图 4-2　IP 地址与物理地址的区别

机 B 的 IP 地址 I_B 映射到它的物理地址 M_B 上呢？

将 IP 地址映射到物理地址的实现方法有多种，如静态表格、直接映射等，每种网络都可以根据自身的特点选择适合于自己的映射方法。地址解析协议（Address Resolution Protocol，ARP）是以太网经常使用的映射方法，它充分利用了以太网的广播能力，将 IP 地址与物理地址进行动态绑定（Dynamic Binding）。

2. 地址解析协议的基本思想

以太网一个很大的特点就是具有强大的广播能力。针对这种具备广播能力、物理地址长但长度固定的网络，IP 互联网采用动态绑定方式进行 IP 地址到物理地址的映射，并制定了相应的协议——地址解析协议。

假定在一个以太网中，主机 A 欲获得主机 B 的 IP 地址（I_B）与 MAC 地址（M_B）的映射关系，如图 4-3 所示，相应的 ARP 工作过程如下。

（1）主机 A 广播发送一个带有 I_B 的请求信息包，请求主机 B 用它的 IP 地址 I_B 和 MAC 地址 M_B 的映射关系进行响应。

（2）以太网上的所有主机接收到这个请求信息（包括主机 B 在内）。

（3）主机 B 识别该请求信息，并向主机 A 发送带有自己的 IP 地址 I_B 和 MAC 地址 M_B 映射关系的响应信息包。

（4）主机 A 得到 I_B 与 M_B 的映射关系，并可以在随后的发送过程中使用该映射关系。

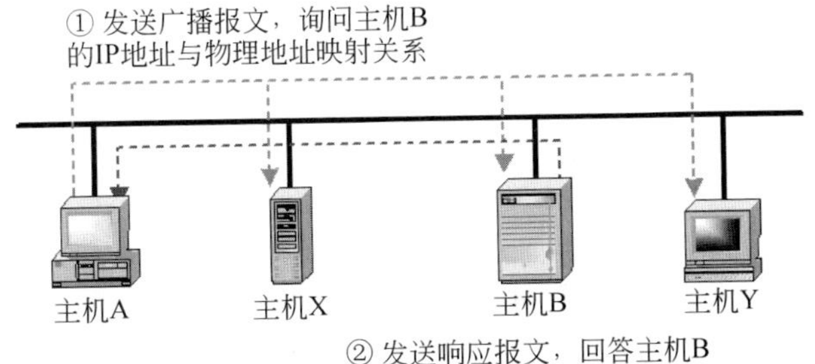

图 4-3　ARP 的基本思想

3. ARP 的工作过程

由于 IP 地址有 32 位，而物理地址有 48 位，因此，它们之间不是一个简单的映射（转换)关系。此外,在一个网络上可能经常出现有新的计算机加入进来,或撤走一些计算机。更换计算机的网卡也会使其物理地址改变。可见,在计算机中应存放一个从 IP 地址到物理地址的映射表,并且能够经常动态更新。ARP 很好地解决了这些问题。

在每台使用 ARP 的主机中,都保留了一个专用的高速缓存区(Cache),用于保存已知的 ARP 表项。一旦收到 ARP 应答,主机就将获得的 IP 地址与物理地址的映射关系存入高速 Cache 的 ARP 表中。当发送信息时,主机首先到高速 Cache 的 ARP 表中查找相应的映射关系,若找不到,再利用 ARP 进行地址解析。利用高速缓存技术,主机不必为每个发送的 IP 数据报使用 ARP,这样就可以减少网络流量,提高处理的效率。为了保证主机中 ARP 表的正确性,ARP 表必须经常更新。为此,ARP 表中的每一个表项都被分配了一个计时器,一旦某个表项超过了计时时限,主机就会自动将它删除,以保证 ARP 表的有效性。

下面举例说明完整的 ARP 工作过程。假设以太网上有 4 台计算机,分别是计算机 A、B、X 和 Y,如图 4-4 所示。现在,计算机 A 的应用程序需要和计算机 B 的应用程序交换数据。在计算机 A 发送信息前,必须首先得到计算机 B 的 IP 地址与 MAC 地址的映射关系。一个完整的 ARP 软件的工作过程如下。

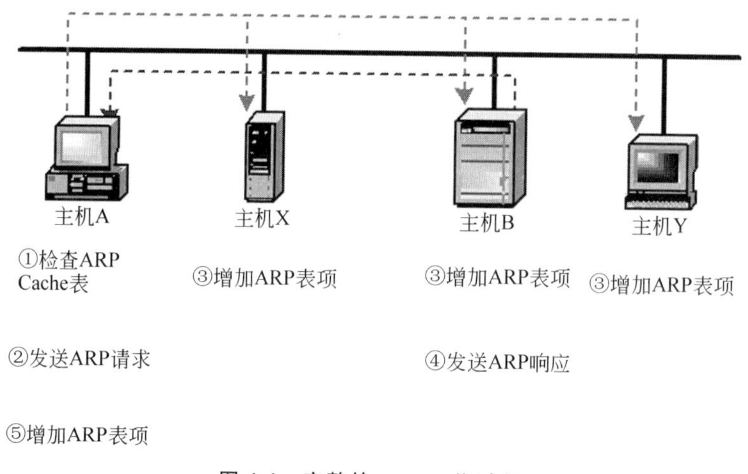

图 4-4 完整的 ARP 工作过程

(1) 计算机 A 检查自己高速 Cache 中的 ARP 表,判断 ARP 表中是否存有计算机 B 的 IP 地址与 MAC 地址的映射关系。如果找到,则完成 ARP 地址解析;如果没有找到,则转至下一步。

(2) 计算机 A 广播含有自身 IP 地址与 MAC 地址映射关系的请求信息包,请求解析计算机 B 的 IP 地址与 MAC 地址映射关系。

(3) 包括计算机 B 在内的所有计算机接收到计算机 A 的请求信息,然后将计算机 A 的 IP 地址与 MAC 地址的映射关系存各自入的 ARP 表中。

(4) 计算机 B 发送 ARP 响应信息,通知自己的 IP 地址与 MAC 地址的对应关系。

(5) 计算机 A 收到计算机 B 的响应信息,并将计算机 B 的 IP 地址与 MAC 地址的映射关系存入各自的 ARP 表中,从而完成计算机 B 的 ARP 地址解析。

计算机 A 得到计算机 B 的 IP 地址与 MAC 地址的映射关系后就可以顺利地与计算机 B 通信了。在整个 ARP 工作期间，不但计算机 A 得到了计算机 B 的 IP 地址与 MAC 地址的映射关系，而且计算机 B、X 和 Y 也都得到了计算机 A 的 IP 地址与 MAC 地址的映射关系。如果计算机 B 的应用程序需要立刻返回数据给计算机 A 的应用程序，那么，计算机 B 就不必再次执行上面描述的 ARP 请求过程了。

网络互联离不开路由器，如果一个网络（如以太网）利用 ARP 进行地址解析，那么与这个网络相连的路由器也应该实现 ARP。

13.4　实验内容与步骤

1. 建立网络拓扑

在 eNSP 中新建网络拓扑如图 4-5 所示，其中，路由器型号为 AR2240，两台交换机型号为 S3700，各设备的 IP 地址配置如表 4-9 所示。

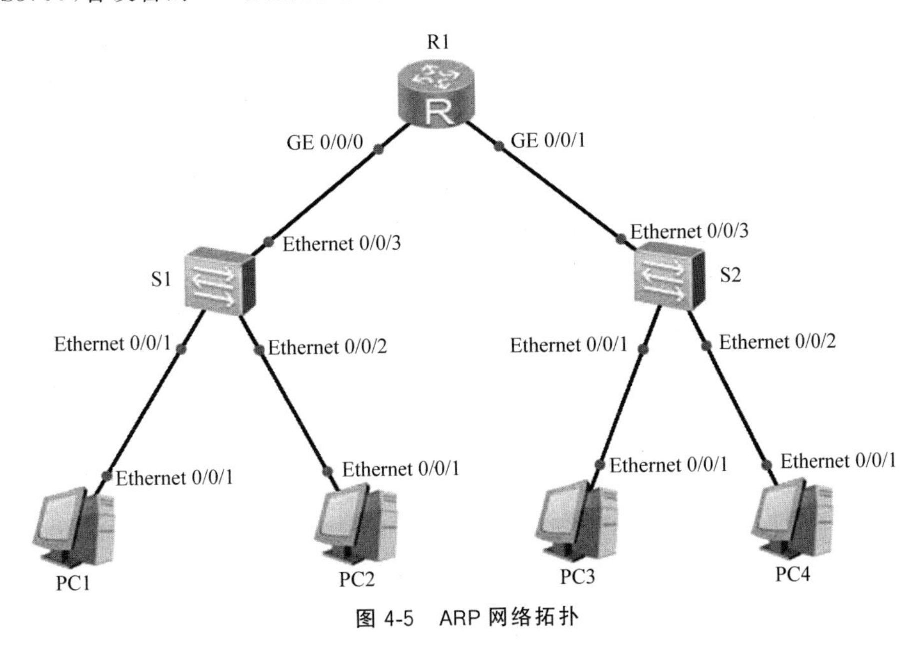

图 4-5　ARP 网络拓扑

表 4-9　各设备 IP 地址配置

设备名称	接　　口	IP 地址	网　　关
R1	GE 0/0/0	192.168.10.254/24	/
	GE 0/0/1	192.168.20.254/24	/
PC1	Ethernet 0/0/1	192.168.10.1/24	192.168.10.254
PC2	Ethernet 0/0/1	192.168.10.2/254	192.168.10.254
PC3	Ethernet 0/0/1	192.168.20.1/24	192.168.20.254
PC4	Ethernet 0/0/1	192.168.20.2/24	192.168.20.254

设置路由器接口 IP 地址：

```
<Huawei>undo terminal monitor
<Huawei>system
[Huawei]sysname R1
[R1]interface g0/0/0
[R1-GigabitEthernet0/0/0]ip address 192.168.10.254 24
[R1-GigabitEthernet0/0/0]interface g0/0/1
[R1-GigabitEthernet0/0/1]ip address 192.168.20.254 24
[R1-GigabitEthernet0/0/1]quit
[R1]
```

2. 同一网络内通信时 ARP 工作过程分析

在 PC1 上使用命令“arp -d ”清空 ARP 缓存，然后用 PC1 ping PC2，在交换机 S1 的 Ethernet 0/0/2 接口上抓取数据包。设置显示过滤器，仅显示 ARP 或 ICMP，观察 ARP 分组交互过程及分组结构。

在交换机 S1 的 Ethernet 0/0/2 接口上抓取到的 ARP 和 ICMP 数数据包如图 4-6 所示。

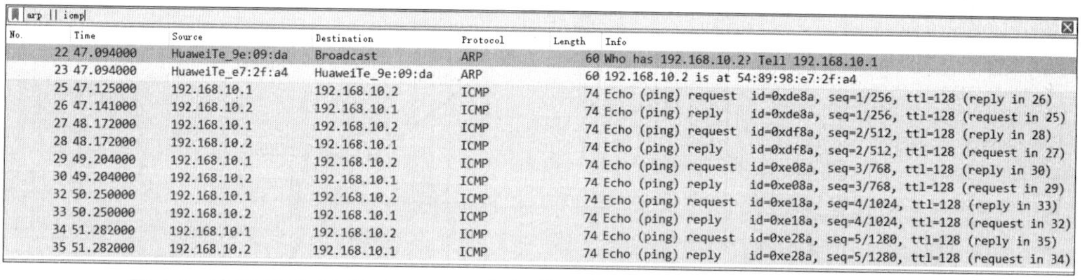

arp || icmp

No.	Time	Source	Destination	Protocol	Length	Info
22	47.094000	HuaweiTe_9e:09:da	Broadcast	ARP	60	Who has 192.168.10.2? Tell 192.168.10.1
23	47.094000	HuaweiTe_e7:2f:a4	HuaweiTe_9e:09:da	ARP	60	192.168.10.2 is at 54:89:98:e7:2f:a4
25	47.125000	192.168.10.1	192.168.10.2	ICMP	74	Echo (ping) request id=0xde8a, seq=1/256, ttl=128 (reply in 26)
26	47.141000	192.168.10.2	192.168.10.1	ICMP	74	Echo (ping) reply id=0xde8a, seq=1/256, ttl=128 (request in 25)
27	48.172000	192.168.10.1	192.168.10.2	ICMP	74	Echo (ping) request id=0xdf8a, seq=2/512, ttl=128 (reply in 28)
28	48.172000	192.168.10.2	192.168.10.1	ICMP	74	Echo (ping) reply id=0xdf8a, seq=2/512, ttl=128 (request in 27)
29	49.204000	192.168.10.1	192.168.10.2	ICMP	74	Echo (ping) request id=0xe08a, seq=3/768, ttl=128 (reply in 30)
30	49.204000	192.168.10.2	192.168.10.1	ICMP	74	Echo (ping) reply id=0xe08a, seq=3/768, ttl=128 (request in 29)
32	50.250000	192.168.10.1	192.168.10.2	ICMP	74	Echo (ping) request id=0xe18a, seq=4/1024, ttl=128 (reply in 33)
33	50.250000	192.168.10.2	192.168.10.1	ICMP	74	Echo (ping) reply id=0xe18a, seq=4/1024, ttl=128 (request in 32)
34	51.282000	192.168.10.1	192.168.10.2	ICMP	74	Echo (ping) request id=0xe28a, seq=5/1280, ttl=128 (reply in 35)
35	51.282000	192.168.10.2	192.168.10.1	ICMP	74	Echo (ping) reply id=0xe28a, seq=5/1280, ttl=128 (request in 34)

图 4-6 在交换机 S1 的 Ethernet 0/0/2 接口上抓取到的 ARP 和 ICMP 数数据包

（1）选择 PC1 发送的 ARP 请求分组，查看该分组的详细内容与结构，如图 4-7 所示。查看以太网帧中的目的地址、源地址、类型，以及 ARP 分组中操作、发送方 MAC 地址、发送方 IP 地址、目标 MAC 地址、目标 IP 地址等字段的值，填写表 4-10。

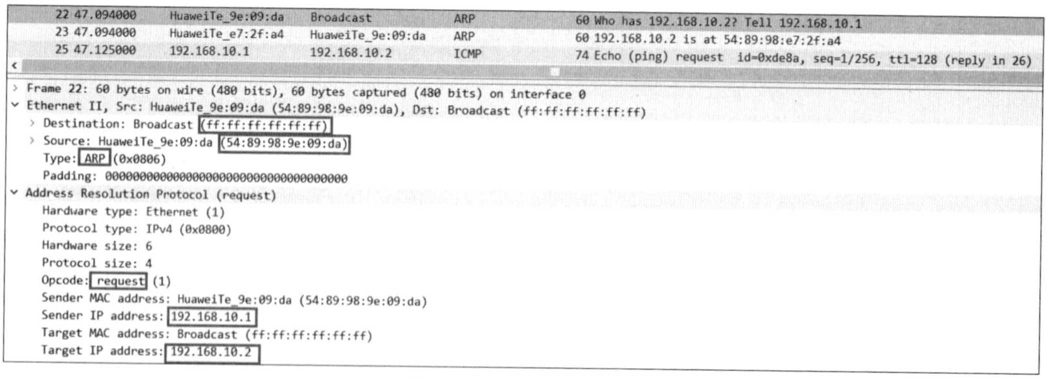

No.	Time	Source	Destination	Protocol	Length	Info
22	47.094000	HuaweiTe_9e:09:da	Broadcast	ARP	60	Who has 192.168.10.2? Tell 192.168.10.1
23	47.094000	HuaweiTe_e7:2f:a4	HuaweiTe_9e:09:da	ARP	60	192.168.10.2 is at 54:89:98:e7:2f:a4
25	47.125000	192.168.10.1	192.168.10.2	ICMP	74	Echo (ping) request id=0xde8a, seq=1/256, ttl=128 (reply in 26)

```
> Frame 22: 60 bytes on wire (480 bits), 60 bytes captured (480 bits) on interface 0
v Ethernet II, Src: HuaweiTe_9e:09:da (54:89:98:9e:09:da), Dst: Broadcast (ff:ff:ff:ff:ff:ff)
  > Destination: Broadcast (ff:ff:ff:ff:ff:ff)
  > Source: HuaweiTe_9e:09:da (54:89:98:9e:09:da)
    Type: ARP (0x0806)
    Padding: 000000000000000000000000000000000000
v Address Resolution Protocol (request)
    Hardware type: Ethernet (1)
    Protocol type: IPv4 (0x0800)
    Hardware size: 6
    Protocol size: 4
    Opcode: request (1)
    Sender MAC address: HuaweiTe_9e:09:da (54:89:98:9e:09:da)
    Sender IP address: 192.168.10.1
    Target MAC address: Broadcast (ff:ff:ff:ff:ff:ff)
    Target IP address: 192.168.10.2
```

图 4-7 ARP 请求分组

表 4-10　ARP 请求分组分析

ARP 分组		以太网帧	
操作		源地址	
发送方 MAC 地址		目的地址	
目标 MAC 地址		类型	
发送方 IP 地址			
目标 IP 地址			

(2) 选择 PC2 发送的 ARP 响应分组，如图 4-8 所示，查看以太网帧中的目的地址、源地址、类型，以及 ARP 分组中操作、发送方 MAC 地址、发送方 IP 地址、目标 MAC 地址、目标 IP 地址等字段的值，填写表 4-11。

```
No.   Time       Source              Destination         Protocol  Length  Info
22    47.094000  HuaweiTe_9e:09:da   Broadcast           ARP       60      Who has 192.168.10.2? Tell 192.168.10.1
23    47.094000  HuaweiTe_e7:2f:a4   HuaweiTe_9e:09:da   ARP       60      192.168.10.2 is at 54:89:98:e7:2f:a4
25    47.125000  192.168.10.1        192.168.10.2        ICMP      74      Echo (ping) request  id=0xde8a, seq=1/256, ttl=128 (reply in 26)

> Frame 23: 60 bytes on wire (480 bits), 60 bytes captured (480 bits) on interface 0
v Ethernet II, Src: HuaweiTe_e7:2f:a4 (54:89:98:e7:2f:a4), Dst: HuaweiTe_9e:09:da (54:89:98:9e:09:da)
  > Destination: HuaweiTe_9e:09:da (54:89:98:9e:09:da)
  > Source: HuaweiTe_e7:2f:a4 (54:89:98:e7:2f:a4)
    Type: ARP (0x0806)
    Padding: 000000000000000000000000000000000000
v Address Resolution Protocol (reply)
    Hardware type: Ethernet (1)
    Protocol type: IPv4 (0x0800)
    Hardware size: 6
    Protocol size: 4
    Opcode: reply (2)
    Sender MAC address: HuaweiTe_e7:2f:a4 (54:89:98:e7:2f:a4)
    Sender IP address: 192.168.10.2
    Target MAC address: HuaweiTe_9e:09:da (54:89:98:9e:09:da)
    Target IP address: 192.168.10.1
```

图 4-8　ARP 响应分组

表 4-11　ARP 响应分组分析

ARP 分组		以太网帧	
操作		源地址	
发送方 MAC 地址		目的地址	
目标 MAC 地址		类型	
发送方 IP 地址			
目标 IP 地址			

3. 不同网络内通信时 ARP 工作过程分析

由 PC1 ping PC3，在路由器 R1 的 GE 0/0/0 和 GE 0/0/1 接口上抓包，观察 ARP 分组交互过程及分组结构。

在 PC1、PC2 上使用“arp -d”命令清空 ARP 缓存，在 R1 路由器上使用“reset arp”命令清空 ARP 缓存。

在路由器 R1 的 GE 0/0/0 和 GE 0/0/1 接口上抓包，设置显示过滤器，仅显示 ARP

或 ICMP 分组，如图 4-9 和图 4-10 所示。然后用 PC1 ping PC3，观察并分析结果。

arp || icmp

No.	Time	Source	Destination	Protocol	Length	Info
49	105.938000	HuaweiTe_9e:09:da	Broadcast	ARP	60	Who has 192.168.10.254? Tell 192.168.10.1
50	105.985000	HuaweiTe_bd:5c:c0	HuaweiTe_9e:09:da	ARP	60	192.168.10.254 is at 00:e0:fc:bd:5c:c0
51	106.000000	192.168.10.1	192.168.20.1	ICMP	74	Echo (ping) request id=0x3ed2, seq=1/256, ttl=128 (no response found!)
53	108.000000	192.168.10.1	192.168.20.1	ICMP	74	Echo (ping) request id=0x40d2, seq=2/512, ttl=128 (reply in 54)
54	108.016000	192.168.20.1	192.168.10.1	ICMP	74	Echo (ping) reply id=0x40d2, seq=2/512, ttl=127 (request in 53)
55	109.063000	192.168.10.1	192.168.20.1	ICMP	74	Echo (ping) request id=0x41d2, seq=3/768, ttl=128 (reply in 56)
56	109.078000	192.168.20.1	192.168.10.1	ICMP	74	Echo (ping) reply id=0x41d2, seq=3/768, ttl=127 (request in 55)
58	110.110000	192.168.10.1	192.168.20.1	ICMP	74	Echo (ping) request id=0x42d2, seq=4/1024, ttl=128 (reply in 59)
59	110.156000	192.168.20.1	192.168.10.1	ICMP	74	Echo (ping) reply id=0x42d2, seq=4/1024, ttl=127 (request in 58)
60	111.203000	192.168.10.1	192.168.20.1	ICMP	74	Echo (ping) request id=0x43d2, seq=5/1280, ttl=128 (reply in 61)
61	111.250000	192.168.20.1	192.168.10.1	ICMP	74	Echo (ping) reply id=0x43d2, seq=5/1280, ttl=127 (request in 60)

图 4-9 在 R1 的 GE 0/0/0 接口上捕获的分组

arp || icmp

No.	Time	Source	Destination	Protocol	Length	Info
46	98.375000	HuaweiTe_bd:5c:c1	Broadcast	ARP	60	Who has 192.168.20.1? Tell 192.168.20.254
47	98.406000	HuaweiTe_e6:38:05	HuaweiTe_bd:5c:c1	ARP	60	192.168.20.1 is at 54:89:98:e6:38:05
49	100.359000	192.168.10.1	192.168.20.1	ICMP	74	Echo (ping) request id=0x40d2, seq=2/512, ttl=127 (reply in 50)
50	100.375000	192.168.20.1	192.168.10.1	ICMP	74	Echo (ping) reply id=0x40d2, seq=2/512, ttl=128 (request in 49)
51	101.422000	192.168.10.1	192.168.20.1	ICMP	74	Echo (ping) request id=0x41d2, seq=3/768, ttl=127 (reply in 52)
52	101.437000	192.168.20.1	192.168.10.1	ICMP	74	Echo (ping) reply id=0x41d2, seq=3/768, ttl=128 (request in 51)
54	102.484000	192.168.10.1	192.168.20.1	ICMP	74	Echo (ping) request id=0x42d2, seq=4/1024, ttl=127 (reply in 55)
55	102.515000	192.168.20.1	192.168.10.1	ICMP	74	Echo (ping) reply id=0x42d2, seq=4/1024, ttl=128 (request in 54)
56	103.562000	192.168.10.1	192.168.20.1	ICMP	74	Echo (ping) request id=0x43d2, seq=5/1280, ttl=127 (reply in 57)
57	103.594000	192.168.20.1	192.168.10.1	ICMP	74	Echo (ping) reply id=0x43d2, seq=5/1280, ttl=128 (request in 56)

图 4-10 在 R1 的 GE 0/0/1 接口上捕获的分组

（1）在 R1 的 GE 0/0/0 接口上捕获的分组中选择 PC1 发送的 ARP 请求分组，如图 4-11 所示，查看 ARP 分组发送方 MAC 地址、发送方 IP 地址、目标 MAC 地址、目标 IP 地址等字段的值，填写表 4-12。

No.	Time	Source	Destination	Protocol	Length	Info
49	105.938000	HuaweiTe_9e:09:da	Broadcast	ARP	60	Who has 192.168.10.254? Tell 192.168.10.1
50	105.985000	HuaweiTe_bd:5c:c0	HuaweiTe_9e:09:da	ARP	60	192.168.10.254 is at 00:e0:fc:bd:5c:c0

```
> Frame 49: 60 bytes on wire (480 bits), 60 bytes captured (480 bits) on interface 0
v Ethernet II, Src: HuaweiTe_9e:09:da (54:89:98:9e:09:da), Dst: Broadcast (ff:ff:ff:ff:ff:ff)
  > Destination: Broadcast (ff:ff:ff:ff:ff:ff)
  > Source: HuaweiTe_9e:09:da (54:89:98:9e:09:da)
    Type: ARP (0x0806)
    Padding: 000000000000000000000000000000000000
v Address Resolution Protocol (request)
    Hardware type: Ethernet (1)
    Protocol type: IPv4 (0x0800)
    Hardware size: 6
    Protocol size: 4
    Opcode: request (1)
    Sender MAC address: HuaweiTe_9e:09:da (54:89:98:9e:09:da)
    Sender IP address: 192.168.10.1
    Target MAC address: Broadcast (ff:ff:ff:ff:ff:ff)
    Target IP address: 192.168.10.254
```

图 4-11 在 R1 的 GE 0/0/0 接口上捕获的 ARP 请求分组

表 4-12 ARP 请求分组分析

发送方 MAC 地址	
目标 MAC 地址	
发送方 IP 地址	
目标 IP 地址	

（2）在 R1 的 GE 0/0/0 接口上捕获的分组中选择 R1 发送的 ARP 响应分组，如图 4-12 所示，查看 ARP 分组发送方 MAC 地址、发送方 IP 地址、目标 MAC 地址、目标 IP 地址等字段的值，填写表 4-13。

```
arp || icmp
No.  Time         Source               Destination          Protocol  Length  Info
  49 105.938000   HuaweiTe_9e:09:da    Broadcast            ARP           60  Who has 192.168.10.254? Tell 192.168.10.1
  50 105.985000   HuaweiTe_bd:5c:c0    HuaweiTe_9e:09:da    ARP           60  192.168.10.254 is at 00:e0:fc:bd:5c:c0

> Frame 50: 60 bytes on wire (480 bits), 60 bytes captured (480 bits) on interface 0
v Ethernet II, Src: HuaweiTe_bd:5c:c0 (00:e0:fc:bd:5c:c0), Dst: HuaweiTe_9e:09:da (54:89:98:9e:09:da)
  > Destination: HuaweiTe_9e:09:da (54:89:98:9e:09:da)
  > Source: HuaweiTe_bd:5c:c0 (00:e0:fc:bd:5c:c0)
    Type: ARP (0x0806)
    Padding: 000000000000000000000000000000000000
v Address Resolution Protocol (reply)
    Hardware type: Ethernet (1)
    Protocol type: IPv4 (0x0800)
    Hardware size: 6
    Protocol size: 4
    Opcode: reply (2)
    Sender MAC address: HuaweiTe_bd:5c:c0 (00:e0:fc:bd:5c:c0)
    Sender IP address: 192.168.10.254
    Target MAC address: HuaweiTe_9e:09:da (54:89:98:9e:09:da)
    Target IP address: 192.168.10.1
```

图 4-12　在 R1 的 GE 0/0/0 接口上捕获的 ARP 响应分组

表 4-13　ARP 响应分组分析

发送方 MAC 地址	
目标 MAC 地址	
发送方 IP 地址	
目标 IP 地址	

（3）在 R1 的 GE 0/0/1 接口上捕获的分组中选择 ARP 请求分组，如图 4-13 所示，查看 ARP 分组发送方 MAC 地址、发送方 IP 地址、目标 MAC 地址、目标 IP 地址等字段的值，填写表 4-14。

```
arp || icmp
No.  Time        Source               Destination          Protocol  Length  Info
  46 98.375000   HuaweiTe_bd:5c:c1    Broadcast            ARP           60  Who has 192.168.20.1? Tell 192.168.20.254
  47 98.406000   HuaweiTe_e6:38:05    HuaweiTe_bd:5c:c1    ARP           60  192.168.20.1 is at 54:89:98:e6:38:05

> Frame 46: 60 bytes on wire (480 bits), 60 bytes captured (480 bits) on interface 0
v Ethernet II, Src: HuaweiTe_bd:5c:c1 (00:e0:fc:bd:5c:c1), Dst: Broadcast (ff:ff:ff:ff:ff:ff)
  > Destination: Broadcast (ff:ff:ff:ff:ff:ff)
  > Source: HuaweiTe_bd:5c:c1 (00:e0:fc:bd:5c:c1)
    Type: ARP (0x0806)
    Padding: 000000000000000000000000000000000000
v Address Resolution Protocol (request)
    Hardware type: Ethernet (1)
    Protocol type: IPv4 (0x0800)
    Hardware size: 6
    Protocol size: 4
    Opcode: request (1)
    Sender MAC address: HuaweiTe_bd:5c:c1 (00:e0:fc:bd:5c:c1)
    Sender IP address: 192.168.20.254
    Target MAC address: 00:00:00_00:00:00 (00:00:00:00:00:00)
    Target IP address: 192.168.20.1
```

图 4-13　在 R1 的 GE 0/0/1 接口上捕获的 ARP 请求分组

表 4-14　ARP 请求分组分析

发送方 MAC 地址	
目标 MAC 地址	
发送方 IP 地址	
目标 IP 地址	

(4) 在 R1 的 GE 0/0/1 接口上捕获的分组中选择 ARP 响应分组，如图 4-14 所示，查看 ARP 分组发送方 MAC 地址、发送方 IP 地址、目标 MAC 地址、目标 IP 地址等字段的值，填写表 4-15。

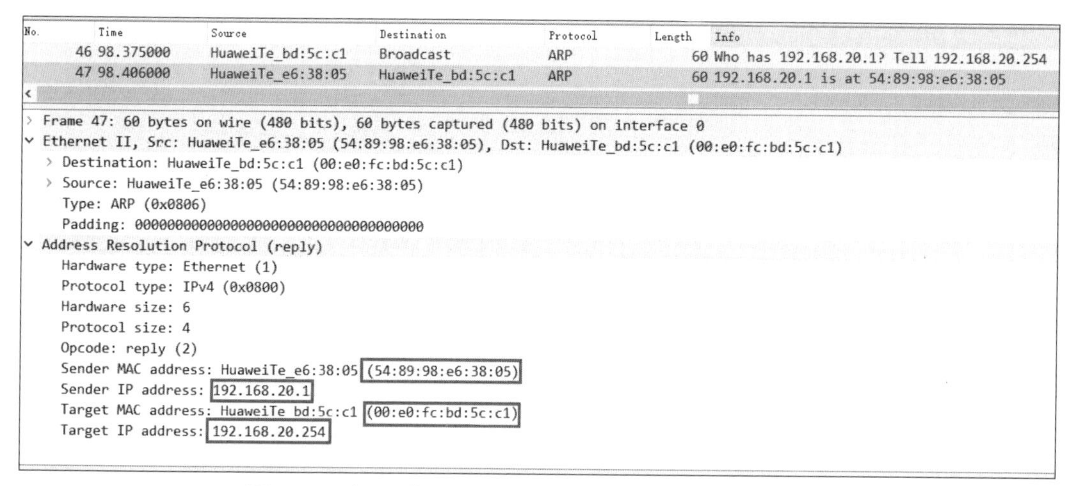

图 4-14　在 R1 的 GE 0/0/1 接口上捕获的 ARP 响应分组

表 4-15　ARP 响应分组分析

发送方 MAC 地址	
目标 MAC 地址	
发送方 IP 地址	
目标 IP 地址	

(5) 在路由器 R1 上使用命令“display arp”显示 ARP 缓存，如图 4-15 所示，可以看到，路由器 R1 通过以上的 ARP 交互获得了 192.168.10.1(PC1)和 192.168.20.1(PC3)的 MAC 地址。

```
<R1>display arp
IP ADDRESS      MAC ADDRESS     EXPIRE(M) TYPE          INTERFACE
                                          VLAN/CEVLAN   PVC
------------------------------------------------------------------------
192.168.10.254  00e0-fcbd-5cc0            I -           GE0/0/0
192.168.10.1    5489-989e-09da  19        D-0           GE0/0/0
192.168.20.254  00e0-fcbd-5cc1            I -           GE0/0/1
192.168.20.1    5489-98e6-3805  19        D-0           GE0/0/1
------------------------------------------------------------------------
Total:4         Dynamic:2       Static:0     Interface:2
```

图 4-15　R1 的 ARP 缓存

可以看出，在同一局域网内通信时，ARP 直接询问目标 IP 地址对应的 MAC 地址，将 IP 数据包直接发送到目标主机，即直接交付。

不同局域网之间通信时，ARP 只需询问网关 IP 地址对应的 MAC 地址，将 IP 数据报直接交给网关，由路由器进行转发，即间接交付。

ARP 请求使用的是数据链路层广播，而 ARP 响应使用的是数据链路层单播。

13.5 练习与思考

1. 选择题

(1) ARP 协议用于(　　)。

A. 根据 IP 地址查询对应的 MAC 地址

B. IP 协议运行中的差错控制

C. 把 MAC 地址转换成对应的 IP 地址

D. 根据交换的路由信息查询对应的 MAC 地址

(2) 在通常情况下，下列说法错误的是(　　)。

A. 高速缓冲区中的 ARP 表是由人工建立的

B. 高速缓冲区中的 ARP 表是由主机自动建立的

C. 高速缓冲区中的 ARP 表是动态的

D. 高速缓冲区中的 ARP 表保存了主机 IP 地址与物理地址的映射关系

(3) 下列情况中需要启动 ARP 请求的是(　　)。

A. 主机需要接收信息，但 ARP 表中没有源 IP 地址与 MAC 地址的映射关系

B. 主机需要接收信息，但 ARP 表中已具有源 IP 地址与 MAC 地址的映射关系

C. 主机需要发送信息，但 ARP 表中没有目标 IP 地址与 MAC 地址的映射关系

D. 主机需要发送信息，但 ARP 表中已具有目标 IP 地址与 MAC 地址的映射关系

2. 思考与讨论题

(1) 假定在一个局域网中计算机 A 发送 ARP 请求分组，希望找出计算机 B 的硬件地址。这时局域网上的所有计算机都能收到这个广播发送的 ARP 请求分组。试问这时由哪一个计算机使用 ARP 响应分组将计算机 B 的硬件地址告诉计算机 A?

(2) 一个主机要向另一个主机发送 IP 数据报，是否使用 ARP 就可以得到该目的主机的硬件地址，然后直接用这个硬件地址将 IP 数据报发送给目标主机?

实验 14 静态路由与默认路由配置

14.1 实验目的

(1) 理解路由表的作用与 IP 数据包的转发过程。

(2) 理解最长前缀匹配原则的原理与作用。

(3) 掌握静态路由配置方法。

14.2 实验要求

(1) 设备要求：计算机两台以上(安装有 Windows 操作系统、华为 eNSP 模拟器软件、抓包软件 Wireshark,安装有网卡已联网)。

(2) 分组要求：1 人一组,但部分步骤需相互合作完成。

14.3 实验预备知识

IP 地址唯一标识了网络中的一个节点,每个 IP 地址都拥有自己的网段,各个网段可能分布在网络的不同区域。为实现 IP 寻址,分布在不同区域的网段之间要能够相互通信,要有路由信息。路由信息就是指导报文转发的路径信息,通过路由可以确认转发 IP 报文的路径。路由设备是依据路由转发报文到目的网段的网络设备,最常见的路由设备是路由器。路由设备维护着一张路由表,保存着路由信息。

1. 路由信息

路由中包含以下信息。

(1) 目的网络：标识目的网段。

(2) 掩码：与目的地址共同标识一个网段。

(3) 出接口：数据包被路由后离开本路由器的接口。

(4) 下一跳：路由器转发到达目的网段的数据包所使用的下一跳地址。

这些信息标识了目的网段,明确了转发 IP 报文的路径。

2. 路由表

路由器通过各种方式发现路由,发现路由后,路由器选择最优的路由条目放入路由表中，而路由表指导设备对 IP 报文进行转发，路由器通过对路由表的管理实现对路径信息的管理。如图 4-16 所示，网络中 R2 路由器中存在一张路由表。

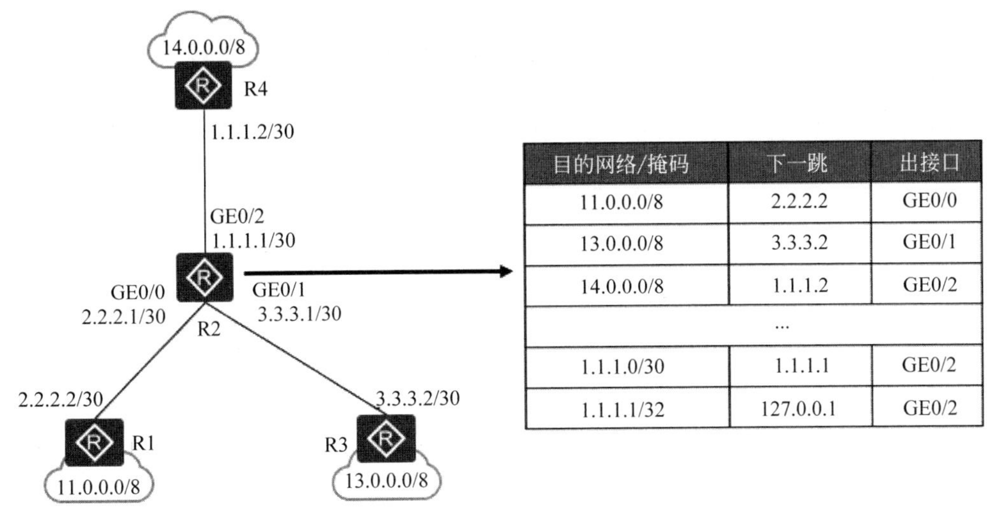

目的网络/掩码	下一跳	出接口
11.0.0.0/8	2.2.2.2	GE0/0
13.0.0.0/8	3.3.3.2	GE0/1
14.0.0.0/8	1.1.1.2	GE0/2
	...	
1.1.1.0/30	1.1.1.1	GE0/2
1.1.1.1/32	127.0.0.1	GE0/2

图 4-16　R2 路由器的路由表

3. 路由信息获取方式

路由器依据路由表进行路由转发，为实现路由转发，路由器需要发现路由，常见的路由获取方式主要有以下三种。

1）**直连路由**

直连路由（Direct Route）指向本地直连网络的路由，由设备自动生成。只要路由器的物理接口的物理状态、协议状态都为 UP，该接口生成的直连路由都会自动出现在路由表中。当路由器为路由转发的最后一跳路由器时，IP 报文匹配直连路由，路由器转发 IP 报文到目的主机。使用直连路由进行路由转发时，报文的目标 IP 和路由器接口 IP 在一个网段之中。

2）**静态路由**

静态路由（Static Route）是指由用户或网络管理员手工配置的路由信息。当网络的拓扑结构或链路的状态发生变化时，网络管理员需要手工去修改路由表中相关的静态路由信息。静态路由一般适用于比较简单的网络环境，在这样的环境中，网络管理员易于清楚地了解网络的拓扑结构，便于设置正确的路由信息。缺点是不能自动适应网络拓扑的变化，需要人工干预。适用于拓扑结构简单并且稳定的小型网络。

3）**动态路由**

动态路由（Dynamic Route）是指在网络中，路由器之间通过运行的某种动态路由协议相互交换路由信息，然后根据所获取的这些路由信息运行某种动态路由算法，从而计算出最佳路由并形成自己的路由表。它能够根据网络拓扑和网络流量的变化自动调整路由表的路由方式。它通过交换路由信息来动态地更新路由表，以实现最优的数据包传输路径。

4. 路由优先级

当路由器从多种不同的途径获知到达同一个目标网段的路由(这些路由的目标网络地址及网络掩码均相同)时，路由器会比较这些路由的优先级，优选优先级值最小的路由。路由来源的优先级值(Preference)越小代表加入路由表的优先级越高。拥有最高优先级的路由将被添加进路由表。

常见路由类型的默认优先级如表 4-16 所示。

表 4-16 华为设备路由协议默认优先级

路 由 来 源	路 由 类 型	默认优先级
直连	直连路由	0
静态	静态路由	60
动态路由	RIP	100
	OSPF 内部路由	10
	OSPF 外部路由	150

5. 度量值

当路由器通过某种路由协议发现了多条到达同一个目标网络的路由时(拥有相同的路由优先级)，度量值将作为路由优选的依据之一。路由度量值表示到达这条路由所指目标地址的代价。一些常用的度量值有跳数、带宽、时延、代价、负载、可靠性等。度量值数值越小越优先，度量值最小的路由将会被添加到路由表中。度量值很多时候被称为开销(Cost)。

6. 最长匹配原则

当路由器收到一个 IP 数据包时，会将数据包的目标 IP 地址与自己本地路由表中的所有路由表项进行逐位(Bit-By-Bit)比对，直到找到匹配度最长的条目，这就是最长前缀匹配机制。其原理如图 4-17 所示。

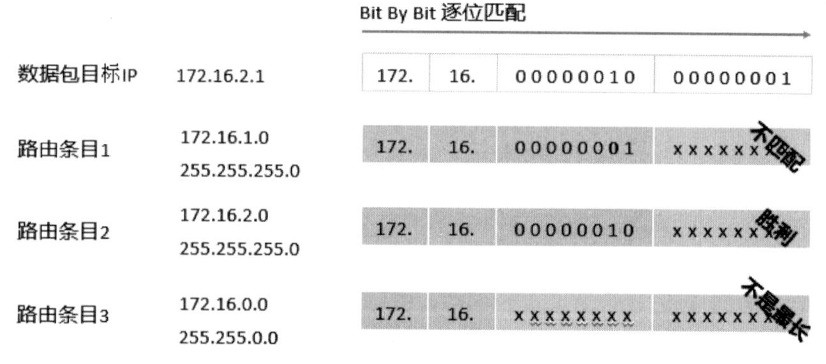

图 4-17 路由的最长匹配原则示意

14.4　实验内容与步骤

1. 建立网络拓扑

在 eNSP 中新建网络拓扑如图 4-18 所示，其中，路由器型号为 AR2240，各设备的 IP 地址配置如表 4-17 所示。

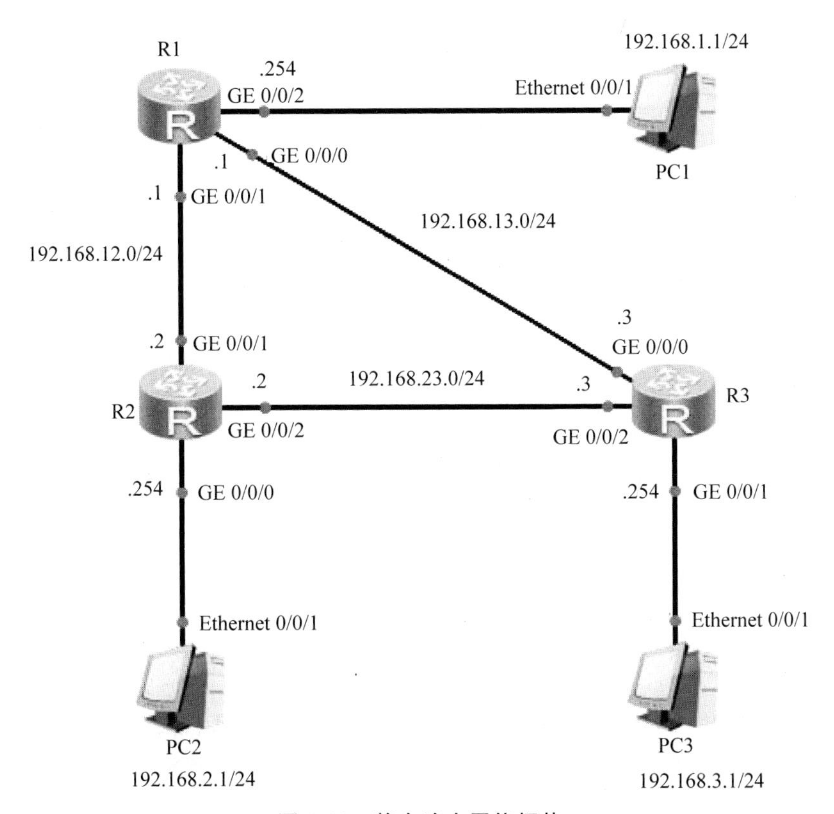

图 4-18　静态路由网络拓扑

表 4-17　各设备 IP 地址配置

设备名称	接　口	IP 地址	网　关
R1	GE 0/0/0	192.168.13.1/24	/
	GE 0/0/1	192.168.12.1/24	/
	GE 0/0/2	192.168.1.254/24	/
R2	GE 0/0/0	192.168.2.254/24	/
	GE 0/0/1	192.168.12.2/24	/
	GE 0/0/2	192.168.23.2/24	/

续表

设备名称	接　口	IP 地址	网　关
R3	GE 0/0/0	192.168.13.3/24	/
	GE 0/0/1	192.168.3.254/24	/
	GE 0/0/2	192.168.23.3/24	/
PC1	Ethernet 0/0/1	192.168.1.1/24	192.168.1.254
PC2	Ethernet 0/0/1	192.168.2.1/24	192.168.2.254
PC3	Ethernet 0/0/1	192.168.3.1/24	192.168.3.254

2. 基础配置

设置好各设备的 IP 地址并进行验证，如图 4-19～图 4-21 所示。

1）**R1 配置与验证**

```
<Huawei>undo terminal monitor
<Huawei>system
[Huawei]sysname R1
[R1]interface g0/0/0
[R1-GigabitEthernet0/0/0]ip address 192.168.13.1 24
[R1-GigabitEthernet0/0/0]interface g0/0/1
[R1-GigabitEthernet0/0/1]ip address 192.168.12.1 24
[R1-GigabitEthernet0/0/1]interface g0/0/2
[R1-GigabitEthernet0/0/2]ip address 192.168.1.254 24
[R1-GigabitEthernet0/0/2]q
[R1] display ip interface brief
```

```
Interface                   IP Address/Mask     Physical   Protocol
GigabitEthernet0/0/0        192.168.13.1/24     up         up
GigabitEthernet0/0/1        192.168.12.1/24     up         up
GigabitEthernet0/0/2        192.168.1.254/24    up         up
NULL0                       unassigned          up         up(s)
```

图 4-19　查看 R1 路由器各接口状态

2）**R2 配置与验证**

```
<Huawei>undo terminal monitor
<Huawei>system
[Huawei]sysname R2
[R2]interface g0/0/0
[R2-GigabitEthernet0/0/0]ip address 192.168.2.254 24
[R2-GigabitEthernet0/0/0]interface g0/0/1
[R2-GigabitEthernet0/0/1]ip address 192.168.12.2 24
[R2-GigabitEthernet0/0/1]interface g0/0/2
[R2-GigabitEthernet0/0/2]ip address 192.168.23.2 24
[R2-GigabitEthernet0/0/2]quit
[R2]display ip interface brief
```

```
Interface                        IP Address/Mask      Physical   Protocol
GigabitEthernet0/0/0             192.168.2.254/24     up         up
GigabitEthernet0/0/1             192.168.12.2/24      up         up
GigabitEthernet0/0/2             192.168.23.2/24      up         up
NULL0                            unassigned           up         up(s)
```

图 4-20　查看 R2 路由器各接口状态

3）**R3 配置与验证**

```
<Huawei>undo terminal monitor
<Huawei>sys
[Huawei]sysn R3
[R3]int g0/0/0
[R3-GigabitEthernet0/0/0]ip addr 192.168.13.3 24
[R3-GigabitEthernet0/0/0]int g0/0/1
[R3-GigabitEthernet0/0/1]ip addr 192.168.3.254 24
[R3-GigabitEthernet0/0/1]int g0/0/2
[R3-GigabitEthernet0/0/2]ip addr 192.168.23.3 24
[R3-GigabitEthernet0/0/2]quit
[R3]display ip interface brief
```

```
Interface                        IP Address/Mask      Physical   Protocol
GigabitEthernet0/0/0             192.168.13.3/24      up         up
GigabitEthernet0/0/1             192.168.3.254/24     up         up
GigabitEthernet0/0/2             192.168.23.3/24      up         up
NULL0                            unassigned           up         up(s)
```

图 4-21　查看 R3 路由器各接口状态

4）**配置 PC 的 IP 地址及网关**

配置好各 PC 的 IP 地址，以 PC1 为例，如图 4-22 所示，另外两台 PC 类似，自行配置。

PC1
基础配置　命令行　组播　UDP发包工具　串口
主机名：
MAC 地址：54-89-98-E8-77-A1
IPv4 配置
静态　DHCP　自动获取 DNS 服务器地址
IP 地址：192 . 168 . 1 . 1　DNS1：0 . 0 . 0 . 0
子网掩码：255 . 255 . 255 . 0　DNS2：0 . 0 . 0 . 0
网关：192 . 168 . 1 . 254
IPv6 配置
静态　DHCPv6
IPv6 地址：::
前缀长度：128
IPv6 网关：::
应用

图 4-22　配置 PC1 的 IP 地址

5）**测试各路由器间的连通性（以 R1 为例）**

测试各路由器间的连通性，以 R1 为例，如图 4-23 所示。

```
<R1>ping -c 3 192.168.12.2
  PING 192.168.12.2: 56  data bytes, press CTRL_C to break
    Reply from 192.168.12.2: bytes=56 Sequence=1 ttl=255 time=20 ms
    Reply from 192.168.12.2: bytes=56 Sequence=2 ttl=255 time=20 ms
    Reply from 192.168.12.2: bytes=56 Sequence=3 ttl=255 time=20 ms

  --- 192.168.12.2 ping statistics ---
    3 packet(s) transmitted
    3 packet(s) received
    0.00% packet loss
    round-trip min/avg/max = 20/20/20 ms

<R1>ping -c 3 192.168.13.3
  PING 192.168.13.3: 56  data bytes, press CTRL_C to break
    Reply from 192.168.13.3: bytes=56 Sequence=1 ttl=255 time=90 ms
    Reply from 192.168.13.3: bytes=56 Sequence=2 ttl=255 time=30 ms
    Reply from 192.168.13.3: bytes=56 Sequence=3 ttl=255 time=20 ms

  --- 192.168.13.3 ping statistics ---
    3 packet(s) transmitted
    3 packet(s) received
    0.00% packet loss
    round-trip min/avg/max = 20/46/90 ms

<R1>ping -c 3 192.168.1.1
  PING 192.168.1.1: 56  data bytes, press CTRL_C to break
    Reply from 192.168.1.1: bytes=56 Sequence=1 ttl=128 time=30 ms
    Reply from 192.168.1.1: bytes=56 Sequence=2 ttl=128 time=20 ms
    Reply from 192.168.1.1: bytes=56 Sequence=3 ttl=128 time=10 ms

  --- 192.168.1.1 ping statistics ---
    3 packet(s) transmitted
    3 packet(s) received
    0.00% packet loss
    round-trip min/avg/max = 10/20/30 ms
```

图 4-23　R1 路由器测试直连网段连通性

测试 PC1 到目标网络 192.168.2.0/24、192.168.3.0/24 的连通性，如图 4-24 所示。

可以看出，PC1 不能与 192.168.2.1（PC2）和 192.168.3.1（PC3）进行通信。PC1 如果要与 192.168.2.0/24 网络通信，需要 R1 上有去往该网段的路由信息，并且 R2 上也需要有到 PC1 所在的 IP 网段（192.168.1.0/24）的路由信息。

执行 display ip routing-table 命令，查看 R1 上的路由表，如图 4-25 所示。可以发现，路由表中没有到 192.168.1.0/24 和 192.168.2.0/24 这两个网段的路由信息。

3. 配置静态路由

配置 R1 目标地址为 192.168.2.0/24 和 192.168.3.0/24 的静态路由：

```
[R1]ip route-static 192.168.2.0 24 192.168.12.2
[R1]ip route-static 192.168.3.0 24 192.168.13.3
```

配置 R2 目标地址为 192.168.1.0/24 和 192.168.3.0/24 的静态路由：

```
[R2]ip route-static 192.168.1.0 24 192.168.12.1
[R2]ip route-static 192.168.3.0 24 192.168.23.3
```

```
PC1
基础配置  命令行  组播  UDP发包工具  串口
PC>ping 192.168.2.1

Ping 192.168.2.1: 32 data bytes, Press Ctrl_C to break
Request timeout!
Request timeout!
Request timeout!
Request timeout!
Request timeout!

--- 192.168.2.1 ping statistics ---
  5 packet(s) transmitted
  0 packet(s) received
  100.00% packet loss

PC>ping 192.168.3.1

Ping 192.168.3.1: 32 data bytes, Press Ctrl_C to break
Request timeout!
Request timeout!
Request timeout!
Request timeout!
Request timeout!

--- 192.168.3.1 ping statistics ---
  5 packet(s) transmitted
  0 packet(s) received
  100.00% packet loss
```

图 4-24　测试 PC1 到目标网络 192.168.2.0/24、192.168.3.0/24 的连通性

```
<R1>display ip routing-table
Route Flags: R - relay, D - download to fib
------------------------------------------------------------------------------
Routing Tables: Public
         Destinations : 13       Routes : 13

Destination/Mask    Proto   Pre  Cost      Flags NextHop         Interface

      127.0.0.0/8   Direct  0    0           D   127.0.0.1       InLoopBack0
      127.0.0.1/32  Direct  0    0           D   127.0.0.1       InLoopBack0
127.255.255.255/32  Direct  0    0           D   127.0.0.1       InLoopBack0
    192.168.1.0/24  Direct  0    0           D   192.168.1.254   GigabitEthernet0/0/2
  192.168.1.254/32  Direct  0    0           D   127.0.0.1       GigabitEthernet0/0/2
  192.168.1.255/32  Direct  0    0           D   127.0.0.1       GigabitEthernet0/0/2
   192.168.12.0/24  Direct  0    0           D   192.168.12.1    GigabitEthernet0/0/1
   192.168.12.1/32  Direct  0    0           D   127.0.0.1       GigabitEthernet0/0/1
 192.168.12.255/32  Direct  0    0           D   127.0.0.1       GigabitEthernet0/0/1
   192.168.13.0/24  Direct  0    0           D   192.168.13.1    GigabitEthernet0/0/0
   192.168.13.1/32  Direct  0    0           D   127.0.0.1       GigabitEthernet0/0/0
 192.168.13.255/32  Direct  0    0           D   127.0.0.1       GigabitEthernet0/0/0
255.255.255.255/32  Direct  0    0           D   127.0.0.1       InLoopBack0
```

图 4-25　查看 R1 上的路由表

配置 R3 目标地址为 192.168.1.0/24 和 192.168.2.0/24 的静态路由：

```
[R3]ip route-static 192.168.1.0 24 192.168.13.1
[R3]ip route-static 192.168.2.0 24 192.168.23.2
```

验证各 PC 的连接性，以 PC1 为例，如图 4-26 所示。

再查看 R1 的路由表，如图 4-27 所示。

```
[R1] display ip routing-table
```

图 4-26 测试 PC1 到目标网络 192.168.2.0/24、192.168.3.0/24 的连通性

```
<R1>display ip routing-table
Route Flags: R - relay, D - download to fib
------------------------------------------------------------------------------
Routing Tables: Public
         Destinations : 15       Routes : 15

Destination/Mask    Proto   Pre  Cost      Flags NextHop         Interface
      127.0.0.0/8   Direct  0    0           D   127.0.0.1       InLoopBack0
      127.0.0.1/32  Direct  0    0           D   127.0.0.1       InLoopBack0
127.255.255.255/32  Direct  0    0           D   127.0.0.1       InLoopBack0
    192.168.1.0/24  Direct  0    0           D   192.168.1.254   GigabitEthernet0/0/2
  192.168.1.254/32  Direct  0    0           D   127.0.0.1       GigabitEthernet0/0/2
  192.168.1.255/32  Direct  0    0           D   127.0.0.1       GigabitEthernet0/0/2
    192.168.2.0/24  Static  60   0           RD  192.168.12.2    GigabitEthernet0/0/1
    192.168.3.0/24  Static  60   0           RD  192.168.13.3    GigabitEthernet0/0/0
   192.168.12.0/24  Direct  0    0           D   192.168.12.1    GigabitEthernet0/0/1
   192.168.12.1/32  Direct  0    0           D   127.0.0.1       GigabitEthernet0/0/1
 192.168.12.255/32  Direct  0    0           D   127.0.0.1       GigabitEthernet0/0/1
   192.168.13.0/24  Direct  0    0           D   192.168.13.1    GigabitEthernet0/0/0
   192.168.13.1/32  Direct  0    0           D   127.0.0.1       GigabitEthernet0/0/0
 192.168.13.255/32  Direct  0    0           D   127.0.0.1       GigabitEthernet0/0/0
255.255.255.255/32  Direct  0    0           D   127.0.0.1       InLoopBack0
```

图 4-27 查看 R1 的路由表

4. 配置默认路由

验证从 PC1 到 192.168.23.2 网络的连通性，如图 4-28 所示。

```
PC>ping 192.168.23.2

Ping 192.168.23.2: 32 data bytes, Press Ctrl_C to break
Request timeout!
Request timeout!
Request timeout!
Request timeout!
Request timeout!

--- 192.168.23.2 ping statistics ---
  5 packet(s) transmitted
  0 packet(s) received
  100.00% packet loss
```

图 4-28　验证从 PC1 到 192.168.23.2 网络的连通性

因为 R1 上没有去往 192.168.23.0 网段的路由信息，所以报文无法到达（从图 4-27 中可以看出）。

在三台路由器上分别配置一条默认路由，以实现所有网段之间都能通信。

```
[R1]ip route-static 0.0.0.0 0.0.0.0 192.168.12.2
```

```
[R2]ip route-static 0.0.0.0 0.0.0.0 192.168.23.3
```

```
[R3]ip route-static 0.0.0.0 0.0.0.0 192.168.13.1
```

配置完成后，检测 PC1 和 192.168.23.0/24 之间的连通性，如图 4-29 所示。PC2 与 192.168.13.0/24 之间、PC3 与 192.168.12.0/24 之间的连通性方法类似，可自行完成。

```
PC>ping 192.168.23.2

Ping 192.168.23.2: 32 data bytes, Press Ctrl_C to break
From 192.168.23.2: bytes=32 seq=1 ttl=254 time=46 ms
From 192.168.23.2: bytes=32 seq=2 ttl=254 time=32 ms
From 192.168.23.2: bytes=32 seq=3 ttl=254 time<1 ms
From 192.168.23.2: bytes=32 seq=4 ttl=254 time=16 ms
From 192.168.23.2: bytes=32 seq=5 ttl=254 time=16 ms

--- 192.168.23.2 ping statistics ---
  5 packet(s) transmitted
  5 packet(s) received
  0.00% packet loss
  round-trip min/avg/max = 0/22/46 ms
```

图 4-29　验证从 PC1 到 192.168.23.2 网络的连通性

关于备份静态路由（浮动路由），本实验没有涉及，同学们可以自行查阅资料，在本实验网络中添加，通过关闭路由器之间相连的端口验证备份静态路由的作用。

14.5　练习与思考

1. 以下关于静态路由说法错误的是（　　）。

A. 通过网络管理员手动配置　　　　B. 路由器之间需要交互路由信息

C. 不能自动适应网络拓扑的变化　　D. 对系统性能要求低

2. 静态路由协议的优先级不能手工指定。(　　)

A. 对　　B. 错

3. 以下关于直连路由说法正确的是(　　)。

A. 直连路由优先级低于动态路由

B. 直连路由需要管理员手工配置目标网络和下一跳地址

C. 直连路由优先级最高

D. 直连路由优先级低于静态路由

4. 路由器建立路由表的方式有哪三种?(多选)(　　)

A. 动态路由　　B. 静态路由　　C. 直连路由　　D. 聚合路由

5. 下列哪几项是配置静态路由的基本要素?(多选)(　　)

A. 目标网段　　B. 出接口的 MAC 地址

C. 下一跳的 IP 地址　　D. 出接口

6. 在华为 AR 路由器中,默认情况下静态路由协议优先级的数值为(　　)。

A. 60　　B. 100　　C. 120　　D. 0

7. VRP 操作平台上,以下哪条命令可以只查看静态路由?(　　)

A. display iprouting-tableverbose

B. display iprouting-tablestatistics

C. display ip routing-table protocol static

D. display iprouting-table

8. 如图 4-30 所示的网络,通过静态路由的方式使 Router A 和 Router B 的 loopback 0 通信,则需要在 Router A 输入如下哪条命令?(　　)

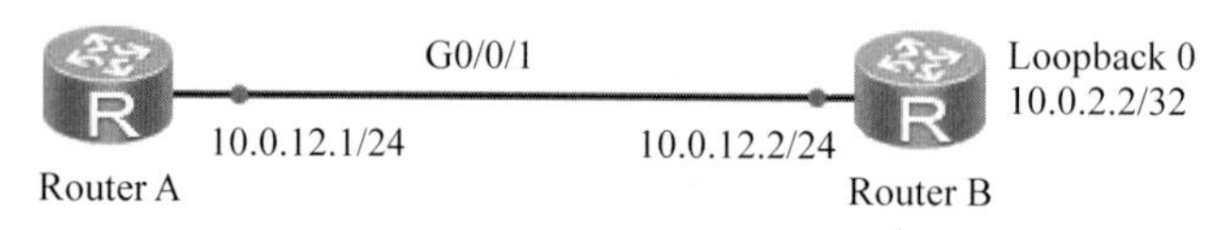

图 4-30　网络示意图

A. ip route-static 10.0.2.232 GigabitEthernet0/0/0

B. ip route-static 10.0.2.2 255.255.255.255 10.0.12.1

C. ip route-static 10.0.2.2 255.255.255.255 10.0.12.2

D. ip route-static 10.0.2.20 GigabitEthernet0/0/0

9. 管理员计划通过配置静态浮动路由来实现路由备份,则正确的实现方法是(　　)。

A. 管理员需要为主用静态路由和备用静态路由配置不同的协议优先级值

B. 管理员只需要配置两个静态路由

C. 管理员需要为主用静态路由和备用静态路由配置不同的 TAG

D. 管理员需要为主用静态路由和备用静态路由配置不同的度量值

实验 15 路由信息协议(RIP)的配置与分析

15.1 实验目的

(1) 理解路由信息协议(RIP)的工作原理。

(2) 掌握路由信息协议(RIP)的配置方法。

15.2 实验要求

(1) 设备要求：计算机两台以上(安装有 Windows 操作系统、华为 eNSP 模拟器软件、抓包软件 Wireshark,安装有网卡已联网)。

(2) 分组要求：1 人一组,但部分步骤需相互合作完成。

15.3 实验预备知识

1. RIP 动态路由基础

1) RIP 的基本概念

RIP 是 Routing Information Protocol(路由信息协议)的简称,它是一种较为简单的内部网关协议(Interior Gateway Protocol)。RIP 是一种基于距离矢量(Distance-Vector)算法的协议,它使用跳数(Hop Count)作为度量来衡量到达目标网络的距离。RIP 通过 UDP 报文进行路由信息的交换,使用的端口号为 520。

在 RIP 中,路由器到与它直接相连网络的跳数为 0,通过一个路由器可达的网络的跳数为 1,其余以此类推。为限制收敛时间,RIP 规定跳数取值为 0～15 的整数,大于或等于 16 的跳数被定义为无穷大,即目标网络或主机不可达。

为提高性能,防止产生路由环,RIP 支持水平分隔(Split Horizon),即不从某接口发送从该接口学到的路由。RIP 还可引入其他路由协议所得到的路由。

2) RIP 的路由数据库

每个运行 RIP 的路由器管理一个路由数据库,该路由数据库包含到网络中所有可达目标网络的路由项，这些路由项包含下列信息。

- 目标地址：指主机或网络的地址。
- 下一跳地址：指为到达目的地，本路由器要经过的下一个路由器地址。
- 接口：指转发报文的接口。
- 跳数（Hop Count）：指本路由器到达目的地的跳数，是一个 0～15 的整数。
- 路由时间：从路由项最后一次被修改到现在所经过的时间，路由项每次被修改时，路由时间重置为 0。
- 路由标记：区分路由为内部路由协议的路由还是引入外部路由协议的路由的标记。

3）**RIP 使用的定时器**

在 RFC 1058 中规定，RIP 受三个定时器的控制，分别是 Period update、Timeout 和 Garbage-Collection。

- Period update 定时触发，向所有邻居发送全部 RIP 路由。
- RIP 路由如果在 Timeout 时间内没有被更新（收到邻居发来的路由刷新报文），则认为该路由不可达。
- 如果在 Garbage-Collection 时间内，不可达路由没有收到来自同一邻居的更新，则该路由被从路由表中删除。

4）**RIP 的版本**

RIP 有两个版本：RIP-1 和 RIP-2。RIP-1 是有类别路由协议（Classful Routing Protocol），它只支持以广播方式发布协议报文。RIP-1 的协议报文中没有携带掩码信息，它只能识别 A、B、C 类这样的自然网段的路由，因此 RIP-1 无法支持路由聚合，也不支持不连续子网（Discontiguous Subnet）。RIP-2 是一种无分类路由协议（Classless Routing Protocol），与 RIP-1 相比，它有以下优势。

- 支持外部路由标记（Route Tag），可以在路由策略中根据 Tag 对路由进行灵活的控制。
- 报文中携带掩码信息，支持路由聚合和 CIDR（Classless Inter-Domain Routing）。
- 支持指定下一跳，在广播网上可以选择到最优下一跳地址。
- 支持组播路由发送更新报文，减少资源消耗。
- 支持对协议报文进行验证，并提供明文验证和 MD5 验证两种方式，增强安全性。

2. 应用场景

由于 RIP 的实现较为简单，在配置和维护管理方面也远比 OSPF 和 IS-IS 容易，因此 RIP 主要应用于规模较小的网络中，例如，校园网以及结构较简单的地区性网络。对于更为复杂的环境和大型网络，一般不使用 RIP。

3. 动态路由的特点

1）**动态路由的优点**

- 增加或删除网络时，管理员维护路由配置的工作量较少。
- 网络拓扑结构发生变化时，协议可以自动做出调整。

- 配置不容易出错。
- 扩展性好,网络增长时不会出现问题。

2) **动态路由的缺点**

- 需要占用路由器资源(CPU 时间、内存和链路带宽)。
- 管理员需要掌握更多的网络知识才能进行配置、验证和故障排除工作。

4. **配置命令**

1) **配置 RIP 动态路由**

```
[Huawei]rip                              //启动 RIP 后,将进入 RIP 视图
```

说明：默认情况下,不运行 RIP;RIP 的大部分特性都需要在 RIP 视图下配置,接口视图下也有部分 RIP 相关属性的配置。如果启动 RIP 前先在接口视图下进行了 RIP 相关的配置,这些配置只有在 RIP 启动后才会生效。

注意:在执行 undo rip 命令关闭 RIP 后,接口上与 RIP 相关的配置也将被删除。

2) **在指定网段使能 RIP**

```
[Huawei-rip-1]network 192.168.10.0       //在 192.168.10.0 网段上使能 RIP
```

为了灵活地控制 RIP 工作,可以指定某些接口,将其所在的相应网段配置成 RIP 网络,使这些接口可收发 RIP 报文。RIP 只在指定网段上的接口运行;对于不在指定网段上的接口,RIP 既不在它上面接收和发送路由,也不将它的接口路由转发出去。因此,RIP 启动后必须指定其工作网段。network-address 为使能或不使能的网络的地址,也可配置为各个接口 IP 网络的地址。

说明:当对某一地址使用命令 network 时,效果是使能该地址的网段的接口。例如,network 129.102.1.1,用 display current-configuration 和 display rip 命令看到的均是 network 129.102.0.0。

3) **配置接口的 RIP 版本**

```
[Huawei-rip-1]version 1                  //指定接口的 RIP 版本为 RIP-1
[Huawei-rip-1]version 2                  //指定接口的 RIP 版本为 RIP-2
[Huawei-rip-1]undo rip version           //将接口运行的 RIP 版本恢复为默认值
```

RIP 有 RIP-1 和 RIP-2 两个版本,可以指定接口所处理的 RIP 报文版本。

- RIP-1 的报文传送方式为广播方式。
- RIP-2 有两种报文传送方式:广播方式和组播方式,默认将采用组播方式发送报文。
- RIP-2 中组播地址为 224.0.0.9。组播发送报文的好处是在同一网络中那些没有运行 RIP 的主机可以避免接收 RIP 的广播报文。默认情况下,接口接收和发送 RIP-1 报文;指定接口 RIP 版本为 RIP-2 时,默认使用组播形式传送报文。

4) **配置 RIP 优先级**

```
[Huawei-rip-1] preference 150            //配置 RIP 优先级为 150
```

每一种路由协议都有自己的优先级,协议的优先级将影响路由策略采用哪种路由协议获取的路由作为最优路由。优先级的数值越大,其实际的优先级越低。可以手工设定

RIP 的优先级。默认情况下，RIP 的优先级为 100。

5）配置水平分割

```
[Huawei-GigabitEthernet0/0/0]rip split-horizon    //在 G0/0/0 接口下配置 RIP 水平
                                                  //分割功能
```

水平分割是指不从本接口发送从该接口学到的路由。它可以在一定程度上避免产生路由环。但在某些特殊情况下，却需要禁止水平分割，以保证路由的正确传播。禁止水平分割对点到点链路不起作用，但对以太网来说是可行的。默认情况下，接口允许水平分割。

6）配置 **RIP** 的路由聚合

```
[Huawei-rip-1]summary                //启用 RIP 路由聚合
```

路由聚合是指同一自然网段内的不同子网的路由在向外（其他网段）发送时聚合成一条自然掩码的路由发送。这一功能主要用于减小路由表的尺寸，进而减少网络上的流量。路由聚合对 RIP-1 不起作用。RIP-2 支持无类地址域间路由。当需要将所有子网路由广播出去时，可关闭 RIP-2 的路由聚合功能。默认情况下，RIP-2 启用路由聚合功能。

15.4 实验内容与步骤

1. 建立网络拓扑

在 eNSP 中新建网络拓扑如图 4-31 所示，其中，路由器型号为 AR2240，各设备的 IP 地址配置如表 4-18 所示。

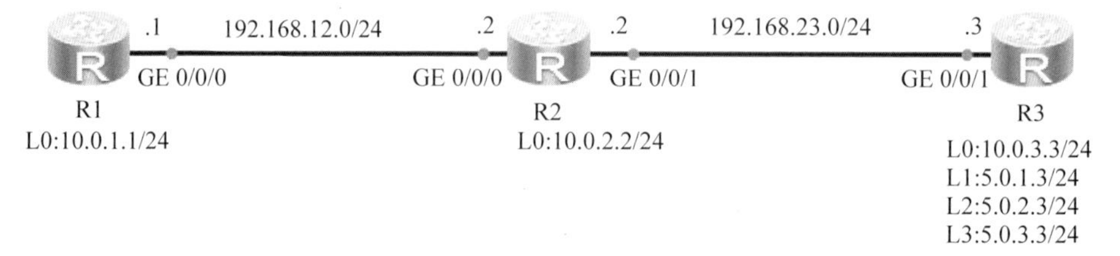

图 4-31 RIP 路由网络拓扑

表 4-18 各设备 IP 地址配置

设备名称	接 口	IP 地址
R1	GE 0/0/0	192.168.12.1/24
	LoopBack 0	10.0.1.1/24
R2	GE 0/0/0	192.168.12.2/24
	GE 0/0/1	192.168.23.2/24
	LoopBack 0	10.0.2.2/24

续表

设备名称	接　　口	IP 地址
R3	GE 0/0/1	192.168.23.3/24
	LoopBack 0	10.0.3.3/24
	LoopBack1	5.0.1.3/24
	LoopBack2	5.0.2.3/24
	LoopBack3	5.0.3.3/24

2. 基础配置

设置好各设备的 IP 地址,并进行验证,如图 4-32～图 4-34 所示。

1）**R1 配置与验证**

```
<Huawei>undo terminal monitor
<Huawei>system-view
[Huawei]sysname R1
[R1]interface g0/0/0
[R1-GigabitEthernet0/0/0]ip address 192.168.12.1 24
[R1]interface LoopBack 0
[R1-LoopBack0]ip address 10.0.1.1 24
[R1-LoopBack0]quit
[R1] display ip interface brief
```

```
Interface                   IP Address/Mask    Physical   Protocol
GigabitEthernet0/0/0        192.168.12.1/24    up         up
GigabitEthernet0/0/1        unassigned         up         down
GigabitEthernet0/0/2        unassigned         down       down
LoopBack0                   10.0.1.1/24        up         up(s)
NULL0                       unassigned         up         up(s)
```

图 4-32　查看 R1 路由器各接口状态

2）**R1 配置与验证**

```
<Huawei>undo ter mo
<Huawei>sys
[Huawei]sysn R2
[R2]interface g0/0/0
[R2-GigabitEthernet0/0/0]ip addr 192.168.12.2 24
[R2-GigabitEthernet0/0/0]int g0/0/1
[R2-GigabitEthernet0/0/1]ip addr 192.168.23.2 24
[R2-GigabitEthernet0/0/1]quit
[R2]int LoopBack 0
[R2-LoopBack0]ip addr 10.0.2.2 24
[R2-LoopBack0]quit
[R2]dis ip int br
```

3）**R3 配置与验证**

```
<Huawei>undo ter mo
```

```
Interface                         IP Address/Mask      Physical   Protocol
GigabitEthernet0/0/0              192.168.12.2/24      up         up
GigabitEthernet0/0/1              192.168.23.2/24      up         up
GigabitEthernet0/0/2              unassigned           down       down
LoopBack0                         10.0.2.2/24          up         up(s)
NULL0                             unassigned           up         up(s)
```

图 4-33 查看 R2 路由器各接口状态

```
<Huawei>sys
[Huawei]sysn R3
[R3]int g0/0/1
[R3-GigabitEthernet0/0/1]ip addr 192.168.23.3 24
[R3-GigabitEthernet0/0/1]quit
[R3]int LoopBack 0
[R3-LoopBack0]ip addr 10.0.3.3 24
[R3-LoopBack0]int loopback 1
[R3-LoopBack1]ip addr 5.0.1.3 24
[R3-LoopBack1]int loopback 2
[R3-LoopBack2]ip addr 5.0.2.3 24
[R3-LoopBack2]int loopback 3
[R3-LoopBack3]ip addr 5.0.3.3 24
[R3-LoopBack3]q
[R3]dis ip int br
```

```
Interface                         IP Address/Mask      Physical   Protocol
GigabitEthernet0/0/0              unassigned           down       down
GigabitEthernet0/0/1              192.168.23.3/24      up         up
GigabitEthernet0/0/2              unassigned           down       down
LoopBack0                         10.0.3.3/24          up         up(s)
LoopBack1                         5.0.1.3/24           up         up(s)
LoopBack2                         5.0.2.3/24           up         up(s)
LoopBack3                         5.0.3.3/24           up         up(s)
NULL0                             unassigned           up         up(s)
```

图 4-34 查看 R3 路由器各接口状态

4）测试各路由器间的连通性并查看路由表

测试各路由器间的连通性，除了直连网段外，其他所有的非直连网段间均不能互通。

执行 display ip routing-table 命令，查看各路由器上的路由表，可以看到，各路由器中只有直连路由，没有非直连路由，以 R3 为例，如图 4-35 所示。

3. 配置各路由器的 RIPv1 动态路由

（1）为路由器 R1、R2 和 R3 配置 RIP（默认为 RIPv1）。

R1 的配置命令如下。

```
[R1]rip 1
[R1-rip-1]network 10.0.0.0
[R1-rip-1]network 192.168.12.0
```

R2 的配置命令如下。

```
[R2]rip 1
[R2-rip-1]network 10.0.0.0
```

```
<R3>display ip routing-table
Route Flags: R - relay, D - download to fib
------------------------------------------------------------------------------
Routing Tables: Public
         Destinations : 19       Routes : 19
Destination/Mask    Proto   Pre  Cost      Flags NextHop         Interface
        5.0.1.0/24  Direct  0    0           D   5.0.1.3         LoopBack1
        5.0.1.3/32  Direct  0    0           D   127.0.0.1       LoopBack1
      5.0.1.255/32  Direct  0    0           D   127.0.0.1       LoopBack1
        5.0.2.0/24  Direct  0    0           D   5.0.2.3         LoopBack2
        5.0.2.3/32  Direct  0    0           D   127.0.0.1       LoopBack2
      5.0.2.255/32  Direct  0    0           D   127.0.0.1       LoopBack2
        5.0.3.0/24  Direct  0    0           D   5.0.3.3         LoopBack3
        5.0.3.3/32  Direct  0    0           D   127.0.0.1       LoopBack3
      5.0.3.255/32  Direct  0    0           D   127.0.0.1       LoopBack3
       10.0.3.0/24  Direct  0    0           D   10.0.3.3        LoopBack0
       10.0.3.3/32  Direct  0    0           D   127.0.0.1       LoopBack0
     10.0.3.255/32  Direct  0    0           D   127.0.0.1       LoopBack0
      127.0.0.0/8   Direct  0    0           D   127.0.0.1       InLoopBack0
      127.0.0.1/32  Direct  0    0           D   127.0.0.1       InLoopBack0
127.255.255.255/32  Direct  0    0           D   127.0.0.1       InLoopBack0
   192.168.23.0/24  Direct  0    0           D   192.168.23.3    GigabitEthernet 0/0/1
   192.168.23.3/32  Direct  0    0           D   127.0.0.1       GigabitEthernet 0/0/1
 192.168.23.255/32  Direct  0    0           D   127.0.0.1       GigabitEthernet 0/0/1
255.255.255.255/32  Direct  0    0           D   127.0.0.1       InLoopBack0
```

图 4-35　查看 R3 上的路由表

```
[R2-rip-1]network 192.168.12.0
[R2-rip-1]network 192.168.23.0
```

R3 的配置命令如下。

```
[R3]rip 1
[R3-rip-1]network 10.0.0.0
[R3-rip-1]network 5.0.0.0
[R3-rip-1]network 192.168.23.0
```

注意：RIP 指定的网络地址只能为分类地址的自然网段地址。

配置完后再次测试各网段之间的连通性。

(2) 在 R2 的 G 0/0/0 接口捕获 RIPv1 报文，如图 4-36 所示，分析 R2 发送的 RIPv1 报文，填写表 4-19。(设置显示过滤器，仅显示 R2 发送的 RIP 报文 rip&&ip.src==192.168.12.2。)

表 4-19　RIPv1 报文分析

传输层协议		源端口号		目的端口号	
目的 IP 地址(单播、多播、广播)					
RIP 版本					
向邻居通告的网络及到这些网络的路由度量					

```
rip&&ip.src==192.168.12.2
No.   Time          Source         Destination       Protocol  Length  Info
   2 9.157000     192.168.12.2   255.255.255.255   RIPv1        106 Response
   4 36.172000    192.168.12.2   255.255.255.255   RIPv1        106 Response
   6 68.203000    192.168.12.2   255.255.255.255   RIPv1        106 Response
   8 99.219000    192.168.12.2   255.255.255.255   RIPv1        106 Response
  10 132.250000   192.168.12.2   255.255.255.255   RIPv1        106 Response

> Frame 2: 106 bytes on wire (848 bits), 106 bytes captured (848 bits) on interface 0
> Ethernet II, Src: HuaweiTe_81:4e:f7 (00:e0:fc:81:4e:f7), Dst: Broadcast (ff:ff:ff:ff:ff:ff)
> Internet Protocol Version 4, Src: 192.168.12.2, Dst: 255.255.255.255
> User Datagram Protocol, Src Port: 520, Dst Port: 520
v Routing Information Protocol
    Command: Response (2)
    Version: RIPv1 (1)
  > IP Address: 5.0.0.0, Metric: 2
  > IP Address: 10.0.0.0, Metric: 1
  > IP Address: 192.168.23.0, Metric: 1
```

图 4-36　在 R2 的 G 0/0/0 接口捕获的 RIPv1 报文

（3）查看路由表，找出路由表发生的变化，查看路由表中增加的 RIP 路由信息。若要查看路由表中的 RIP 路由信息，执行“display ip routing-table protocol rip”命令，如图 4-37 所示是 R1 路由表中的 RIP 路由信息。

```
<R1>display ip routing-table protocol rip
Route Flags: R - relay, D - download to fib
------------------------------------------------------------------------------
Public routing table : RIP
         Destinations : 3         Routes : 3

RIP routing table status : <Active>
         Destinations : 3         Routes : 3

Destination/Mask    Proto   Pre  Cost      Flags NextHop         Interface

        5.0.0.0/8   RIP     100  2           D   192.168.12.2    GigabitEthernet
0/0/0
       10.0.0.0/8   RIP     100  1           D   192.168.12.2    GigabitEthernet
0/0/0
   192.168.23.0/24  RIP     100  1           D   192.168.12.2    GigabitEthernet
0/0/0

RIP routing table status : <Inactive>
         Destinations : 0         Routes : 0
```

图 4-37　R1 路由表中的 RIP 路由信息

从图 4-37 中可以看出，R1 的路由表中到 5.0.0.0 的路由，掩码是“/8”而不是“/24”。由于 RIPv1 的路由通告中没有子网掩码，R1 无法判断 5.0.0.0 的网络前缀，因此只能使用该地址的自然掩码。由此可见，RIPv1 不支持无分类编码。

4. 配置各路由器的 RIPv2 动态路由

（1）为路由器 R1、R2 和 R3 配置 RIPv2。

R1 的配置命令如下。

```
[R1]rip 1
[R1-rip-1]version 2
```

R2 的配置命令如下。

```
[R2]rip 1
[R2-rip-1]version 2
```

R3 的配置命令如下。

```
[R3]rip 1
[R3-rip-1]version 2
```

配置完后再次测试各网段之间的连通性,验证 RIPv2 的作用。

(2) 在 R2 的 G 0/0/0 接口捕获 RIPv2 报文,如图 4-38 所示,分析 R2 发送的 RIPv2 报文,填写表 4-20。(设置显示过滤器,仅显示 R2 发送的 RIP 报文 rip&&ip.src==192.168.12.2。)

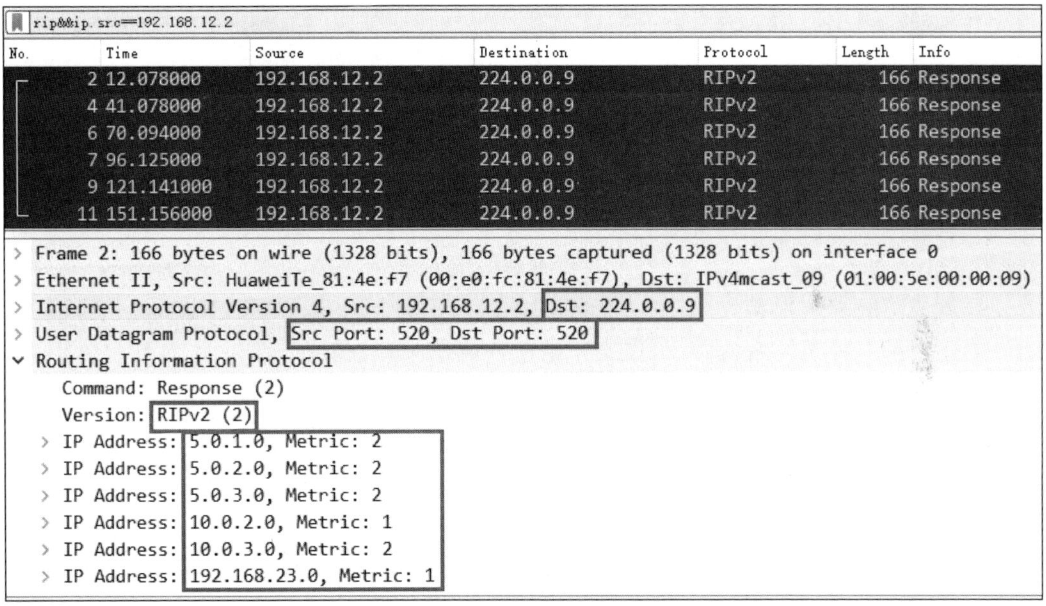

```
rip&&ip.src==192.168.12.2
No.   Time          Source          Destination   Protocol   Length  Info
   2  12.078000     192.168.12.2    224.0.0.9     RIPv2      166     Response
   4  41.078000     192.168.12.2    224.0.0.9     RIPv2      166     Response
   6  70.094000     192.168.12.2    224.0.0.9     RIPv2      166     Response
   7  96.125000     192.168.12.2    224.0.0.9     RIPv2      166     Response
   9  121.141000    192.168.12.2    224.0.0.9     RIPv2      166     Response
  11  151.156000    192.168.12.2    224.0.0.9     RIPv2      166     Response

> Frame 2: 166 bytes on wire (1328 bits), 166 bytes captured (1328 bits) on interface 0
> Ethernet II, Src: HuaweiTe_81:4e:f7 (00:e0:fc:81:4e:f7), Dst: IPv4mcast_09 (01:00:5e:00:00:09)
> Internet Protocol Version 4, Src: 192.168.12.2, Dst: 224.0.0.9
> User Datagram Protocol, Src Port: 520, Dst Port: 520
v Routing Information Protocol
    Command: Response (2)
    Version: RIPv2 (2)
  > IP Address: 5.0.1.0, Metric: 2
  > IP Address: 5.0.2.0, Metric: 2
  > IP Address: 5.0.3.0, Metric: 2
  > IP Address: 10.0.2.0, Metric: 1
  > IP Address: 10.0.3.0, Metric: 2
  > IP Address: 192.168.23.0, Metric: 1
```

图 4-38　在 R2 的 G 0/0/0 接口捕获的 RIPv2 报文

表 4-20　RIPv2 报文分析

传输层协议		源端口号		目的端口号	
目的 IP 地址(单播、多播、广播)					
RIP 版本					
向邻居通告的网络及到这些网络的路由度量					

(3) 查看路由表,如图 4-39 所示是 R1 路由表中的 RIP 路由信息。

```
<R1>display ip routing-table protocol rip
Route Flags: R - relay, D - download to fib
------------------------------------------------------------------------------
Public routing table : RIP
         Destinations : 6        Routes : 6

RIP routing table status : <Active>
         Destinations : 6        Routes : 6

Destination/Mask    Proto   Pre  Cost      Flags NextHop         Interface

        5.0.1.0/24  RIP     100  2           D   192.168.12.2    GigabitEthernet
0/0/0
        5.0.2.0/24  RIP     100  2           D   192.168.12.2    GigabitEthernet
0/0/0
        5.0.3.0/24  RIP     100  2           D   192.168.12.2    GigabitEthernet
0/0/0
       10.0.2.0/24  RIP     100  1           D   192.168.12.2    GigabitEthernet
0/0/0
       10.0.3.0/24  RIP     100  2           D   192.168.12.2    GigabitEthernet
0/0/0
   192.168.23.0/24  RIP     100  1           D   192.168.12.2    GigabitEthernet
0/0/0

RIP routing table status : <Inactive>
         Destinations : 0        Routes : 0
```

图 4-39 R1 路由表中的 RIP 路由信息

与图 4-37 比较可以看出，R1 的路由表中到 5.0.1.0、5.0.2.0、5.0.3.0 三个网段的路由，掩码是“/24”，而不是“/8”。由于 RIPv2 的路由通告中携带子网掩码，因此 RIPv2 支持无分类编址。

4. 配置 RIP 路由汇总

RIPv2 是一种无类路由协议，报文中携带掩码信息，支持手动路由汇总和自动汇总，默认是开启的，但观察 R1 路由表（图 4-39），默认自动汇总并没有生效。这是因为在华为设备上，以太网口和串口都默认开启了水平分割功能，所以 RIP v2 的默认自动汇总就会失效，有以下两种方法。

使用 summary always 命令。配置该命令后，不论水平分割是否启用，RIP v2 的自动汇总都生效。

关闭相应接口下的水平分割功能：undo split-horizon。

在 R3 上使用自动汇总命令：summary always。

```
[R3]rip
[R3-rip-1]version 2
[R3-rip-1]summary always
```

配置完成后，再次查看 R1 的路由表，如图 4-40 所示。

与图 4-39 比较可以看出，此时 RIPv2 的自动汇总生效了，R1 路由器学习到了汇总后的路由（这样可以减少路由器中的路由条目数量，提高路由效率）。

```
<R1>display ip routing-table protocol rip
Route Flags: R - relay, D - download to fib
------------------------------------------------------------------------------
Public routing table : RIP
         Destinations : 4        Routes : 4

RIP routing table status : <Active>
         Destinations : 4        Routes : 4

Destination/Mask    Proto   Pre  Cost      Flags NextHop         Interface

        5.0.0.0/8   RIP     100  2           D   192.168.12.2    GigabitEthernet
0/0/0
       10.0.0.0/8   RIP     100  2           D   192.168.12.2    GigabitEthernet
0/0/0
       10.0.2.0/24  RIP     100  1           D   192.168.12.2    GigabitEthernet
0/0/0
   192.168.23.0/24  RIP     100  1           D   192.168.12.2    GigabitEthernet
0/0/0

RIP routing table status : <Inactive>
         Destinations : 0        Routes : 0
```

图4-40　R1学习到的汇总路由

15.5　练习与思考

1. 某AR2200路由器通过OSPF和RIPv2同时学习到了到达同一网络的路由条目，通过OSPF学习到的路由的开销值是4882，通过RIPv2学习到的路由的跳数是4，则该路由器的路由表中将有(　　)。

A. OSPF和RIPv2的路由　　B. OSPF的路由

C. 两者都不存在　　D. RIPv2的路由

2. 在华为AR路由器中，默认情况下RIP优先级的数值为(　　)。

A. 60　　B. 120　　C. 100　　D. 0

3. 当指定接口运行在RIPv2组播方式时，以下说法正确的是(　　)。(多选)

A. 只接收RIPv2组播报文　　B. 不接收RIPv1广播报文

C. 接收RIPv1广播报文　　D. 接收RIPv1组播报文

4. 在路由器上通过命令查看到的RIP路由的Agetime是指(　　)。

A. RIP报文更新间隔　　B. RIP路由老化时间

C. RIP路由抑制时间　　D. RIP路由倒换时间

5. 在华为设备的RIP进程下，不仅可以使用命令preference配置RIP路由的优先级值，也可以在该命令后指定路由策略，对满足条件的特定路由设置优先级值。(　　)

A. 正确　　B. 错误

6. 在VRP平台上，直连路由、静态路由、RIP、OSPF的默认协议优先级从高到低的排序是(　　)。

A. 直连路由、静态路由、RIP、OSPF　　B. 直连路由、OSPF、静态路由、RIP

C. 直连路由、OSPF、RIP、静态路由　　D. 直连路由、RIP、静态路由、OSPF

7. 关于 RIP,下列描述正确的是(　　)。

A. 路由器不可能发送跳数为 16 的路由器条目给它的直连邻居

B. 路由器可能会收到直连邻居发送的跳数为 16 的路由条目,但收到后会立即丢弃,不再做任何别的处理

C. 路由器可能会收到直连邻居发送的跳数为 16 的路由条目,收到后会利用它来更新自己的路由表

D. 以上描述都不正确

8. 在华为设备中,管理员可以在 RIPv2 中宣告子网,原因是 RIPv2 支持 VLSM。(　　)

A. 正确　　　　B. 错误

9. 如图 4-41 所示,R1 与 R2 之间运行 RIP,R1 不能学习到 2.2.2.2/32 或者 2.0.0.0/8 的路由。(　　)

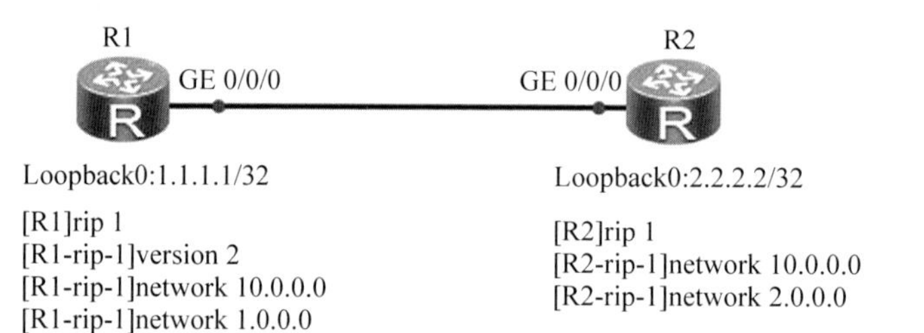
R1
GE 0/0/0
GE 0/0/0
R2
Loopback0:1.1.1.1/32
[R1]rip 1
[R1-rip-1]version 2
[R1-rip-1]network 10.0.0.0
[R1-rip-1]network 1.0.0.0
Loopback0:2.2.2.2/32
[R2]rip 1
[R2-rip-1]network 10.0.0.0
[R2-rip-1]network 2.0.0.0

图 4-41　第 9 题示意图

A. 正确　　　　B. 错误

10. 当华为路由器上启用 RIPv1 时,被宣告到 RIP 的接口默认接收 RIPv1 广播包、RIPv2 的广播包和组播包。(　　)

A. 对　　　　B. 错

实验 16　OSPF 路由协议的配置与分析

16.1　实验目的

（1）理解 OSPF 路由协议的工作原理。

（2）掌握 OSPF 路由协议的配置方法。

16.2　实验要求

（1）设备要求：计算机两台以上（安装有 Windows 操作系统、华为 eNSP 模拟器软件、抓包软件 Wireshark，安装有网卡已联网）。

（2）分组要求：1 人一组，但部分步骤需相互合作完成。

16.3　实验预备知识

OSPF（Open Shortest Pass First，开放最短路径优先协议）是一个最常用的内部网关协议，同时也是一个链路状态协议。它使用开销（Cost）作为度量参数，每台参与 OSPF 路由的路由器都会通过 Dijkstra 算法计算出去往各远程网段的最优路径和（最短路径树）。

1. OSPF 的特点

（1）OSPF 是一种无类路由协议，支持 VLSM 可变长子网掩码。支持 IPv4 和 IPv6。

（2）组播地址：224.0.0.5，224.0.0.6。

（3）OSPF 度量：从源到目的所有出接口的度量值，和接口带宽成反比（公式为：10^8/带宽）。

（4）收敛速度极快，但大型网络配置很复杂。

（5）IP 封装，协议号 89

2. OSPF 运行原理

OSPF 组播的方式是在所有开启 OSPF 的接口发送 Hello 包，用来确定是否有 OSPF 邻居。若发现了，则建立 OSPF 邻居关系，形成邻居表，之后互相发送 LSA（链路状态通告）相互通告路由，形成 LSDB（链路状态数据库）。再通过 SPF 算法，计算最佳路径（Cost

最小)后放入路由表。进行 OSPF 网络设计时要求必须配置骨干区域,并且其他区域连接到骨干区域。这样做的好处有:①减小路由表(通过域间汇总);②本地拓扑变化值影响一个区域(也是通过汇总);③某些 LSA 只在本地泛洪,不泛洪到其他区域。

注:OSPF 区域划分基于接口而不是设备。

3. OSPF 区域及路由器身份

1) OSPF 区域

骨干区域(区域 0):骨干区域必须连接所有的非骨干区域,而且骨干区域不可分割,有且只有一个。一般情况下,骨干区域内没有终端用户。

非骨干区域(非 0 区域):非骨干区域一般根据实际情况而划分,必须连接到骨干区域(不规则区域也需通过 tunnel 或 virtual-link 连接到骨干区域)。一般情况下,非骨干区域主要连接终端用户和资源。

2) OSPF 路由器身份

DR(Designated Router,指定路由器):OSPF 协议启动后开始选举而来。

BDR(Back-up Designated Router,备份指定路由器):同样是由 OSPF 启动后选举而来。

DRothers:其他路由器,非 DR、非 BDR 的路由器都是 DRothers。

ABR(Area Border Routers,区域边界路由器):连接不同 OSPF 区域。

ASBR(Autonomous System Boundary Router,自治系统边界路由器):位于 OSPF 和非 OSPF 网络之间。

骨干路由器:至少有一个接口连接到骨干区域(区域 0)。

4. OSPF 邻居建立

OSPF 邻居的两个状态:Neighbors(邻居)和 Adjacency(邻接)。邻居不一定是邻接的,邻接的一定是邻居,只有交互了 LSA 的 OSPF 邻居才能成为 OSPF 的邻接,只交互 Hello 包的只成为邻居。在点对点网络中,所有邻居都能成为邻接。MA(广播多路访问网络,如以太网)网络类型中,DR、BDR、DRothers 三者的关系为:DR、BDR 与所有的邻居形成邻接,DRothers 之间只是邻居而不交换 LSA。

影响 OSPF 邻居建立的原因:①Hello 与 Dead Time 时间不一致(改 Hello 的话 Dead 自动×4,单改 Dead 的话 Hello 不变);②区域 ID 必须一致;③认证(password 一致);④Stub 标识一致(与特殊区域有关);⑤MTU-携带在 DBD 报文中,两端口必须一致;⑥掩码,如 12.1.1.1/30~12.1.1.2/24 这种情况是可以 ping 通的,但邻居关系起不来(OSPF 对环回口,无论掩码有多少位,都按 32 位处理,所以建议环回口直接/32,或者在环回口下还原真实掩码);⑦ACL(是否放行 OSPF)。

5. OSPF 更新

OSPF 是一种触发更新的机制,一旦拓扑发生变化便会更新。OSPF 也有周期性更新(30min 一次)。当收到一条 LSA 之后,首先查看是否在 LSDB 中,若没有则加入 LSDB,回复 LSACK。继续泛洪出去,并且通过 SPF 算法计算最佳路径并加入路由表。若存在,则比较谁的更“新”(看序号),序号大者新,若本地不如收到的新,则更新本地

LSDB 并泛洪，且通过 SPF 算法计算最佳路径并加入路由表；若比收到的新，则将本地的泛洪出去。

6. OSPF 数据包类型

Hello：10s 发送一次，死亡时间 40s，4 倍关系，可以修改。

DBD：Database Description，仅是一个对本地数据库的概念性叙述，供路由器核对数据库是否同步。

LSR：Link-State Request（请求链路状态），在数据库同步过程中使用，请求其他角色发送自己失去的 LSA 最新版本。

LSU：Link-State Update（链路状态更新），包括几种类型的 LSA，LSU 负责泛洪 LSA 和相应 LSR。LSA 只会发送给之前以 LSR 请求的 LSA 的直连邻居，在进行泛洪的时候，邻居路由负责把收到的 LSA 信息重新封装在新的 LSU 中。

LSACK：链路状态确认，路由器必须对每个收到的 LSA 进行 LSACK 确认，但可以用一个 LSACK 确认多个 LSA。

7. DR、BDR 的选举

DR、BDR 的选举规则：比较 router-id。router-id 获得方式有：①由工程师指定；②这台设备最大的环回口 IP；③没有环回口的话，选物理接口 IP 地址最大的。

选举规则：

（1）最高优先级值的路由器被选为 DR（默认优先级相同：1），次高优先级的为 BDR。

（2）若优先级相同，则比较 router-id，拥有最高 router-id 的成为 DR，次高的成为 BDR。

（3）优先级被设置为 0 的不参与选举。

（4）OSPF 系统启动后，若 40s 内没有新设备接入就会开始选举，所以为保证 DR 与 BDR 的选举不发生意外，建议优先配置想成为 DR 与 BDR 的设备。

（5）DR 与 BDR 不可以抢占。

（6）DR 小时之后，BDR 直升 DR，重新选 BDR。

（7）所有 DR、BDR、DRothers 说的都是接口，而不是设备。

（8）不同网段间选 DR、BDR，而不是以 OSPF 区域为单位。

8. OSPF 状态

（1）Down State：邻居的初始状态，表示没有从邻居收到任何信息。

（2）Init State：发送了 Hello 包（还没收到）。

（3）Two-way State：收到了一个 Hello 包且 Hello 包中包括自己的 router-id（对方回复的）。

（4）Exstart State：First DBD 确认主从关系，router-id 大的为主，先发包。

（5）Exchange State：交互 DBD 相互学习。

（6）Loading State：LSR 与 LSU 的交互过程。

（7）Full State：所有交互已经完成。

16.4 实验内容与步骤

1. 建立网络拓扑

在 ENSP 中新建网络拓扑如图 4-42 所示，其中，路由器型号为 AR2240，各设备的 IP 地址配置如表 4-21 所示。

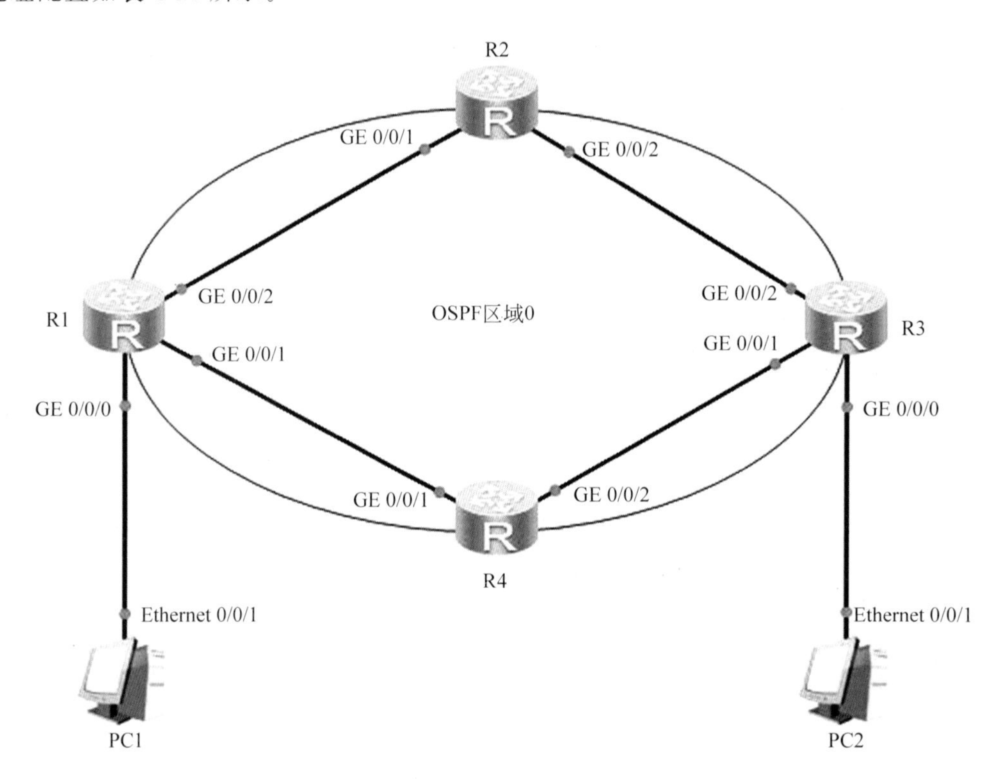

图 4-42 单区域 OSPF 实验拓扑

表 4-21 各设备 IP 地址配置

设备名称	接口	IP 地址	设备名称	接口	IP 地址
R1	GE 0/0/0	172.16.10.1/24	R3	GE 0/0/0	172.16.30.3/24
	GE 0/0/1	192.168.14.1/24		GE 0/0/1	192.168.34.3/24
	GE 0/0/2	192.168.12.1/24		GE 0/0/2	192.168.23.3/24
R2	GE 0/0/1	192.168.12.2/24	R4	GE 0/0/1	192.168.14.4/24
	GE 0/0/2	192.168.23.2/24		GE 0/0/2	192.168.34.4/24

2. 基础配置

设置好各设备的 IP 地址，并进行验证，如图 4-43～图 4-48 所示。

1）**R1** 配置与验证

```
<Huawei>undo terminal monitor
<Huawei>system-view
[Huawei]sysname R1
[R1]interface g0/0/0
[R1-GigabitEthernet0/0/0]ip address 172.16.10.1 24
[R1-GigabitEthernet0/0/0]interface g0/0/1
[R1-GigabitEthernet0/0/1]ip address 192.168.14.1 24
[R1-GigabitEthernet0/0/1]interface g0/0/2
[R1-GigabitEthernet0/0/2]ip address 192.168.12.1 24
[R1-GigabitEthernet0/0/2]quit
[R1]display ip interface brief
```

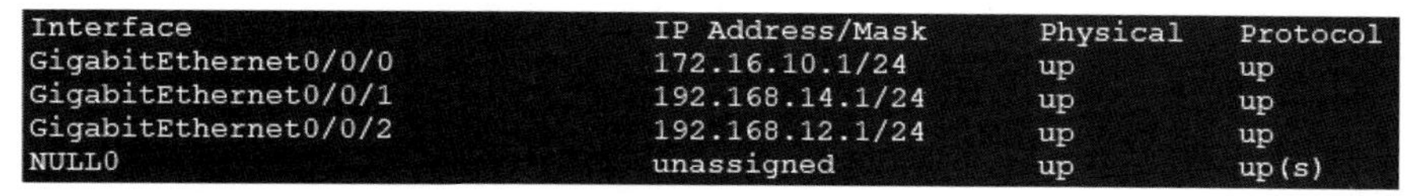

Interface	IP Address/Mask	Physical	Protocol
GigabitEthernet0/0/0	172.16.10.1/24	up	up
GigabitEthernet0/0/1	192.168.14.1/24	up	up
GigabitEthernet0/0/2	192.168.12.1/24	up	up
NULL0	unassigned	up	up(s)

图 4-43　查看 R1 路由器各接口状态

2）**R2** 配置与验证

```
<Huawei>undo ter mo
<Huawei>sys
[Huawei]sysn R2
[R2]int g0/0/1
[R2-GigabitEthernet0/0/1]ip addr 192.168.12.2 24
[R2-GigabitEthernet0/0/1]int g0/0/2
[R2-GigabitEthernet0/0/2]ip addr 192.168.23.2 24
[R2-GigabitEthernet0/0/2]quit
[R2]dis ip int br
```

Interface	IP Address/Mask	Physical	Protocol
GigabitEthernet0/0/0	unassigned	down	down
GigabitEthernet0/0/1	192.168.12.2/24	up	up
GigabitEthernet0/0/2	192.168.23.2/24	up	up
NULL0	unassigned	up	up(s)

图 4-44　查看 R2 路由器各接口状态

3）**R3** 配置与验证

```
<Huawei>undo ter mo
<Huawei>sys
[Huawei]sysn R3
[R3]int g0/0/0
[R3-GigabitEthernet0/0/0]ip addr 172.16.30.3 24
[R3-GigabitEthernet0/0/0]int g0/0/1
[R3-GigabitEthernet0/0/1]ip addr 192.168.34.3 24
[R3-GigabitEthernet0/0/1]int g0/0/2
[R3-GigabitEthernet0/0/2]ip addr 192.168.23.3 24
[R3-GigabitEthernet0/0/2]quit
```

```
[R3]dis ip int br
```

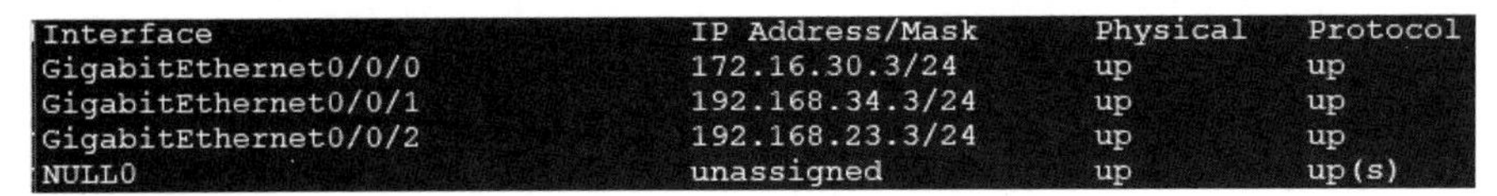

Interface	IP Address/Mask	Physical	Protocol
GigabitEthernet0/0/0	172.16.30.3/24	up	up
GigabitEthernet0/0/1	192.168.34.3/24	up	up
GigabitEthernet0/0/2	192.168.23.3/24	up	up
NULL0	unassigned	up	up(s)

图 4-45 查看 R3 路由器各接口状态

4）**R4 配置与验证**

```
<Huawei>undo ter mo
<Huawei>sys
[Huawei]sysn R4
[R4]int g0/0/1
[R4-GigabitEthernet0/0/1]ip addr 192.168.14.4 24
[R4-GigabitEthernet0/0/1]int g0/0/2
[R4-GigabitEthernet0/0/2]ip addr 192.168.34.4 24
[R4-GigabitEthernet0/0/2]quit
[R4]dis ip int br
```

Interface	IP Address/Mask	Physical	Protocol
GigabitEthernet0/0/0	unassigned	down	down
GigabitEthernet0/0/1	192.168.14.4/24	up	up
GigabitEthernet0/0/2	192.168.34.4/24	up	up
NULL0	unassigned	up	up(s)

图 4-46 查看 R4 路由器各接口状态

5）**PC1 配置与验证**

PC1

基础配置 命令行 组播 UDP发包工具 串口

主机名:

MAC 地址: 54-89-98-00-24-43

IPv4 配置

静态 DHCP 自动获取 DNS 服务器地址

IP 地址: 172 . 16 . 10 . 10 DNS1: 0 . 0 . 0 . 0

子网掩码: 255 . 255 . 255 . 0 DNS2: 0 . 0 . 0 . 0

网关: 172 . 16 . 10 . 1

IPv6 配置

静态 DHCPv6

IPv6 地址: ::

前缀长度: 128

IPv6 网关: ::

应用

图 4-47 PC1 网络参数配置

6）**PC2 配置与验证**

PC2

基础配置　命令行　组播　UDP发包工具　串口

主机名：

MAC 地址：54-89-98-9C-01-6C

IPv4 配置

◉静态　○DHCP　□自动获取 DNS 服务器地址

IP 地址：172 . 16 . 30 . 10　DNS1：0 . 0 . 0 . 0

子网掩码：255 . 255 . 255 . 0　DNS2：0 . 0 . 0 . 0

网关：172 . 16 . 30 . 3

IPv6 配置

◉静态　○DHCPv6

IPv6 地址：::

前缀长度：128

IPv6 网关：::

应用

图 4-48　PC2 网络参数配置

7）**测试各路由器间的连通性并查看路由表**

测试各路由器间的连通性，除了直连网段外，其他所有的非直连网段间均不能互通。

执行 display ip routing-table 命令，查看各路由器上的路由表，可以看到，各路由器中只有直连路由，没有非直连路由，以 R1 为例，如图 4-49 所示。

```
<R1>display ip routing-table
Route Flags: R - relay, D - download to fib
------------------------------------------------------------------------------
Routing Tables: Public
         Destinations : 13       Routes : 13

Destination/Mask    Proto   Pre  Cost      Flags NextHop         Interface

      127.0.0.0/8   Direct  0    0           D   127.0.0.1       InLoopBack0
      127.0.0.1/32  Direct  0    0           D   127.0.0.1       InLoopBack0
127.255.255.255/32  Direct  0    0           D   127.0.0.1       InLoopBack0
    172.16.10.0/24  Direct  0    0           D   172.16.10.1     GigabitEthernet 0/0/0
    172.16.10.1/32  Direct  0    0           D   127.0.0.1       GigabitEthernet 0/0/0
  172.16.10.255/32  Direct  0    0           D   127.0.0.1       GigabitEthernet 0/0/0
   192.168.12.0/24  Direct  0    0           D   192.168.12.1    GigabitEthernet 0/0/2
   192.168.12.1/32  Direct  0    0           D   127.0.0.1       GigabitEthernet 0/0/2
 192.168.12.255/32  Direct  0    0           D   127.0.0.1       GigabitEthernet 0/0/2
   192.168.14.0/24  Direct  0    0           D   192.168.14.1    GigabitEthernet 0/0/1
   192.168.14.1/32  Direct  0    0           D   127.0.0.1       GigabitEthernet 0/0/1
 192.168.14.255/32  Direct  0    0           D   127.0.0.1       GigabitEthernet 0/0/1
255.255.255.255/32  Direct  0    0           D   127.0.0.1       InLoopBack0
```

图 4-49　查看 R1 上的路由表

3. 单区域 OSPF 配置

(1) 启动各路由器 OSPF,并将 R1、R2、R3、R4 所有接口的直连网络都配置为 Area 0。

① R1 的配置命令如下。

```
[R1]ospf 1 router-id 1.1.1.1
[R1-ospf-1]area 0
[R1-ospf-1-area-0.0.0.0]network 192.168.12.0 0.0.0.255
[R1-ospf-1-area-0.0.0.0]network 192.168.14.0 0.0.0.255
[R1-ospf-1-area-0.0.0.0]network 172.16.10.0 0.0.0.255
```

② R2 的配置命令如下。

```
[R2]ospf 1 router-id 2.2.2.2
[R2-ospf-1]area 0
[R2-ospf-1-area-0.0.0.0]network 192.168.23.0 0.0.0.255
[R2-ospf-1-area-0.0.0.0]network 192.168.12.0 0.0.0.255
```

③ R3 的配置命令如下。

```
[R3]ospf 1 router-id 3.3.3.3
[R3-ospf-1]area 0
[R3-ospf-1-area-0.0.0.0]network 172.16.30.0 0.0.0.255
[R3-ospf-1-area-0.0.0.0]network 192.168.34.0 0.0.0.255
[R3-ospf-1-area-0.0.0.0]network 192.168.23.0 0.0.0.255
```

④ R4 的配置命令如下。

```
[R4]ospf 1 router-id 4.4.4.4
[R4-ospf-1]area 0
[R4-ospf-1-area-0.0.0.0]network 192.168.14.0 0.0.0.255
[R4-ospf-1-area-0.0.0.0]network 192.168.34.0 0.0.0.255
```

(2) 查看路由表与测试网络连通性。

① 测试 PC1 与 PC2 间的连通性,验证 OSPF 是否配置成功,如图 4-50 所示。

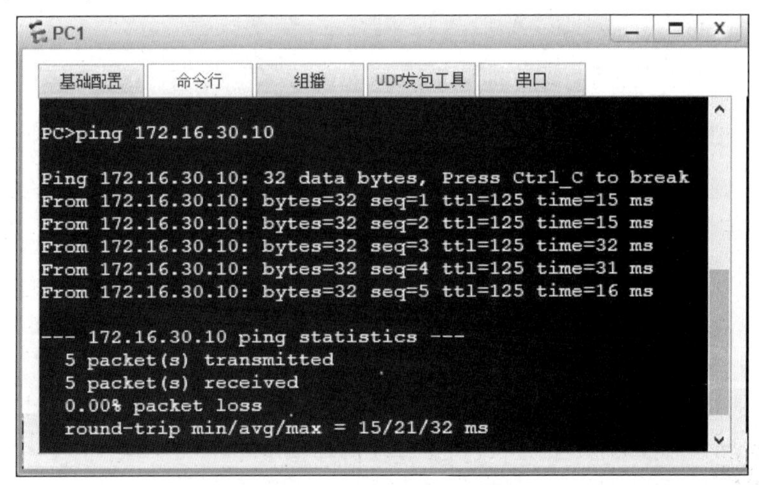

图 4-50 测试 PC 间的连通性

② 查看路由表。

以 R1 为例,查看 OSPF 获取的路由信息,如图 4-51 所示。

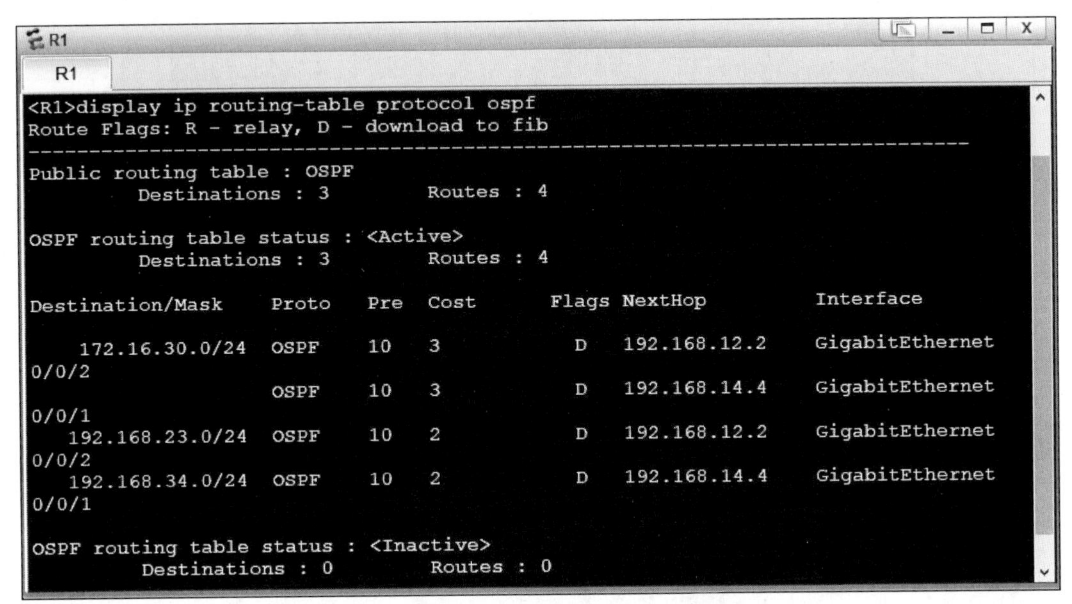

```
R1
<R1>display ip routing-table protocol ospf
Route Flags: R - relay, D - download to fib
------------------------------------------------------------------------------
Public routing table : OSPF
         Destinations : 3        Routes : 4

OSPF routing table status : <Active>
         Destinations : 3        Routes : 4

Destination/Mask    Proto   Pre  Cost      Flags NextHop         Interface

    172.16.30.0/24  OSPF    10   3           D   192.168.12.2    GigabitEthernet
0/0/2
                    OSPF    10   3           D   192.168.14.4    GigabitEthernet
0/0/1
   192.168.23.0/24  OSPF    10   2           D   192.168.12.2    GigabitEthernet
0/0/2
   192.168.34.0/24  OSPF    10   2           D   192.168.14.4    GigabitEthernet
0/0/1

OSPF routing table status : <Inactive>
         Destinations : 0        Routes : 0
```

图 4-51 查看 R1 路由表中的 OSPF 路由信息

还可以执行“display ospf routing”命令,查看 OSPF 的路由信息,如图 4-52 所示。

```
R1
<R1>display ospf routing

      OSPF Process 1 with Router ID 1.1.1.1
            Routing Tables

 Routing for Network
 Destination        Cost  Type       NextHop         AdvRouter       Area
 172.16.10.0/24     1     Stub       172.16.10.1     1.1.1.1         0.0.0.0
 192.168.12.0/24    1     Transit    192.168.12.1    1.1.1.1         0.0.0.0
 192.168.14.0/24    1     Transit    192.168.14.1    1.1.1.1         0.0.0.0
 172.16.30.0/24     3     Stub       192.168.12.2    3.3.3.3         0.0.0.0
 172.16.30.0/24     3     Stub       192.168.14.4    3.3.3.3         0.0.0.0
 192.168.23.0/24    2     Transit    192.168.12.2    2.2.2.2         0.0.0.0
 192.168.34.0/24    2     Transit    192.168.14.4    3.3.3.3         0.0.0.0

 Total Nets: 7
 Intra Area: 7  Inter Area: 0  ASE: 0  NSSA: 0
```

图 4-52 查看 OSPF 的路由信息

OSPF 发现的网络可归纳为两种类型:转接网络(Transit Network)和末端网络(Stub Network)。从图 4-52 可以看到,路由器 R1 到末端网络 172.16.30.0/24 有两条代价相同的路由。

③ 追踪 IP 数据报的转发路径。

在 PC1 上执行“tracert”命令，测试从 PC1 到 PC2 的转发路径，如图 4-53 所示，请解释结果。如果路由器 R4 出现故障，转发路径会发生怎样的改变？

```
PC>tracert 172.16.30.10

traceroute to 172.16.30.10, 8 hops max
(ICMP), press Ctrl+C to stop
 1  172.16.10.1    16 ms  31 ms  <1 ms
 2  192.168.14.4    16 ms  15 ms  31 ms
 3  192.168.34.3    16 ms  31 ms  16 ms
 4    *172.16.30.10    31 ms  16 ms
```

图 4-53　OSPF 的路由信息

4. OSPF 报文分析

先停止 R2 的运行(先做好配置信息保存)，然后启动 R2，当 R2 的 G0/0/2 接口刚变绿时，在该接口启动抓包。

分析捕获的 OSPF 分组，如图 4-54 和图 4-55 所示，填写表 4-22。

ospf 表达式···

No.	Time	Source	Destination	Protocol	Length	Info
12	32.578000	192.168.23.2	224.0.0.5	OSPF	82	Hello Packet
13	36.219000	192.168.23.3	192.168.23.2	OSPF	66	DB Description
14	36.219000	192.168.23.3	224.0.0.5	OSPF	82	Hello Packet
15	37.422000	192.168.23.2	192.168.23.3	OSPF	66	DB Description
16	37.422000	192.168.23.2	224.0.0.5	OSPF	82	Hello Packet
17	41.547000	192.168.23.3	192.168.23.2	OSPF	66	DB Description
18	41.563000	192.168.23.2	192.168.23.3	OSPF	86	DB Description
19	41.578000	192.168.23.3	192.168.23.2	OSPF	206	DB Description
20	41.578000	192.168.23.2	192.168.23.3	OSPF	142	LS Request
21	41.578000	192.168.23.2	192.168.23.3	OSPF	66	DB Description
22	41.594000	192.168.23.3	192.168.23.2	OSPF	374	LS Update
23	41.594000	192.168.23.2	224.0.0.5	OSPF	142	LS Update
24	41.594000	192.168.23.3	224.0.0.5	OSPF	154	LS Update
25	41.828000	192.168.23.3	224.0.0.5	OSPF	98	LS Acknowledge
26	42.328000	192.168.23.2	224.0.0.5	OSPF	178	LS Acknowledge
27	43.500000	192.168.23.2	224.0.0.5	OSPF	94	LS Update
28	43.500000	192.168.23.2	224.0.0.5	OSPF	122	LS Update
29	43.516000	192.168.23.3	224.0.0.5	OSPF	122	LS Update
30	43.828000	192.168.23.3	192.168.23.2	OSPF	78	LS Acknowledge
31	43.828000	192.168.23.3	224.0.0.5	OSPF	78	LS Acknowledge
32	44.344000	192.168.23.2	224.0.0.5	OSPF	78	LS Acknowledge
33	45.609000	192.168.23.2	224.0.0.5	OSPF	110	LS Update
34	45.828000	192.168.23.3	224.0.0.5	OSPF	78	LS Acknowledge
35	46.438000	192.168.23.3	224.0.0.5	OSPF	82	Hello Packet
36	47.203000	192.168.23.2	224.0.0.5	OSPF	82	Hello Packet

图 4-54　在 R2 的 G0/0/2 接口捕获的 OSPF 分组(1)

表 4-22　OSPF 报文分析

Hello 分组发送时间间隔		DR		BDR	
活动邻居					
OSPF 分组类型有哪些					

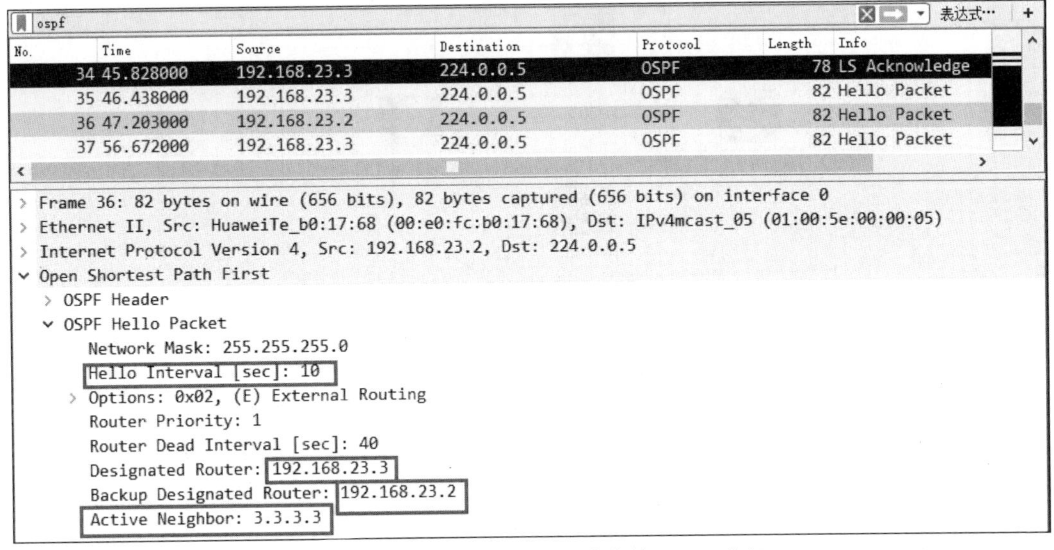

图 4-55 在 R2 的 G0/0/2 接口捕获的 OSPF 分组(2)

16.5 练习与思考

1. 如图 4-56 所示的网络,当 OSPF 协议稳定后,Router A 和 Router B 的邻居状态为(　　)。

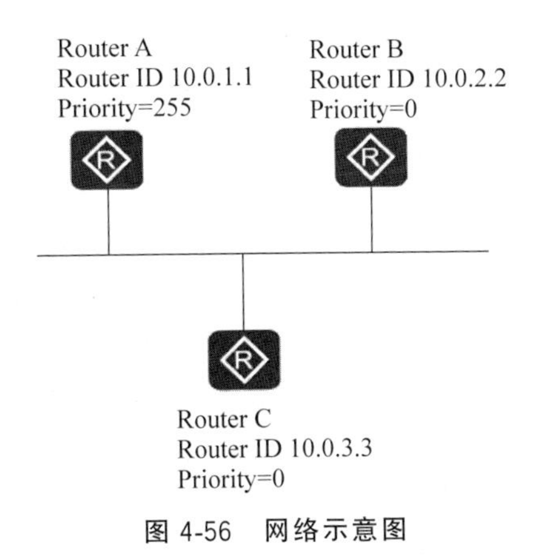

图 4-56 网络示意图

A. 2-way　　B. Down　　C. Full　　D. Attempt

2. 以下哪个命令可以查看 OSPF 是否已经正确建立了邻居关系?(　　)

A. display ospf neighbor　　B. display ospf brief

C. display ospf peer　　D. display ospf interface

3. 如图 4-57 所示的网络,所有路由器运行 OSPF 协议,链路上方为 Cost 值的大小,则 RA 到达网络 10.0.0.0/8 的路径为(　　)。

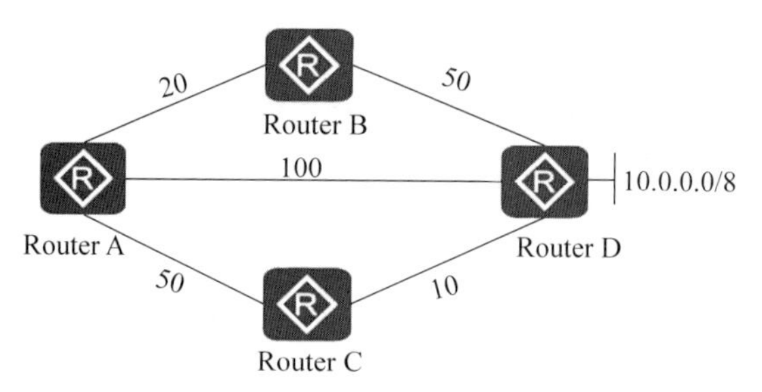

图 4-57 网络示意图

A. A-B-D　　B. RA 无法到达 10.0.0.0/8

C. A-D　　D. A-C-D

4. 网络结构和 OSPF 分区如图 4-58 所示，图中除了 R1 之外，路由器 R2、R3 和 R4 都是 OSPF 的 ABR 路由器。(　　)

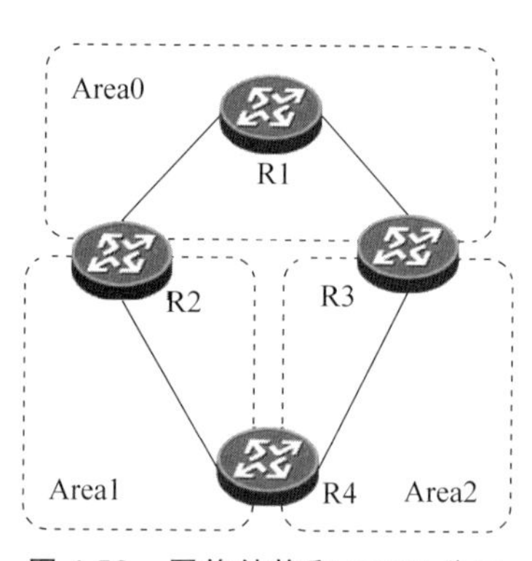

图 4-58 网络结构和 OSPF 分区

A. 对　　B. 错

5. [R1]ospf [R1-ospf-1]area 1 [R1-ospf-1-area-0.0.0.1]network 10.0.12.0 0.0.0.255 如配置所示，管理员在 R1 上配置了 OSPF，但 R1 学习不到其他路由器的路由，那么可能的原因是(　　)。(多选)

A. 此路由器没有配置认证功能，但是邻居路由器配置了认证功能

B. 此路由器配置时，没有配置 OSPF 进程号

C. 此路由器配置的区域 ID 和它的邻居路由器的区域 ID 不同

D. 此路由器在配置 OSPF 时没有宣告连接邻居的网络

6. OSPF 协议封装在以下哪种数据包内？(　　)

A. IP　　B. HTTP　　C. UDP　　D. TCP

7. 如图 4-59 所示的网络，路由器 A 和路由器 B 建立 OSPF 邻居关系，路由器 A 的 OSPF 进程号为 1，区域号为 0，以下哪些方式可以使路由器 B 获得主机 A 所在网段的路由？(多选)(　　)

A. ospf 1 area 0.0.0.0 network 192.168.1.00.0.0.255 #

B. ospf 1 import-route direct #

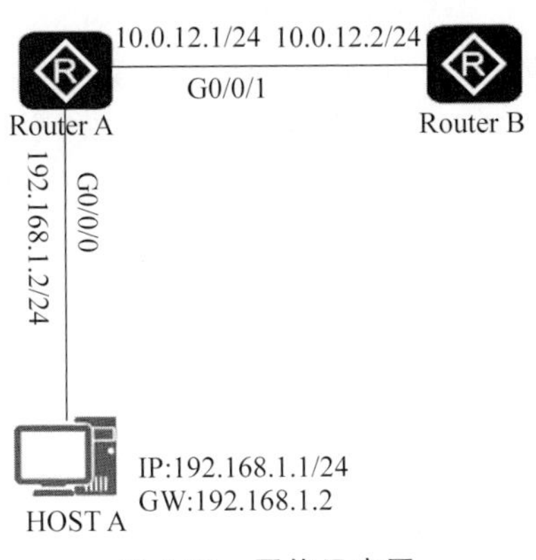

图 4-59　网络示意图

C. ospf 1 area 0.0.0.0 network 192.168.0.00.0.255.255

D. ospf 1 area 0.0.0.0 network 192.168.1.2 0.0.0.0 #

8. OSPF 协议的 HELLO 报文中不包含以下哪个字段？(　　)

A. Neighbor　　B. sysname　　C. Hello Interval　　D. Network Mask

9. OSPF 协议 DR 和 BDR 的作用有？(多选)(　　)

A. 减少邻接关系的数量　　B. 减少 OSPF 协议报文的类型

C. 缩短邻接关系建立的时间　　D. 减少链路状态信息的交换次数

10. 管理员发现两台路由器在建立 OSPF 邻居时，停留在 TWO-WAY 状态，则下面描述正确的是(　　)。

A. 路由器配置了相同的区域 ID

B. 这两台路由器是广播型网络中的 DRother 路由器

C. 路由器配置了错误的 Router ID

D. 路由器配置了相同的进程 ID

11. 如图 4-60 所示，所有路由器运行 OSPF 协议，要求 OSPF 进程号为 1，并且区域号为 0，下列哪些命令可以在路由器 RouterA 上实现这个需求？(多选)(　　)

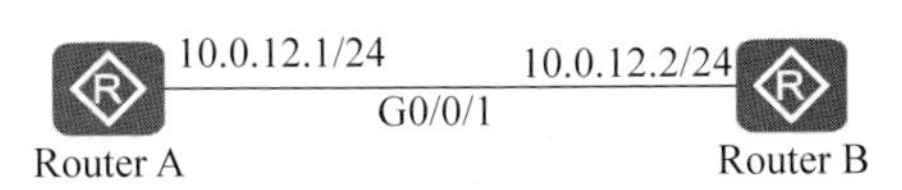

图 4-60　第 11 题示意图

A. # ospf 1 area 0.0.0.0 network 10.0.12.1 0.0.0.0 #

B. # ospf 1 area 0.0.0.0 network 10.0.12.0 0.0.0.3 #

C. # ospf 1 area 0.0.0.0 network 10.0.12.0 0.0.0.255 #

D. # interface GigabitEthernet0/0/1 ip address 10.0.12.1 255.255.255.0 ospf enable 1 area 0.0.0.0 #

12. 在 OSPF 协议中，下面对 DR 的描述中正确的是(　　)。(多选)

A. DR 和 BDR 之间也要建立邻接关系

B. 若两台路由器的优先级值相等，则选择 Router ID 大的路由器作为 DR

C. 若两台路由器的优先级值不同，则选择优先级值较小的路由器作为 DR

D. 默认情况下，本广播网络中所有的路由器都将参与 DR 选举

13. 如图 4-61 所示，两台路由器配置了 OSPF 之后，管理员在 RTA 上配置了＜silent-interfaces0/0/1＞命令，则下面描述正确的是（　　）。（多选）

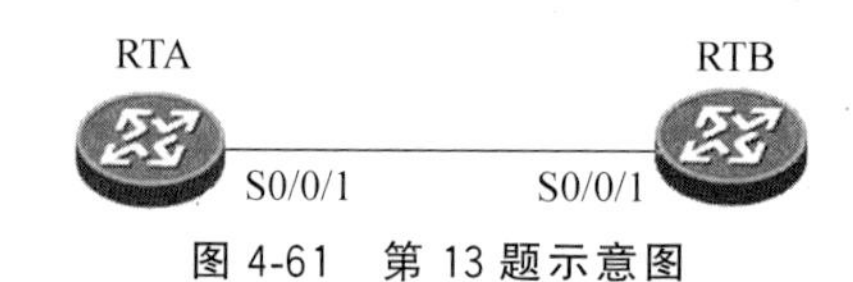

图 4-61　第 13 题示意图

A. RTA 会继续接收并分析处理 RTB 发送的 OSPF 报文

B. 两台路由器的邻居关系将会 down 掉

C. RTA 将不再发送 OSPF 报文

D. 两台路由器的邻居关系将不会受影响

14. OSPF 进程的 Router ID 修改之后立即生效。（　　）

A. 对　　B. 错

15. 在一台路由器上配置 OSPF 时，必须手动进行的配置有（　　）。（多选）

A. 开启 OSPF 进程　　B. 创建 OSPF 区域

C. 配置 Router ID　　D. 指定每个区域中所包含的网络

16. 默认情况下，广播网络上 OSPF 协议 HELLO 报文发送的周期为（　　）。

A. 10s　　B. 40s　　C. 30s　　D. 20s

实验 17　VLAN 之间通信与三层交换机配置

17.1　实 验 目 的

（1）掌握用路由器互连 VLAN 的配置方法。

（2）掌握用三层交换机互连 VLAN 的配置方法。

（3）理解路由器单臂路由及三层交换机的功能和基本原理。

17.2　实 验 要 求

（1）设备要求：计算机两台以上（安装有 Windows 操作系统、华为 eNSP 模拟器软件、抓包软件 Wireshark，安装有网卡已联网）。

（2）分组要求：1 人一组，但部分步骤需相互合作完成。

17.3　实验预备知识

传统交换二层组网中，默认所有网络都处于同一个广播域，这带了诸多问题。VLAN（Virtual Local Area Network，虚拟局域网）技术的提出，满足了二层组网隔离广播域需求，使得属于不同 VLAN 的网络无法互访，但不同 VLAN 之间又存在着相互访问的需求。实际网络部署中一般会将不同 IP 地址段划分到不同的 VLAN，相同 VLAN 且在同一个 IP 网段的 PC 之间可直接进行通信，无须借助三层（网络层）转发设备，该通信方式被称为二层通信。VLAN 之间需要通过三层（网络层）通信实现互访，三层通信需借助三层设备。常见的三层设备有路由器、三层交换机、防火墙等。常用的实现方法有以下两种。

1. 使用路由器子接口（单臂路由）实现 VLAN 间通信

子接口（Sub-Interface）是基于路由器以太网接口所创建的逻辑接口，以物理接口 ID ＋子接口 ID 进行标识，子接口同物理接口一样可进行三层转发。子接口不同于物理接口，可以终结携带 VLAN Tag 的数据帧。基于一个物理接口创建多个子接口，将该物理接口对接到交换机的 Trunk 接口，即可实现使用一个物理接口为多个 VLAN 提供三层转发服务。

如图 4-62 所示，R1 使用一个物理接口(GE 0/0/1)与交换机 SW1 对接，并基于该物理接口创建两个子接口：GE 0/0/1.10 及 GE 0/0/1.20 分别使用这两个子接口作为 VLAN 10 及 VLAN 20 的默认网关。

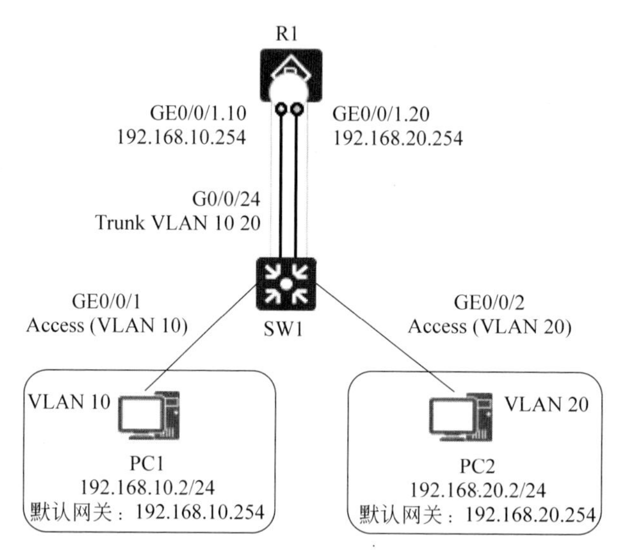

图 4-62 使用路由器子接口(单臂路由)实现 VLAN 间通信

由于三层子接口不支持 VLAN 报文，当它收到 VLAN 报文时，会将 VLAN 报文当成非法报文而丢弃。因此，需要在子接口上将 VLAN Tag 剥掉，也就是需要 VLAN 终结(VLAN Termination)。

交换机连接路由器的接口类型配置为 Trunk，根据报文的 VLAN Tag 不同，路由器将收到的报文交由对应的子接口处理。

2. 使用三层交换机的 VLANIF 技术实现 VLAN 间通信

二层交换机(Layer 2 Switch)指的是只具备二层交换功能的交换机。三层交换机(Layer 3 Switch)除了具备二层交换机的功能，还支持通过三层接口(如 VLANIF 接口)实现路由转发功能。但它是这两个功能的有机结合，并不是简单地把路由器设备的硬件及软件叠加在局域网交换机上。

其原理是：假设两个使用 IP 协议的站点 A、B 通过第三层交换机进行通信，发送站点 A 在开始发送时，把自己的 IP 地址与 B 站的 IP 地址比较，判断 B 站是否与自己在同一子网内。若目的站 B 与发送站 A 在同一子网内，则进行二层的转发。若两个站点不在同一子网内，如发送站 A 要与目的站 B 通信，发送站 A 要向"默认网关"发出 ARP(地址解析)封包，而"默认网关"的 IP 地址其实是三层交换机的三层交换模块。当发送站 A 对"默认网关"的 IP 地址广播出一个 ARP 请求时，如果三层交换模块在以前的通信过程中已经知道 B 站的 MAC 地址，则向发送站 A 回复 B 的 MAC 地址。否则，三层交换模块根据路由信息向 B 站广播一个 ARP 请求，B 站得到此 ARP 请求后向三层交换模块回复其

MAC 地址，三层交换模块保存此地址并回复给发送站 A，同时将 B 站的 MAC 地址发送到二层交换引擎的 MAC 地址表中。从这以后，A 向 B 发送的数据包便全部交给二层交换处理，信息得以高速交换。由于仅在路由过程中才需要三层处理，绝大部分数据都通过二层交换转发，因此三层交换机的速度很快，接近二层交换机的速度，同时比相同路由器的价格低很多。

三层交换机上的 VLANIF 接口是一种三层的逻辑接口，支持 VLAN Tag 的剥离和添加，因此可以通过 VLANIF 接口实现 VLAN 之间的通信。VLANIF 接口编号与所对应的 VLAN ID 相同，如 VLAN 10 对应 VLANIF 10。使用三层交换机的 VLANIF 技术实现 VLAN 间的通信如图 4-63 所示。

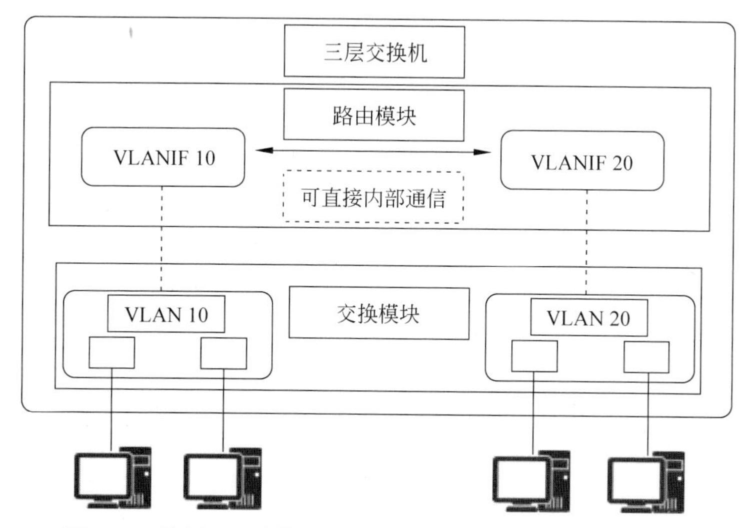

图 4-63　使用三层交换机的 VLANIF 技术实现 VLAN 间的通信

17.4　实验内容与步骤

1. 建立网络拓扑

在 eNSP 中新建网络拓扑如图 4-64 所示，其中，路由器型号为 AR2240，交换机型号为 S5700，各设备的 IP 地址配置如表 4-23 所示。

表 4-23　各设备 IP 地址配置

设备名称	接　　口	IP 地址	默 认 网 关
R1	GE 0/0/0.10	192.168.10.254	—
	GE 0/0/0.20	192.168.20.254	—
PC1	E0/0/1	192.168.10.1/24	192.168.10.254
PC2	E0/0/1	192.168.10.2/24	192.168.10.254
PC3	E0/0/1	192.1368.20.1/24	192.168.20.254
PC4	E0/0/1	192.168.20.2/24	192.168.20.254

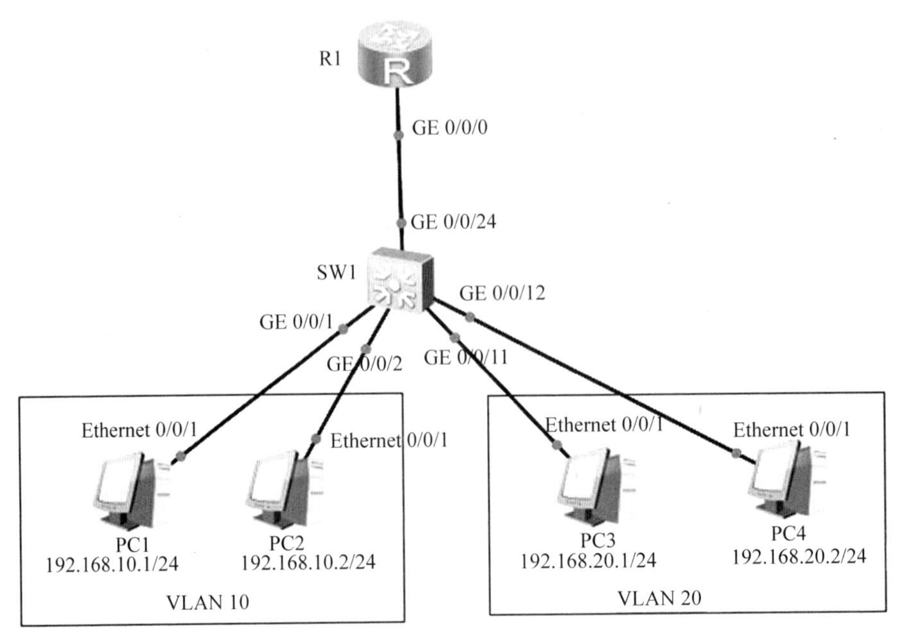

图 4-64 实现 VLAN 间通信实验拓扑

测试 PC1 到 PC2、PC3、PC4 的连通性，并分析产生该结果的原因。

2. 在三层交换机上配置 VLAN

```
<Huawei>undo ter mo
<Huawei>sys
[Huawei]sysn SW1
[SW1]vlan batch 10 20
[SW1]int g0/0/1
[SW1-GigabitEthernet0/0/1]port link-type access
[SW1-GigabitEthernet0/0/1]port default vlan 10
[SW1-GigabitEthernet0/0/1]int g0/0/2
[SW1-GigabitEthernet0/0/2]port link-type access
[SW1-GigabitEthernet0/0/2]port default vlan 10
[SW1-GigabitEthernet0/0/2]int g0/0/11
[SW1-GigabitEthernet0/0/11]port link-type access
[SW1-GigabitEthernet0/0/11]port default vlan 20
[SW1-GigabitEthernet0/0/11]int g0/0/12
[SW1-GigabitEthernet0/0/12]port link-type access
[SW1-GigabitEthernet0/0/12]port default vlan 20
[SW1-GigabitEthernet0/0/12]int g0/0/24
[SW1-GigabitEthernet0/0/24]port link-type trunk
[SW1-GigabitEthernet0/0/24]port trunk allow-pass vlan all
[SW1-GigabitEthernet0/0/24]q
[SW1]
```

3. 使用路由器子接口（单臂路由）实现 VLAN 间通信

（1）在路由器 R1 上配置单臂路由。

```
<Huawei>undo ter mo
<Huawei>sys
[Huawei]sysn R1
[R1]int g0/0/0.10          //创建子接口
[R1-GigabitEthernet0/0/0.10]ip addr 192.168.10.254 24
[R1-GigabitEthernet0/0/0.10]dot1q termination vid 10   //配置子接口 dot1q 终结
//的单层 VLAN ID,当进入此子接口 VLAN ID 为 10 的 802.1Q 分组时,会摘掉 VLAN 标记再进行
//路由操作,从此接口发出的 MAC 帧也会打上 VLAN 10 标记。
[R1-GigabitEthernet0/0/0.10]arp broadcast enable      //使能终结子接口的 ARP 广播
//功能,允许子接口发送和接收 ARP 广播
[R1-GigabitEthernet0/0/0.10]q
[R1]int g0/0/0.20
[R1-GigabitEthernet0/0/0.20]ip addr 192.168.20.254 24
[R1-GigabitEthernet0/0/0.20]dot1q termination vid 20
[R1-GigabitEthernet0/0/0.20]arp broadcast enable
[R1-GigabitEthernet0/0/0.20]q
[R1]q
<R1>save
```

测试 PC1 到 PC2、PC3、PC4 的连通性,测试结果与步骤 1 中的测试结果有什么不同?

(2) 抓取并分析数据分组。

在 R1 的 GE 0/0/0 接口启动抓包,然后在 PC1 上执行“ping 192.168.20.1 -c 1”命令(PC1 向 PC3 发送一个 ICMP 报文)。分析捕获的 ICMP 报文,如图 4-65 所示,为什么会在这个接口捕获到两件 ICMP 请求分组和两个 ICMP 应答分组?捕获的 ICMP 分组首部前面有 802.1Q VLAN 标记吗?

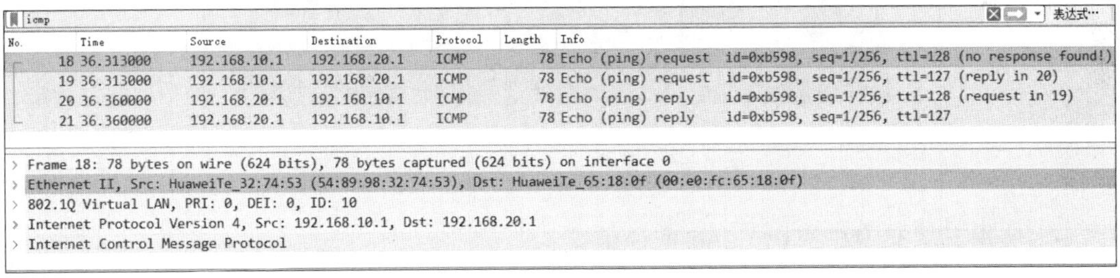

icmp 表达式…

No.	Time	Source	Destination	Protocol	Length	Info
18	36.313000	192.168.10.1	192.168.20.1	ICMP	78	Echo (ping) request id=0xb598, seq=1/256, ttl=128 (no response found!)
19	36.313000	192.168.10.1	192.168.20.1	ICMP	78	Echo (ping) request id=0xb598, seq=1/256, ttl=127 (reply in 20)
20	36.360000	192.168.20.1	192.168.10.1	ICMP	78	Echo (ping) reply id=0xb598, seq=1/256, ttl=128 (request in 19)
21	36.360000	192.168.20.1	192.168.10.1	ICMP	78	Echo (ping) reply id=0xb598, seq=1/256, ttl=127

> Frame 18: 78 bytes on wire (624 bits), 78 bytes captured (624 bits) on interface 0
> Ethernet II, Src: HuaweiTe_32:74:53 (54:89:98:32:74:53), Dst: HuaweiTe_65:18:0f (00:e0:fc:65:18:0f)
> 802.1Q Virtual LAN, PRI: 0, DEI: 0, ID: 10
> Internet Protocol Version 4, Src: 192.168.10.1, Dst: 192.168.20.1
> Internet Control Message Protocol

图 4-65 在 R1 的 GE 0/0/0 接口捕获的 ICMP 报文

注:PC1-G0/0/0.10(request)、G0/0/0.20-PC3(request)、PC3-G0/0/0.20(request)、G0/0/0.10-PC1(request),一共 4 个 ICMP 分组。

(3) 查看 PC1 和 PC3 上的 ARP 缓存内容。

在 PC1 和 PC3 上查看 ARP 缓存,如图 4-66 和图 4-67 所示。请问 PC1 和 PC3 缓存内容中记录的是什么?PC1 和 PC3 的 ARP 缓存中关于默认网关的记录,为什么会出现不同的 IP 地址对应的 MAC 地址相同的情况?

注:路由器子接口共用物理接口的 MAC 地址,这个 MAC 地址在图 4-65 中的 4 个 ICMP 分组中也可以看到,也可以在路由器 R1 上使用命令“display interface g0/0/0”查看。

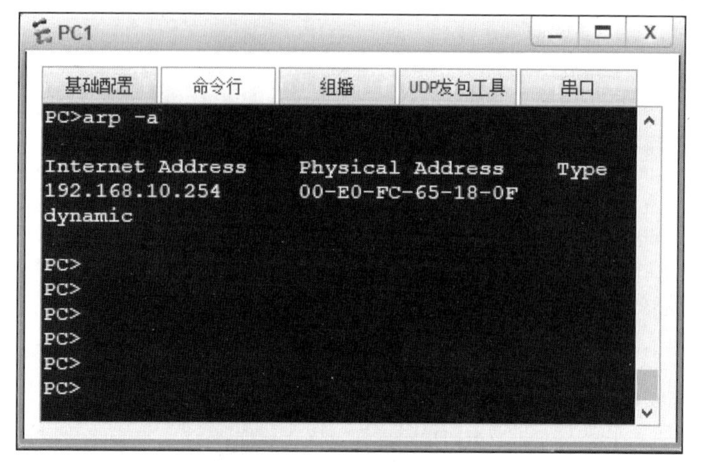

图 4-66 在 PC1 上查看 ARP 缓存

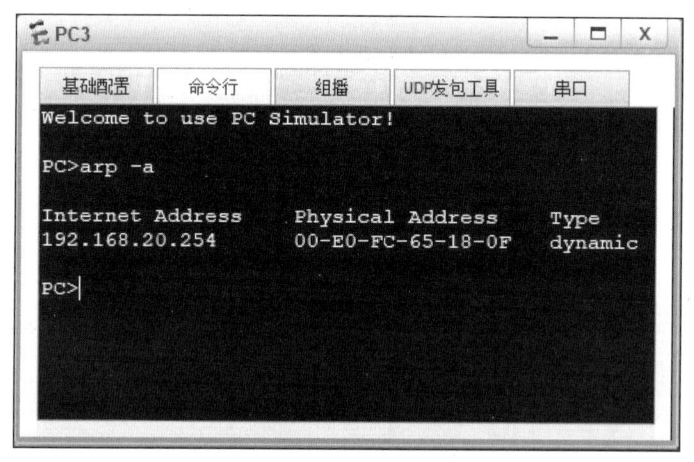

图 4-67 在 PC3 上查看 ARP 缓存

4. 使用三层交换机实现 VLAN 间通信

(1) 在三层交换机 SW1 上为 VLAN 10 和 VLAN 20 创建逻辑接口并配置 IP 地址。

```
[SW1]int g0/0/24
[SW1-GigabitEthernet0/0/24]shutdown    //关闭 G0/0/24 接口
```

此时 VLAN 10 和 VLAN 20 之间是否还能访问? 继续配置。

```
[SW1-GigabitEthernet0/0/24]quit
[SW1]int vlanif 10      //为 VLAN 10 创建逻辑接口
[SW1-Vlanif10]ip addr 192.168.10.254 24      //设置 IP 地址,VLAN 10 网关
[SW1-Vlanif10]q
[SW1]int vlanif 20
[SW1-Vlanif20]ip addr 192.168.20.254 24
[SW1]q
<SW1>save
```

测试 PC1 到 PC2、PC3、PC4 的连通性，测试结果与步骤 3 中的测试结果有什么不同？

（2）测试 PC1 到 PC3 的连通性，然后立即查看 SW1 的 MAC 地址表、ARP 表、路由表、VLAN 接口信息（如图 4-68～图 4-71 所示），以及 PC1 和 PC3 的 MAC 地址与 ARP 表（如图 4-72～图 4-75 所示），描述 PC1 发送 IP 数据报给 PC3 的逻辑转发过程。

```
<SW1>
<SW1>display mac-address
MAC address table of slot 0:
-------------------------------------------------------------------------------
MAC Address    VLAN/       PEVLAN CEVLAN Port            Type      LSP/LSR-ID
               VSI/SI                                              MAC-Tunnel
-------------------------------------------------------------------------------
5489-9832-7453 10          -      -      GE0/0/1         dynamic   0/-
5489-983d-1149 20          -      -      GE0/0/11        dynamic   0/-
-------------------------------------------------------------------------------
Total matching items on slot 0 displayed = 2
```

图 4-68　SW1 的 MAC 地址表

```
<SW1>display arp
IP ADDRESS      MAC ADDRESS     EXPIRE(M) TYPE INTERFACE      VPN-INSTANCE
                                          VLAN
------------------------------------------------------------------------------
192.168.10.254  4c1f-ccc4-6d63            I -  Vlanif10
192.168.10.1    5489-9832-7453  19        D-0  GE0/0/1
                                          10
192.168.20.254  4c1f-ccc4-6d63            I -  Vlanif20 。
192.168.20.1    5489-983d-1149  19        D-0  GE0/0/11
                                          20
------------------------------------------------------------------------------
Total:4         Dynamic:2       Static:0     Interface:2
<SW1>display ip routing
Route Flags: R - relay, D - download to fib
------------------------------------------------------------------------------
Routing Tables: Public
         Destinations : 6        Routes : 6

Destination/Mask    Proto   Pre  Cost      Flags NextHop         Interface

      127.0.0.0/8   Direct  0    0           D   127.0.0.1       InLoopBack0
      127.0.0.1/32  Direct  0    0           D   127.0.0.1       InLoopBack0
   192.168.10.0/24  Direct  0    0           D   192.168.10.254  Vlanif10
 192.168.10.254/32  Direct  0    0           D   127.0.0.1       Vlanif10
   192.168.20.0/24  Direct  0    0           D   192.168.20.254  Vlanif20
 192.168.20.254/32  Direct  0    0           D   127.0.0.1       Vlanif20
```

图 4-69　SW1 的 ARP 表

```
<SW1>display ip routing-table
Route Flags: R - relay, D - download to fib
------------------------------------------------------------------------------
Routing Tables: Public
         Destinations : 6        Routes : 6

Destination/Mask    Proto   Pre  Cost      Flags NextHop         Interface

      127.0.0.0/8   Direct  0    0           D   127.0.0.1       InLoopBack0
      127.0.0.1/32  Direct  0    0           D   127.0.0.1       InLoopBack0
   192.168.10.0/24  Direct  0    0           D   192.168.10.254  Vlanif10
 192.168.10.254/32  Direct  0    0           D   127.0.0.1       Vlanif10
   192.168.20.0/24  Direct  0    0           D   192.168.20.254  Vlanif20
 192.168.20.254/32  Direct  0    0           D   127.0.0.1       Vlanif20
```

图 4-70　SW1 的路由表

```
<SW1>display interface vlanif10
Vlanif10 current state : UP
Line protocol current state : UP
Last line protocol up time : 2023-11-22 15:50:10 UTC-08:00
Description:
Route Port,The Maximum Transmit Unit is 1500
Internet Address is 192.168.10.254/24
IP Sending Frames' Format is PKTFMT_ETHNT_2, Hardware address is 4c1f-ccc4-6d63
Current system time: 2023-11-22 16:11:50-08:00
    Input bandwidth utilization  : --
    Output bandwidth utilization : --

<SW1>display interface vlanif20
Vlanif20 current state : UP
Line protocol current state : UP
Last line protocol up time : 2023-11-22 15:50:10 UTC-08:00
Description:
Route Port,The Maximum Transmit Unit is 1500
Internet Address is 192.168.20.254/24
IP Sending Frames' Format is PKTFMT_ETHNT_2, Hardware address is 4c1f-ccc4-6d63
Current system time: 2023-11-22 16:11:57-08:00
    Input bandwidth utilization  : --
    Output bandwidth utilization : --
```

图 4-71 SW1 的 VLAN 接口信息

PC1

基础配置 | 命令行 | 组播 | UDP发包工具 | 串口

主机名:

MAC 地址: 54-89-98-32-74-53

IPv4 配置

◉静态 ○DHCP ☐自动获取 DNS 服务器地址

IP 地址: 192 . 168 . 10 . 1   DNS1: 0 . 0 . 0 . 0

子网掩码: 255 . 255 . 255 . 0   DNS2: 0 . 0 . 0 . 0

网关: 192 . 168 . 10 . 254

IPv6 配置

◉静态 ○DHCPv6

IPv6 地址: ::

前缀长度: 128

IPv6 网关: ::

图 4-72 PC1 的 MAC 地址

PC1

基础配置 | 命令行 | 组播 | UDP发包工具 | 串口

```
PC>arp -a

Internet Address      Physical Address      Type
192.168.10.254        4C-1F-CC-C4-6D-63     dynamic
```

图 4-73 PC1 的 ARP 表

PC3

基础配置　命令行　组播　UDP发包工具　串口

主机名：

MAC 地址：54-89-98-3D-11-49

IPv4 配置

静态　DHCP　自动获取 DNS 服务器地址

IP 地址：192 . 168 . 20 . 1　DNS1：0 . 0 . 0 . 0

子网掩码：255 . 255 . 255 . 0　DNS2：0 . 0 . 0 . 0

网关：192 . 168 . 20 . 254

IPv6 配置

静态　DHCPv6

IPv6 地址：::

前缀长度：128

IPv6 网关：::

图 4-74　PC3 的 MAC 地址

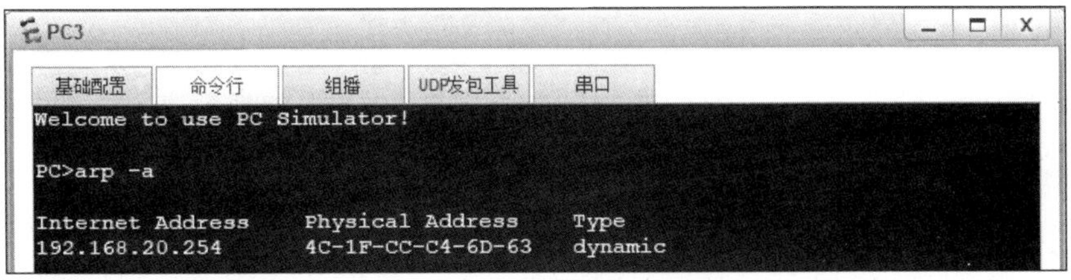

PC3

基础配置　命令行　组播　UDP发包工具　串口

```
Welcome to use PC Simulator!

PC>arp -a

Internet Address      Physical Address      Type
192.168.20.254        4C-1F-CC-C4-6D-63     dynamic
```

图 4-75　PC3 的 ARP 表

注：由于 PC3 与 PC1 不在同一网络中，因此 PC1 先将 IP 数据报（包含 ICMP 请求报文）发送给自己的默认网关。PC1 通过 ARP 表获得默认网关 IP 地址对应的 SW1 接口 VLANIF 10 的 MAC 地址，然后将发送给 PC3 的 IP 数据报封装成 MAC 帧（目的 MAC 地址为 SW1 接口 VLANIF 10 的 MAC 地址）发送出去，SW1 收到后，根据帧中 IP 数据报的目的 IP 地址查找路由表，发现目的 IP 地址属于其 VLANIF 20 接口连接的直连网络，通过 ARP 表获得目的 IP 地址（PC3）的 MAC 地址，将 MAC 帧的源 MAC 地址和目的 MAC 地址分别替换为 VLANIF 20 接口的 MAC 地址（实际上与 VLANIF 10 的 MAC 地址一样）和 PC3 的 MAC 地址，然后查找 SW1 的 MAC 地址表，找到连接 PC3 的接口为 G0/0/11，将 MAC 帧从该接口发送出去，最终 PC3 收到。

注意，第一次转发 PC1 到 PC3 的 IP 数据报时，SW1 需要查找路由表，但由于 SW1 已将下一跳（这里是 PC3）的 IP 地址与 MAC 地址的映射关系记录在高速缓存中，当后续 IP 数据报到达时就不用再查找路由表了，而是根据目的 IP 地址直接从缓存中查找相应的下一跳的 MAC 地址，并用自己的 MAC 地址和查找到的下一跳的 MAC 地址直接替换包含该 IP 数据报的以太网帧的源和目的 MAC 地址，直接在第二层将帧转发出去。在上述整个过程中，主机感觉不到三层交换机与路由器有什么不同，因此三层交换机在逻辑上就是路由器与交换机的集成体。

17.5 练习与思考

1. 关于 VLAN 间通信说法正确的是(　　)。(多选)

   A. VLAN 间通信可以通过单臂路由来实现

   B. VLAN 间通信可以通过三层交换机来实现

   C. VLAN 间通信不能通过二层交换机来实现

   D. VLAN 间通信可以通过 GVRP 来实现

   E. VLAN 间通信必须依靠路由器来实现

2. 如图 4-76(a)所示，两台主机通过单臂路由实现 VLAN 间通信，当 RTA 的 G0/0/1.2 子接口收到主机 B 发送给主机 A 的数据帧时，RTA 将执行下列哪项操作？(　　)

   A. RTA 将数据帧通过 G0/0/1.1 子接口直接转发出去

   B. RTA 删除 VLAN 标签 20 后，由 G0/0/1.1 接口发送出去

   C. RTA 先要删除 VLAN 标签 20，然后添加 VLAN 标签 10，再由 G0/0/1.1 接口发送出去

   D. RTA 将丢弃该数据帧

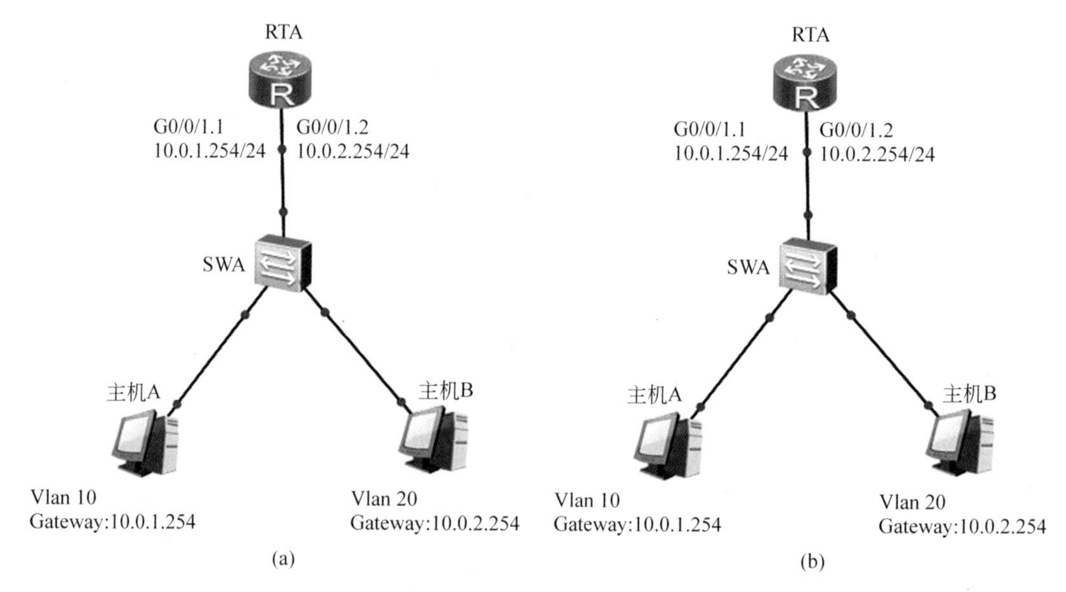

图 4-76　两台主机通过单臂路由实现 VLAN 间通信

3. 如图 4-76(b)所示，主机 A 与主机 B 希望通过单臂路由实现 VLAN 间通信，则在 RTA 的 G0/0/1.1 接口下该做哪项配置？(　　)

   A. dot1q termination vid 1　　　　B. dot1q termination vid 10

   C. dot1q termination vid 20　　　　D. dot1q termination vid 30

实验18　网络地址转换(NAT)的配置与分析

18.1　实验目的

(1) 理解NAT的作用与工作原理。

(2) 掌握静态NAT、动态NAT和NAPT的基本配置方法。

18.2　实验要求

(1) 设备要求：计算机两台以上(安装有Windows操作系统、华为eNSP模拟器软件、抓包软件Wireshark,安装有网卡已联网)。

(2) 分组要求：1人一组,但部分步骤需相互合作完成。

18.3　实验预备知识

早在20世纪90年代初,有关RFC文档就提出了IP地址耗尽的可能性。IPv6技术的提出虽然可以从根本上解决地址短缺的问题,但是也无法立刻替换现有成熟且广泛应用的IPv4网络。既然不能立即过渡到IPv6网络,那么必须使用一些技术手段来延长IPv4的寿命,其中广泛使用的技术之一就是私有地址与网络地址转换(Network Address Translation,NAT)。在IP地址的空间里,A、B、C三类地址中各有一部分地址,它们被称为私网IP地址(或私有IP地址),内容如下。

(1) A类：10.0.0.1～10.255.255.254。

(2) B类：172.16.0.1～172.31.255.254。

(3) C类：192.168.0.1～192.168.255.254。

私有地址只能在局域网内部使用,使用私有地址的主机如果要访问公网或通过公网去访问其他的局域网,就必须通过NAT来完成地址的转换。其概念如图4-77所示。

NAT技术的基本作用就是实现私网IP地址与公网IP地址之间的转换。NAT是将IP数据报文报头中的IP地址转换为另一个IP地址的过程,主要用于实现内部网络(私

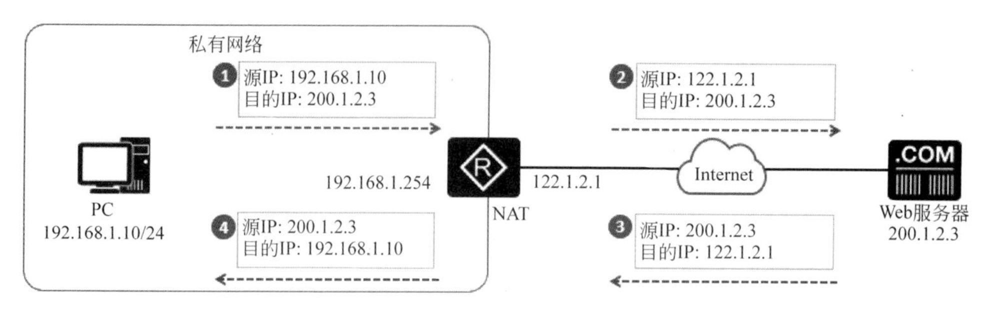

图 4-77 NAT 的基本概念

有 IP 地址)访问外部网络(公有 IP 地址)的功能。NAT 有三种类型:静态 NAT、动态 NAT 以及网络地址端口转换 NAPT。NAT 转换设备(实现 NAT 功能的网络设备)维护着地址转换表,所有经过 NAT 转换设备并且需要进行地址转换的报文,都会通过该表做相应转换,NAT 转换设备处于内部网络和外部网络的连接处,常见的有路由器、防火墙等。

1. **静态 NAT**

静态 NAT 原理如图 4-78 所示。

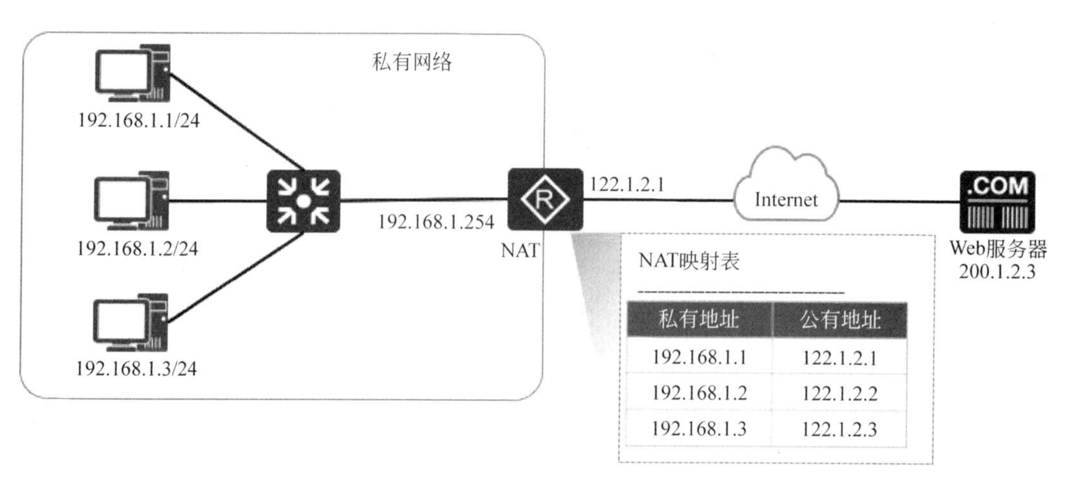

图 4-78 静态 NAT 原理

静态 NAT:每个私有地址都有一个与之对应并且固定的公有地址,即私有地址和公有地址之间的关系是一对一映射。支持双向互访:私有地址访问 Internet 经过出口设备 NAT 转换时,会被转换成对应的公有地址。同时,外部网络访问内部网络时,其报文中携带的公有地址(目的地址)也会被 NAT 设备转换成对应的私有地址。

2. **动态 NAT**

静态 NAT 严格地进行一对一地址映射,这就导致即便内网主机长时间离线或者不发送数据时,与之对应的公有地址也处于使用状态。为了避免地址浪费,动态 NAT 提出了地址池的概念:所有可用的公有地址组成地址池。当内部主机访问外部网络时临时分配一个地址池中未使用的地址,并将该地址标记为"In Use"。当该主机不再访问外部网

络时回收分配的地址,重新标记为“Not Use”。动态 NAT 原理如图 4-79 所示。

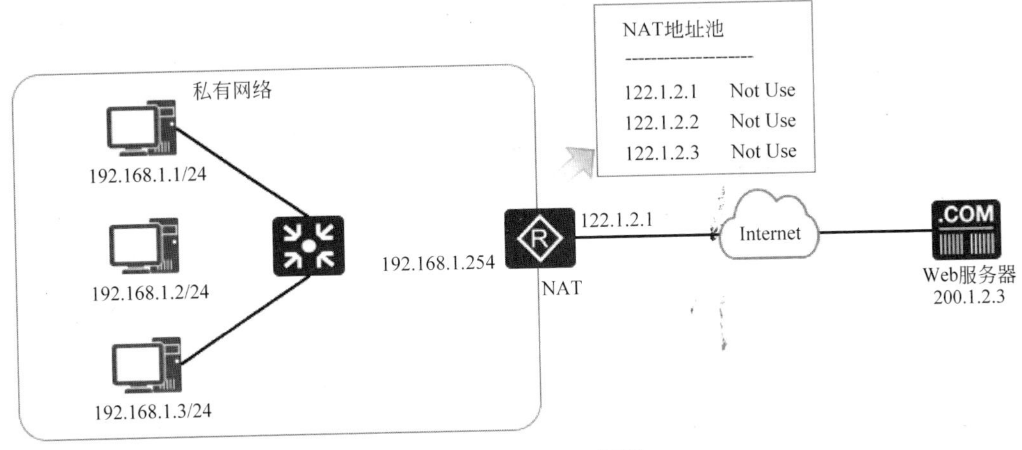

图 4-79　动态 NAT 原理

3. NAPT 动态

NAT 选择地址池中的地址进行地址转换时不会转换端口号,即 No-PAT(No-Port Address Translation,非端口地址转换),公有地址与私有地址还是 1∶1 的映射关系,无法提高公有地址利用率。

NAPT(Network Address and Port Translation,网络地址端口转换):从地址池中选择地址进行地址转换时不仅转换 IP 地址,同时也会对端口号进行转换,从而实现公有地址与私有地址的 1∶n 映射,可以有效提高公有地址利用率。其原理如图 4-80 所示。

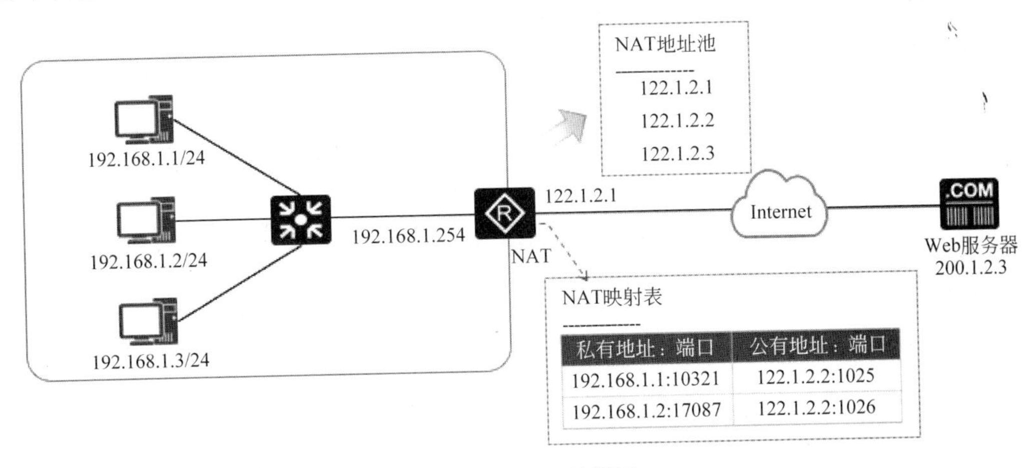

图 4-80　NAPT 的原理

4. NAT Easy

IP NAT Easy IP 的实现原理和 NAPT 相同,同时转换 IP 地址、传输层端口,区别在于 Easy IP 没有地址池的概念,使用接口地址作为 NAT 转换的公有地址。NAT Easy IP 适用于不具备固定公网 IP 地址的场景:如通过 DHCP、PPPoE 拨号获取地址的私有网络出口，可以直接使用获取到的动态地址进行转换。其原理如图 4-81 所示。

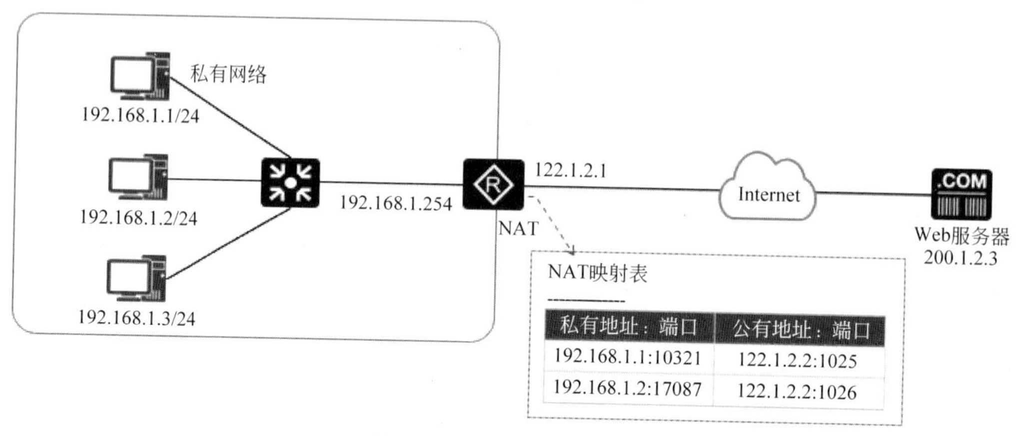

图 4-81 NAT Easy IP 原理

5. NAT Server NAT Server

指定[**公有地址：端口**]与[**私有地址：端口**]的一对一映射关系，将内网服务器映射到公网，当私有网络中的服务器需要对公网提供服务时使用。外网主机主动访问[**公有地址：端口**]实现对内网服务器的访问。NAT Server 原理如图 4-82 所示。

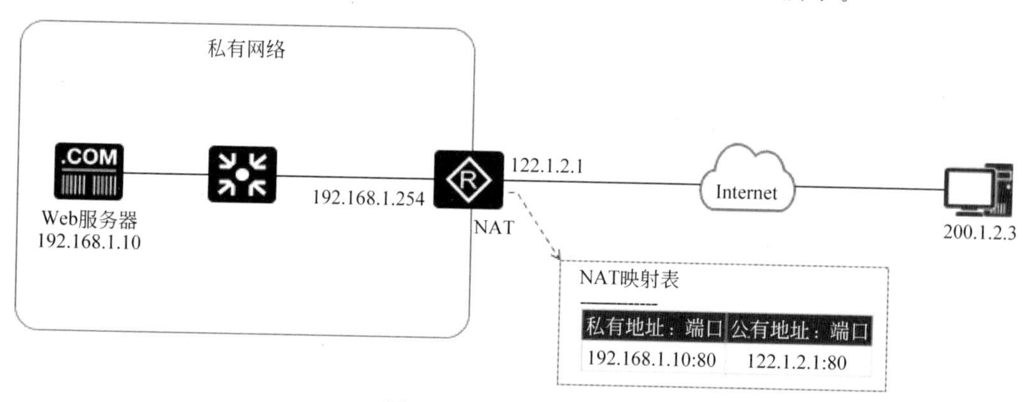

图 4-82 NAT Server 原理

6. 配置命令

(1) [Huawei-GigabitEthernet0/0/0] **nat static global** {global-address} **inside** {host-address} #接口视图下配置静态 NAT

(2) [Huawei] **nat static global** {global-address} **inside** {host-address} #系统#视图下配置静态 NAT

(3) [Huawei-GigabitEthernet0/0/0] **nat static enable** #在接口下使能 nat static #功能

(4) [Huawei] **nat address-group** group-index start-address end-address #创建地#址池

(5) [Huawei] acl number #创建 ACL

[Huawei-acl-basic-number] **rule permit source** source-address source-wildcard #配置地址转换的 ACL 规则

(6) [Huawei-GigabitEthernet0/0/0] **nat outbound** acl-number **address-group** group-index [no-pat] #接口视图下配置带地址池的 NAT Outbound,接口下关联 ACL 与地址池进
#行动态地址转换,no-pat 参数指定不进行端口转换
(7) [R1-GigabitEthernet0/0/1] **nat server protocol** {tcp|udp} **global** global-address global-port **inside** host-address host-port #接口视图下配置"私有 IP 地址
#+端口号"与"公有 IP 地址+端口号"进行映射
(8) [R1-GigabitEthernet0/0/1]**nat outbound** acl-number #接口视图下配置 ACL 指定
#的私有 IP 地址使用出接口的 IP 地址作为转换后的 IP 地址

18.4 实验内容与步骤

1. 建立网络拓扑

在 ENSP 中新建网络拓扑如图 4-83 所示,其中,路由器型号为 AR2240,各设备的 IP 地址配置如表 4-24 所示。

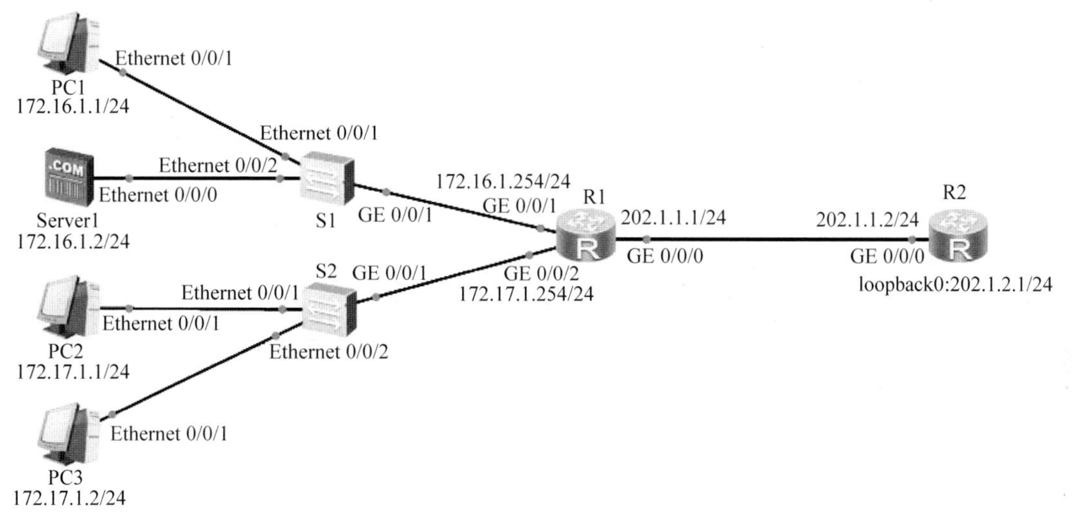

图 4-83 NAT 实验拓扑

表 4-24 各设备 IP 地址配置

设备名称	接　口	IP 地址	默认网关
PC1	Ethernet 0/0/1	172.16.1.1/24	172.16.1.254
PC2	Ethernet 0/0/1	172.17.1.1/24	172.17.1.254
PC3	Ethernet 0/0/1	172.17.1.2/24	172.17.1.254
Server 1	Ethernet 0/0/0	172.16.1.2/24	172.16.1.254
R1	GE 0/0/0	202.1.1.1/24	—
	GE 0/0/1	172.16.1.254/24	—
	GE 0/0/2	172.17.1.254/24	—

续表

设备名称	接　　口	IP 地址	默 认 网 关
R2	GE 0/0/0	202.1.1.2/24	—
	Loopback 0	202.1.2.1/24	—

2. 基础配置

R1：

```
<Huawei>undo terminal monitor
<Huawei>system
[Huawei]sysname R1
[R1]interface g0/0/0
[R1-GigabitEthernet0/0/0]ip address 202.1.1.1 24
[R1-GigabitEthernet0/0/0]interface g0/0/1
[R1-GigabitEthernet0/0/1]ip address 172.16.1.254 24
[R1-GigabitEthernet0/0/1]interface g0/0/2
[R1-GigabitEthernet0/0/2]ip address 172.17.1.254 24
[R1-GigabitEthernet0/0/2]quit
[R1]ip route-static 0.0.0.0 0.0.0.0 202.1.1.2
[R1]
```

R2：

```
<Huawei>undo terminal monitor
<Huawei>system
[Huawei]sysname R2
[R2]interface g0/0/0
[R2-GigabitEthernet0/0/0]ip address 202.1.1.2 24
[R2-GigabitEthernet0/0/0]interface loopback 0
[R2-LoopBack0]ip address 202.1.2.1 24
[R2-LoopBack0]q
[R2]
```

测试内网主机到公网主机的连通性(PC1 ping R2-Loopback 0)，如图 4-84 所示；以及公网主机到内网主机的连通性(R2-Loopback 0 ping PC1)，如图 4-85 所示。分析原因。

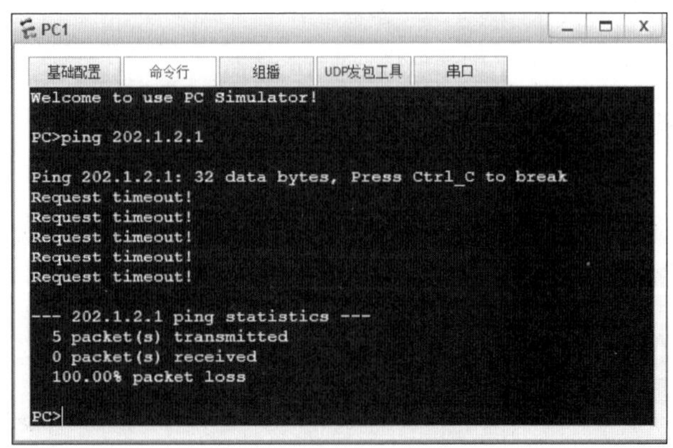

图 4-84　PC1 ping R2-Loopback 0

```
R2
<R2>ping -a 202.1.2.1 172.16.1.1
  PING 172.16.1.1: 56  data bytes, press CTRL_C to break
    Request time out
    Request time out
    Request time out
    Request time out
    Request time out

  --- 172.16.1.1 ping statistics ---
    5 packet(s) transmitted
    0 packet(s) received
    100.00% packet loss

<R2>
```

图 4-85　R2-Loopback 0 ping PC1

3. 静态 NAT 配置与分析

(1) 在 R1 上配置静态 NAT,为内网主机 PC1 配置转换的公网地址,命令如下。

```
[R1-GigabitEthernet0/0/0]nat static global 202.1.1.5 inside 172.16.1.1
```

配置完成后,在 R1 上查看 NAT 静态配置信息,如图 4-86 所示。并在 PC1 上使用 ping 命令测试与外网的连通性,如图 4-87 所示。

```
<R1>display nat static
  Static Nat Information:
  Interface  : GigabitEthernet0/0/0
    Global IP/Port     : 202.1.1.5/----
    Inside IP/Port     : 172.16.1.1/----
    Protocol : ----
    VPN instance-name  : ----
    Acl number         : ----
    Netmask  : 255.255.255.255
    Description : ----

  Total :    1
```

图 4-86　在 R1 上查看 NAT 静态配置信息

```
PC1
基础配置 命令行 组播 UDP发包工具 串口

PC>ping 202.1.2.1

Ping 202.1.2.1: 32 data bytes, Press Ctrl_C to break
From 202.1.2.1: bytes=32 seq=1 ttl=254 time=63 ms
From 202.1.2.1: bytes=32 seq=2 ttl=254 time=47 ms
From 202.1.2.1: bytes=32 seq=3 ttl=254 time=62 ms
From 202.1.2.1: bytes=32 seq=4 ttl=254 time=47 ms
From 202.1.2.1: bytes=32 seq=5 ttl=254 time=31 ms

--- 202.1.2.1 ping statistics ---
  5 packet(s) transmitted
  5 packet(s) received
  0.00% packet loss
  round-trip min/avg/max = 31/50/63 ms

PC>
```

图 4-87　在 PC1 上使用 ping 命令测试与外网的连通性

（2）在 R1 的 G0/0/1 和 G0/0/0 接口上同时启动抓包，PC1 ping R2-Loopback 0，分析捕获的 ICMP 报文，如图 4-88 和图 4-89 所示，在 R1 的 G0/0/1 和 G0/0/0 接口上捕获的 ICMP 报文的源 IP 地址和目的 IP 地址有何不同？分析产生该结果的原因。

No.	Time	Source	Destination	Protocol	Length	Info
28	56.468000	172.16.1.1	202.1.2.1	ICMP	74	Echo (ping) request id=0xf6bc, seq=1/256, ttl=128 (reply in 29)
29	56.484000	202.1.2.1	172.16.1.1	ICMP	74	Echo (ping) reply id=0xf6bc, seq=1/256, ttl=254 (request in 28)
31	57.515000	172.16.1.1	202.1.2.1	ICMP	74	Echo (ping) request id=0xf7bc, seq=2/512, ttl=128 (reply in 32)
32	57.531000	202.1.2.1	172.16.1.1	ICMP	74	Echo (ping) reply id=0xf7bc, seq=2/512, ttl=254 (request in 31)
33	58.547000	172.16.1.1	202.1.2.1	ICMP	74	Echo (ping) request id=0xf8bc, seq=3/768, ttl=128 (reply in 34)
34	58.578000	202.1.2.1	172.16.1.1	ICMP	74	Echo (ping) reply id=0xf8bc, seq=3/768, ttl=254 (request in 33)
36	59.609000	172.16.1.1	202.1.2.1	ICMP	74	Echo (ping) request id=0xf9bc, seq=4/1024, ttl=128 (reply in 37)
37	59.625000	202.1.2.1	172.16.1.1	ICMP	74	Echo (ping) reply id=0xf9bc, seq=4/1024, ttl=254 (request in 36)
38	60.656000	172.16.1.1	202.1.2.1	ICMP	74	Echo (ping) request id=0xfabc, seq=5/1280, ttl=128 (reply in 39)
39	60.656000	202.1.2.1	172.16.1.1	ICMP	74	Echo (ping) reply id=0xfabc, seq=5/1280, ttl=254 (request in 38)

图 4-88　在 R1 的 G0/0/1 接口上捕获的 ICMP 报文

No.	Time	Source	Destination	Protocol	Length	Info
1	0.000000	202.1.1.5	202.1.2.1	ICMP	74	Echo (ping) request id=0xf6bc, seq=1/256, ttl=127 (reply in 2)
2	0.016000	202.1.2.1	202.1.1.5	ICMP	74	Echo (ping) reply id=0xf6bc, seq=1/256, ttl=255 (request in 1)
3	1.047000	202.1.1.5	202.1.2.1	ICMP	74	Echo (ping) request id=0xf7bc, seq=2/512, ttl=127 (reply in 4)
4	1.063000	202.1.2.1	202.1.1.5	ICMP	74	Echo (ping) reply id=0xf7bc, seq=2/512, ttl=255 (request in 3)
5	2.079000	202.1.1.5	202.1.2.1	ICMP	74	Echo (ping) request id=0xf8bc, seq=3/768, ttl=127 (reply in 6)
6	2.094000	202.1.2.1	202.1.1.5	ICMP	74	Echo (ping) reply id=0xf8bc, seq=3/768, ttl=255 (request in 5)
7	3.141000	202.1.1.5	202.1.2.1	ICMP	74	Echo (ping) request id=0xf9bc, seq=4/1024, ttl=127 (reply in 8)
8	3.157000	202.1.2.1	202.1.1.5	ICMP	74	Echo (ping) reply id=0xf9bc, seq=4/1024, ttl=255 (request in 7)
9	4.188000	202.1.1.5	202.1.2.1	ICMP	74	Echo (ping) request id=0xfabc, seq=5/1280, ttl=127 (reply in 10)
10	4.188000	202.1.2.1	202.1.1.5	ICMP	74	Echo (ping) reply id=0xfabc, seq=5/1280, ttl=255 (request in 9)

图 4-89　在 R1 的 G0/0/0 接口上捕获的 ICMP 报文

（3）在 R1 的 G0/0/1 和 G0/0/0 接口上同时启动抓包，R2-Loopback 0 ping PC1 (ping -a 202.1.2.1 202.1.1.5，目的地址为 202.1.1.5)，分析捕获的 ICMP 报文，如图 4-90 和图 4-91 所示，在 R1 的 G0/0/1 和 G0/0/0 接口上捕获的 ICMP 报文的源 IP 地址和目的 IP 地址有何不同？分析产生该结果的原因。

No.	Time	Source	Destination	Protocol	Length	Info
1	0.000000	202.1.2.1	202.1.1.5	ICMP	98	Echo (ping) request id=0xceab, seq=256/1, ttl=255 (no response found!)
2	2.016000	202.1.2.1	202.1.1.5	ICMP	98	Echo (ping) request id=0xceab, seq=512/2, ttl=255 (reply in 3)
3	2.047000	202.1.1.5	202.1.2.1	ICMP	98	Echo (ping) reply id=0xceab, seq=512/2, ttl=127 (request in 2)
4	2.500000	202.1.2.1	202.1.1.5	ICMP	98	Echo (ping) request id=0xceab, seq=768/3, ttl=255 (reply in 5)
5	2.547000	202.1.1.5	202.1.2.1	ICMP	98	Echo (ping) reply id=0xceab, seq=768/3, ttl=127 (request in 4)
6	3.016000	202.1.2.1	202.1.1.5	ICMP	98	Echo (ping) request id=0xceab, seq=1024/4, ttl=255 (reply in 7)
7	3.031000	202.1.1.5	202.1.2.1	ICMP	98	Echo (ping) reply id=0xceab, seq=1024/4, ttl=127 (request in 6)
8	3.500000	202.1.2.1	202.1.1.5	ICMP	98	Echo (ping) request id=0xceab, seq=1280/5, ttl=255 (reply in 9)
9	3.547000	202.1.1.5	202.1.2.1	ICMP	98	Echo (ping) reply id=0xceab, seq=1280/5, ttl=127 (request in 8)

图 4-90　在 R1 的 G0/0/0 接口上捕获的 ICMP 报文

No.	Time	Source	Destination	Protocol	Length	Info
35	74.922000	202.1.2.1	172.16.1.1	ICMP	98	Echo (ping) request id=0xceab, seq=256/1, ttl=254 (no response found!)
39	76.938000	202.1.2.1	172.16.1.1	ICMP	98	Echo (ping) request id=0xceab, seq=512/2, ttl=254 (reply in 40)
40	76.969000	172.16.1.1	202.1.2.1	ICMP	98	Echo (ping) reply id=0xceab, seq=512/2, ttl=128 (request in 39)
41	77.438000	202.1.2.1	172.16.1.1	ICMP	98	Echo (ping) request id=0xceab, seq=768/3, ttl=254 (reply in 42)
42	77.469000	172.16.1.1	202.1.2.1	ICMP	98	Echo (ping) reply id=0xceab, seq=768/3, ttl=128 (request in 41)
43	77.938000	202.1.2.1	172.16.1.1	ICMP	98	Echo (ping) request id=0xceab, seq=1024/4, ttl=254 (reply in 44)
44	77.953000	172.16.1.1	202.1.2.1	ICMP	98	Echo (ping) reply id=0xceab, seq=1024/4, ttl=128 (request in 43)
46	78.438000	202.1.2.1	172.16.1.1	ICMP	98	Echo (ping) request id=0xceab, seq=1280/5, ttl=254 (reply in 47)
47	78.453000	172.16.1.1	202.1.2.1	ICMP	98	Echo (ping) reply id=0xceab, seq=1280/5, ttl=128 (request in 46)

图 4-91　在 R1 的 G0/0/1 接口上捕获的 ICMP 报文

4. 动态 NAT 配置与分析

(1) 为 R1 配置动态 NAT，内网私有 IP 地址 172.17.1.0/24 网段主机使用地址池 202.1.1.10～202.1.1.20 中的地址访问公网，命令如下。

```
[R1]acl 2000
[R1-acl-basic-2000]rule 5 permit source 172.17.1.0 0.0.0.255
[R1-acl-basic-2000]q
[R1]nat address-group 1 202.1.1.10 202.1.1.20   #建立地址池
[R1]int g0/0/0
[R1-GigabitEthernet0/0/0]nat outbound 2000 address-group 1 no-pat
[R1-GigabitEthernet0/0/0]q
[R1]
```

(2) 在 R1 的 G0/0/0 接口上启动抓包，先用 PC2 ping R2-Loopback 0，如图 4-92 所示，然后立即用 PC3 ping R2-Loopback 0，如图 4-93 所示，是否都能 ping 通？分析捕获的 ICMP 报文，如图 4-94 所示，PC2 和 PC3 经过 NAT 后的公网 IP 地址分别是什么？它们是否是上一步所配置的地址池中的地址？

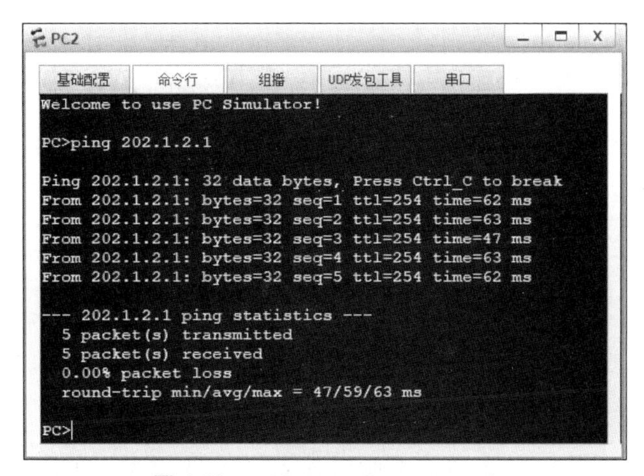

图 4-92　PC2 ping R2-Loopback 0

```
PC3
基础配置  命令行  组播  UDP发包工具  串口
Welcome to use PC Simulator!

PC>ping 202.1.2.1

Ping 202.1.2.1: 32 data bytes, Press Ctrl_C to break
From 202.1.2.1: bytes=32 seq=1 ttl=254 time=47 ms
From 202.1.2.1: bytes=32 seq=2 ttl=254 time=46 ms
From 202.1.2.1: bytes=32 seq=3 ttl=254 time=32 ms
From 202.1.2.1: bytes=32 seq=4 ttl=254 time=47 ms
From 202.1.2.1: bytes=32 seq=5 ttl=254 time=46 ms

--- 202.1.2.1 ping statistics ---
  5 packet(s) transmitted
  5 packet(s) received
  0.00% packet loss
  round-trip min/avg/max = 32/43/47 ms

PC>
```

图 4-93　PC3 ping R2-Loopback 0

No.	Time	Source	Destination	Protocol	Length	Info
3	2.000000	202.1.1.11	202.1.2.1	ICMP	74	Echo (ping) request id=0x365b, seq=2/512, ttl=127 (reply in 6)
6	2.047000	202.1.2.1	202.1.1.11	ICMP	74	Echo (ping) reply id=0x365b, seq=2/512, ttl=255 (request in 3)
7	3.094000	202.1.1.12	202.1.2.1	ICMP	74	Echo (ping) request id=0x375b, seq=3/768, ttl=127 (reply in 10)
10	3.125000	202.1.2.1	202.1.1.12	ICMP	74	Echo (ping) reply id=0x375b, seq=3/768, ttl=255 (request in 7)
11	4.172000	202.1.1.13	202.1.2.1	ICMP	74	Echo (ping) request id=0x385b, seq=4/1024, ttl=127 (reply in 14)
14	4.188000	202.1.2.1	202.1.1.13	ICMP	74	Echo (ping) reply id=0x385b, seq=4/1024, ttl=255 (request in 11)
15	5.235000	202.1.1.14	202.1.2.1	ICMP	74	Echo (ping) request id=0x395b, seq=5/1280, ttl=127 (reply in 18)
18	5.250000	202.1.2.1	202.1.1.14	ICMP	74	Echo (ping) reply id=0x395b, seq=5/1280, ttl=255 (request in 15)
19	12.938000	202.1.1.15	202.1.2.1	ICMP	74	Echo (ping) request id=0x415b, seq=1/256, ttl=127 (reply in 22)
22	12.969000	202.1.2.1	202.1.1.15	ICMP	74	Echo (ping) reply id=0x415b, seq=1/256, ttl=255 (request in 19)
23	14.016000	202.1.1.16	202.1.2.1	ICMP	74	Echo (ping) request id=0x425b, seq=2/512, ttl=127 (reply in 26)
26	14.032000	202.1.2.1	202.1.1.16	ICMP	74	Echo (ping) reply id=0x425b, seq=2/512, ttl=255 (request in 23)
27	15.078000	202.1.1.17	202.1.2.1	ICMP	74	Echo (ping) request id=0x435b, seq=3/768, ttl=127 (reply in 30)
30	15.094000	202.1.2.1	202.1.1.17	ICMP	74	Echo (ping) reply id=0x435b, seq=3/768, ttl=255 (request in 27)
31	16.125000	202.1.1.18	202.1.2.1	ICMP	74	Echo (ping) request id=0x445b, seq=4/1024, ttl=127 (reply in 34)
34	16.157000	202.1.2.1	202.1.1.18	ICMP	74	Echo (ping) reply id=0x445b, seq=4/1024, ttl=255 (request in 31)
35	17.188000	202.1.1.19	202.1.2.1	ICMP	74	Echo (ping) request id=0x455b, seq=5/1280, ttl=127 (reply in 38)
38	17.203000	202.1.2.1	202.1.1.19	ICMP	74	Echo (ping) reply id=0x455b, seq=5/1280, ttl=255 (request in 35)

图 4-94　在 R1 的 G0/0/0 接口上捕获的 ICMP 报文

注：当多台内网主机动态共享地址池中的公网地址时，若地址池中的地址都已经分配给其他主机，则必须等其他主机不再使用超时释放地址后，才能获得地址分配。

5. NAT Easy-IP 配置与分析

Easy-IP 是 NAPT 的一种方式，直接借用路由器出接口 IP 地址作为公网地址，将不同的内部地址映射到同一公有地址的不同端口号上，实现多对一地址转换。网络管理员配置路由器 R1 的 GE 0/0/0 接口为 Easy-IP 接口。

（1）在 R1 的 GE 0/0/0 接口上删除 NAT Outbound 配置，并使用 nat outbound 命令配置 Easy-IP 特性，直接使用接口 IP 地址作为 NAT 转换后的地址。

```
[R1]int g0/0/0
[R1-GigabitEthernet0/0/0]undo nat outbound 2000 address-group 1 no-pat
[R1-GigabitEthernet0/0/0]nat outbound 2000
[R1-GigabitEthernet0/0/0]q
[R1]
```

（2）配置完成后，在 PC2 和 PC3 上使用 UDP 发包工具发送 UDP 数据包到公网地址 202.1.2.1，配置好目的 IP 地址和 UDP 源、目的端口号后，输入字符串数据后单击“发送”按钮，如图 4-95 和图 4-96 所示。

（3）在 PC2 和 PC3 发送 UDP 数据包后，在 R1 上查看 NAT Session 的详细信息，如图 4-97 所示。

可以观察到，源地址为 172.17.1.1 的 UDP 数据包被新源地址 202.1.2.1 和新源端口号 10250 替换，源地址为 172.17.1.2 的 UDP 数据包被新源地址 202.1.2.1 和新源端口号 10251 替换。R1 借用自身 GE 0/0/0 接口的公网 IP 地址为所有私网地址做 NAT 转换，使用不同的端口号区分不同私网数据。此方式不需要创建地址池，大大节省了地址空间。

6. NAT Server 配置与分析

内网 Server 1 提供 FTP 服务供外网用户访问，配置 NAT Server 并使用公网 IP 地址 202.1.1.100 对外公布服务器地址，然后开启 NAT ALG 功能，因为对于封装在 IP 数据报文中的应用层协议报文，正常的 NAT 转换会导致错误，在开启某应用协议的 NAT ALG 功能后，该应用协议报文可以正常进行 NAT 转换，否则该应用协议不能正常工作。

图 4-95　在 PC2 上使用 UDP 发包工具发送 UDP 数据包

图 4-96　在 PC3 上使用 UDP 发包工具发送 UDP 数据包

```
<R1>display nat session protocol udp verbose
  NAT Session Table Information:

     Protocol          : UDP(17)
     SrcAddr  Port Vpn : 172.17.1.1       2560
     DestAddr Port Vpn : 202.1.2.1        2560
     Time To Live      : 120 s
     NAT-Info
       New SrcAddr     : 202.1.1.1
       New SrcPort     : 10250
       New DestAddr    : ----
       New DestPort    : ----

     Protocol          : UDP(17)
     SrcAddr  Port Vpn : 172.17.1.2       2560
     DestAddr Port Vpn : 202.1.2.1        2560
     Time To Live      : 120 s
     NAT-Info
       New SrcAddr     : 202.1.1.1
       New SrcPort     : 10251
       New DestAddr    : ----
       New DestPort    : ----

  Total : 2
```

图 4-97　在 R1 上查看 NAT Session 的详细信息

(1) 在 Server1 的"服务器信息"选项卡中选择 FtpServer，设置监听端口号为默认的 21 号，文件根目录设置为本机(物理机)上的一个目录，在目录中放置一个文件。例如，在桌面上新建一个目录"FTP-ROOT"，并在目录中新建一个文件"123.txt"。然后单击"启动"按钮，启动 FTP 服务，如图 4-98 所示。

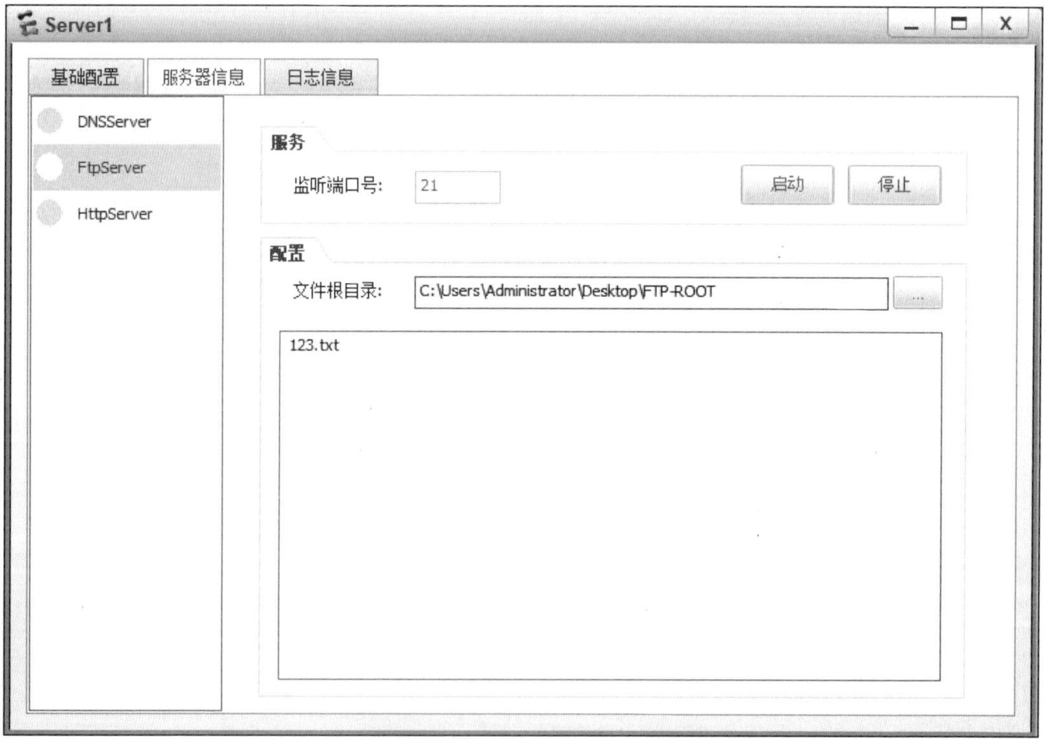

图 4-98　Server1 的 FtpServer 配置

(2) 在 R1 的 GE 0/0/0 接口上,使用 nat server 命令定义内部服务器的映射表,指定服务器通信协议类型为 TCP,配置服务器使用的公网 IP 地址为 202.1.1.100,服务器内网地址为 172.16.1.2,指定端口号为 21,该常用端口号可以直接使用关键字"ftp"代替。

```
[R1]interface g0/0/0
[R1-GigabitEthernet0/0/0]nat server protocol tcp global 202.1.1.100 ftp
inside 172.16.1.2 ftp
[R1-GigabitEthernet0/0/0]q
[R1]nat alg ftp enable
[R1]
```

(3) 配置完成后,在 R1 上查看 NAT Server 信息,如图 4-99 所示。可以观察到,配置已经生效。

```
<R1>display nat server

  Nat Server Information:
  Interface  : GigabitEthernet0/0/0
    Global IP/Port     : 202.1.1.100/21(ftp)
    Inside IP/Port     : 172.16.1.2/21(ftp)
    Protocol : 6(tcp)
    VPN instance-name  : ----
    Acl number         : ----
    Description : ----

  Total :    1
```

图 4-99 在 R1 上查看 NAT Server 信息

(4) 设置完服务器后,在 R2 上模拟公网用户访问该私网服务器。查看服务器中的文件并下载。

```
<R2>ftp 202.1.1.100
Trying 202.1.1.100 ...

Press CTRL+K to abort
Connected to 202.1.1.100.
220 FtpServerTry FtpD for free
User(202.1.1.100:(none)):huawei
331 Password required for huawei .
Enter password:
230 User huawei logged in , proceed

[R2-ftp]ls
200 Port command okay.
150 Opening ASCII NO-PRINT mode data connection for ls -l.
123.txt
226 Transfer finished successfully. Data connection closed.
FTP: 9 byte(s) received in 0.180 second(s) 50.00byte(s)/sec.

[R2-ftp]get 123.txt abc.txt
200 Port command okay.
150 Sending 123.txt (0 bytes). Mode STREAM Type BINARY
226 Transfer finished successfully. Data connection closed.
```

```
FTP: 0 byte(s) received in 0.370 second(s) 0.00byte(s)/sec.

[R2-ftp]bye
221 Goodbye.

<R2>dir
Directory of flash:/

  Idx  Attr     Size(Byte)  Date         Time(LMT)  FileName
    0  drw-              -  Jan 20 2024  23:45:23   dhcp
    1  -rw-        121,802  May 26 2014  09:20:58   portalpage.zip
    2  -rw-          2,263  Jan 20 2024  23:45:18   statemach.efs
    3  -rw-        828,482  May 26 2014  09:20:58   sslvpn.zip
    4  -rw-              0  Jan 21 2024  00:41:33   abc.txt
    5  -rw-            570  Jan 20 2024  23:45:14   vrpcfg.zip

1,090,732 KB total (784,460 KB free)
<R2>
```

18.5 练习与思考

1. 下面的选项中，能使一台 IP 地址为 10.0.0.1 的主机访问 Internet 的必要技术是(　　)。

   A. 动态路由　　B. NAT　　C. 路由引入　　D. 静态路由

2. 下列关于 NAT 的说法正确的是(　　)。

   A. NAT 可以隐藏内部网络的真实 IP 地址

   B. NAT 只用于将私有 IP 地址转换为公共 IP 地址

   C. NAT 只支持 IPv4 协议

   D. NAT 可以防止外部网络的攻击

3. NAT 的英文全称是________，它可以将私有 IP 地址转换为公共 IP 地址，使得私有网络中的设备可以通过公共 IP 地址访问外部网络。

4. 简述 NAT 的工作原理。

5. 分析 NAT 对网络安全的影响。

第 5 章 传输层实验

实验 19　运输层协议分析

19.1　实 验 目 的

（1）理解端到端通信和端口的概念、分类。

（2）了解 UDP 报文的格式。

（3）掌握 TCP 建立连接的过程，理解 TCP 的工作原理。

19.2　实 验 环 境

（1）设备要求：计算机若干台（安装有 Windows 操作系统，安装有网卡），局域网环境，主机装有 Wireshark 工具。

（2）每组 1 人，独立完成。

19.3　实验预备知识

1. 运输层的通信实现

运输层实现两个主机端到端的通信，即应用进程之间的通信。实现进程之间的通信需要使用端口号，简称为端口（Port）。端口号是一个 16b 的标识符，取值范围是 0～65 535。端口号只具有本地意义，每个主机上的 TCP 和 UDP 各有一套。进程之间的通信需要使用 IP 地址＋端口号（套接字）来实现。

IANA（互联网数字分配机构）将端口分为以下三种类别。

（1）熟知端口，其数值为 0～1023。这类端口是因特网赋号管理局（IANA）控制的，一些常用的应用程序固定使用。

（2）登记端口，其数值为 1024～49 151。IANA 既不分配也不控制，可以在 IANA 登记，防止重复使用。

（3）动态端口，其数值为 49 152～65 535。这类端口是留给客户进程选择作为临时端口使用的。

2. UDP 报文结构

每个 UDP 报文分为 UDP 报头和 UDP 数据两部分。报头由 4 个 16b 长（2B）的字段组成，分别说明该报文的源端口、目的端口、报文长度和校验值。UDP 报文格式如图 5-1 所示。

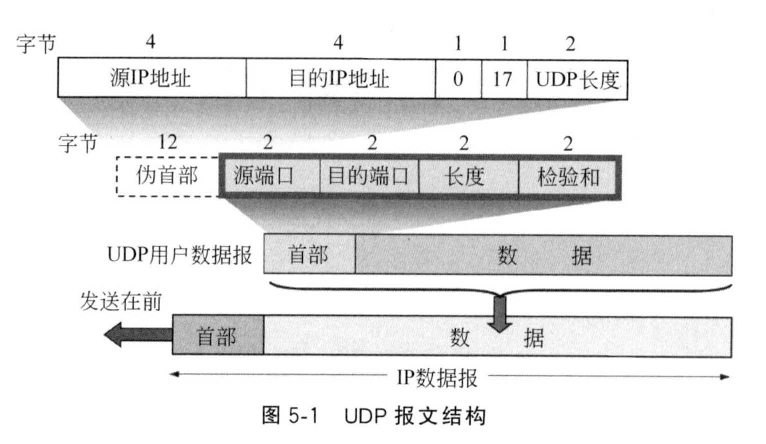

图 5-1 UDP 报文结构

UDP 报文中每个字段的含义如下。

- 源端口：这个字段占据 UDP 报文头部的前 16 位，通常包含发送数据报的应用程序所使用的 UDP 端口。接收端的应用程序利用这个字段的值作为发送响应的目的地址。这个字段是可选的，所以发送端的应用程序不一定会把自己的端口号写入该字段中。如果不写入端口号，则把这个字段设置为 0。这样，接收端的应用程序就不能发送响应了。
- 目的端口：接收端计算机上 UDP 软件使用的端口，占据 16 位。
- 长度：该字段占据 16 位，表示 UDP 数据报长度，包含 UDP 报文头部和 UDP 数据长度。因为 UDP 报文头部长度是 8B，所以这个值最小为 8。
- 校验值：该字段占据 16 位，可以检验数据在传输过程中是否被损坏。

3. TCP 报文段的结构

TCP 是 TCP/IP 体系中运输层的重要协议。它为应用层提供面向连接的、可靠的数据传递服务。在提供数据可靠性的同时，TCP 还为应用层提供了全双工的数据传输服务。

TCP 接收应用层的数据，添加 TCP 首部后形成 TCP 报文段。TCP 报文段需要被下层的 IP 协议封装，发送到目的地，如图 5-2 所示。

- 源端口和目的端口：16b，分别对应发送数据的应用进程和接收数据的应用进程。TCP 用这两个字段来实现多路复用和多路分解。
- 序号和确认号：32b，TCP 将连接上发送的每一个字节都进行编号，序号和确认号用来实现可靠的数据传输。其中，序号是 TCP 报文段数据部分的第一个字节的编号；确认号是告诉对方期望收到对方的下一个字节的编号。
- 数据偏移：4b，表示 TCP 报文段中的数据部分距离 TCP 首部的起始位置有多少字节。它实际上就是 TCP 首部的长度。
- 保留字段：6b，保留作为以后扩展。
- 标志字段：6b，当其值为 1 时称为置位。这里有 6 个位，分别是 URG 表示紧急指针，ACK 表示确认，PSH 表示请求推送，RST 表示连接复位，SYN 表示同步序

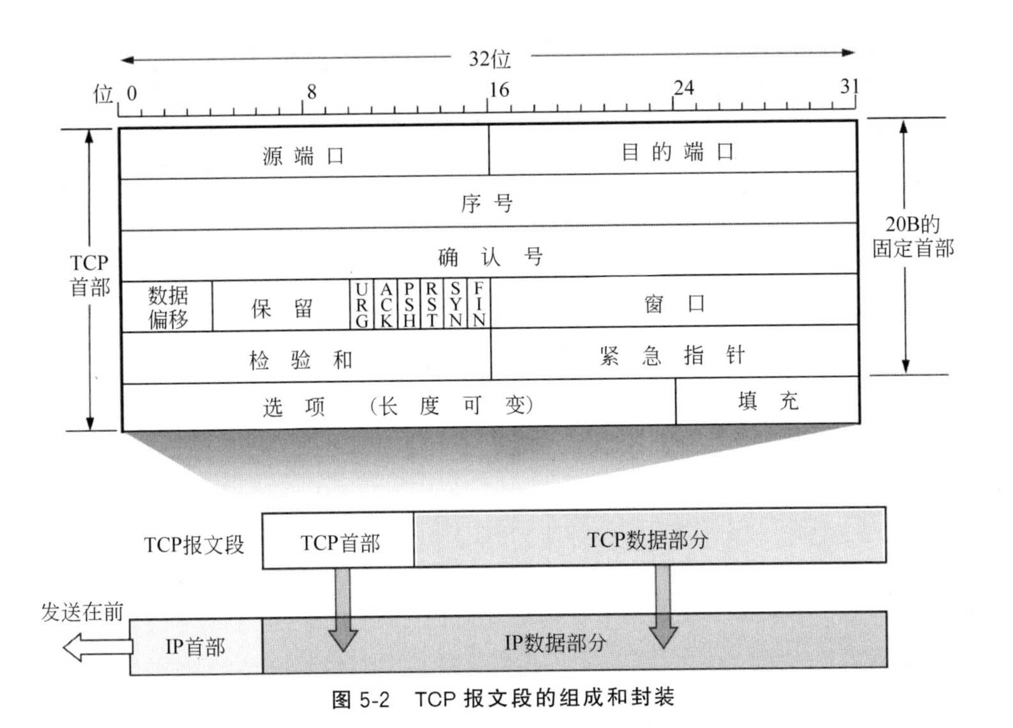

图 5-2　TCP 报文段的组成和封装

号,FIN 表示终止连接。

- 窗口大小：16b,主要用于流量控制,用来告诉对方的 TCP 自己接收缓存的大小。
- 检验和：用来确保数据的可靠性。
- 紧急指针：给出紧急数据距离当前序号的偏移量。
- 可选项：可选的,TCP 规定一种可选项,最大报文段长度(MSS),规定 TCP 报文段数据的最大字节数。
- 填充项：当可选项字段的长度不是 4B 的整倍数时,填充项字段需要将其补足,填充项字段全部都是 0。

4. TCP 连接的建立与断开

TCP 提供面向连接的传输服务。利用 TCP 通信的两个应用进程要首先建立连接,这个连接是虚拟的连接,并不是一条实际的物理线路。TCP 连接的三次握手如图 5-3 所

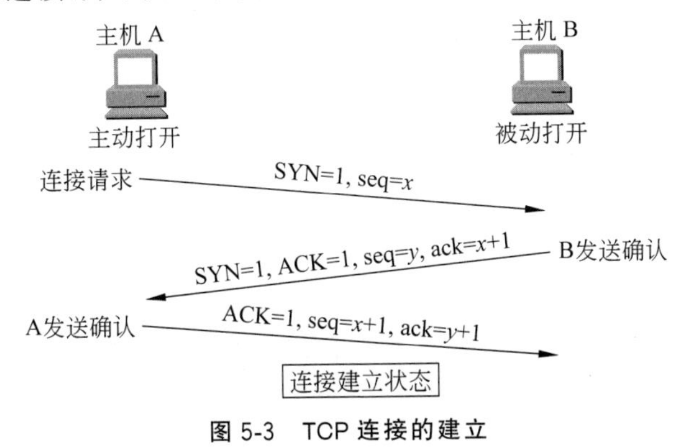

图 5-3　TCP 连接的建立

示。建立连接的目的是使通信双方在开始传输数据前建立联系，使双方都确定对方愿意与之通信；同时在建立连接的过程中传递和协商一些必要的参数（如发送字节的起始编号和最大报文段长度），为后面的数据传递打下基础。连接建立后，两边的应用进程就可以开始全双工地通信，在此期间，连接两端的 TCP 会记录数据发送和接收的情况，利用控制信息始终保持这个连接，直到数据传输完毕。最后 TCP 还要负责关闭这个连接，释放与这个连接相关的资源，连接的断开如图 5-4 所示。

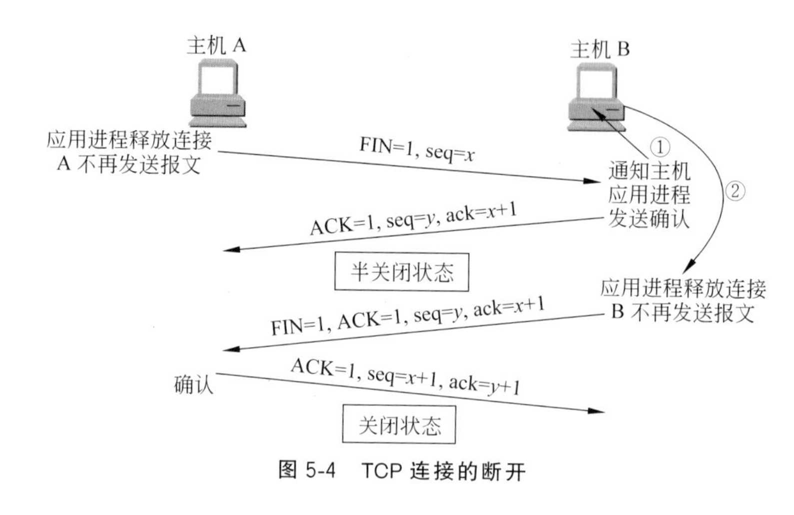

图 5-4 TCP 连接的断开

19.4 实验内容与步骤

本实验利用 Wireshark 捕捉数据包，分析 UDP 和 TCP 的报文结构，并分析 TCP 建立连接的过程。

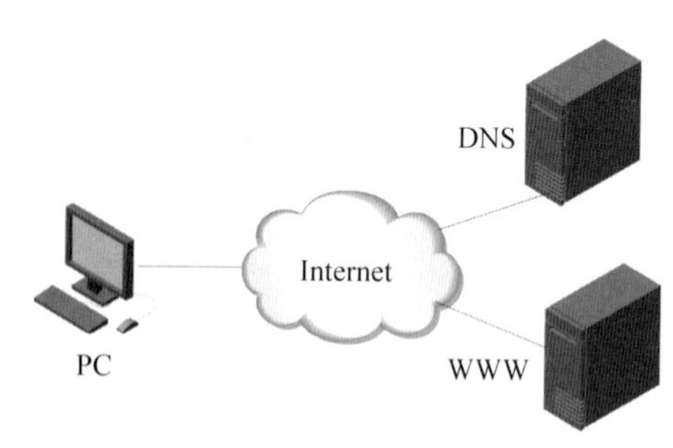

图 5-5 实验网络拓扑图

使用实验室网络或者家庭网络完成次实验。一般情况下，网络拓扑结构如图 5-5 所示。

Wireshark 软件安装在 PC 主机上，实验主要通过连入 Internet 的 PC 主机访问 WWW 服务器上的网站而抓取相应的数据报。PC 主机通过域名访问网站时，需要对域名进行解析，因此，PC 主机首先访问自己的 DNS 缓存，如果缓存中找不到域名对应的 IP 地址时，则向 DNS 服务器进行请求（发送一个数据包），DNS 查询后响应（回复给 PC 一个数据包），PC 主机然后根据 DNS 查询到的 WWW 服务器的 IP 地址向 WWW 服务器进行请求，WWW 服务器给予响应，则其流向如图 5-6 所示。我们则利用 Wireshark 抓取向 DNS 请求以及响应的数据报，抓取向 WWW 请求以及响应的数据报。

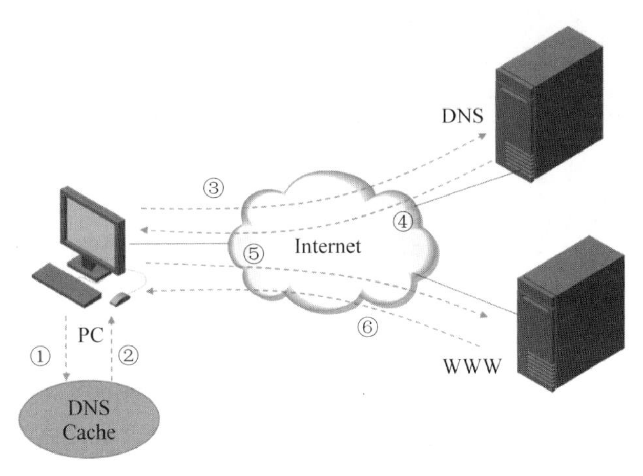

图 5-6 数据流向图

1. 清空 DNS Cache(迫使 PC 主机向 DNS 发起请求)

打开 CMD 命令行窗口,输入“ipconfig /flushdns”命令清空 DNS Cache,如图 5-7 所示。注意,查看 DNS Cache 可以使用“ipconfig /displaydns”命令。

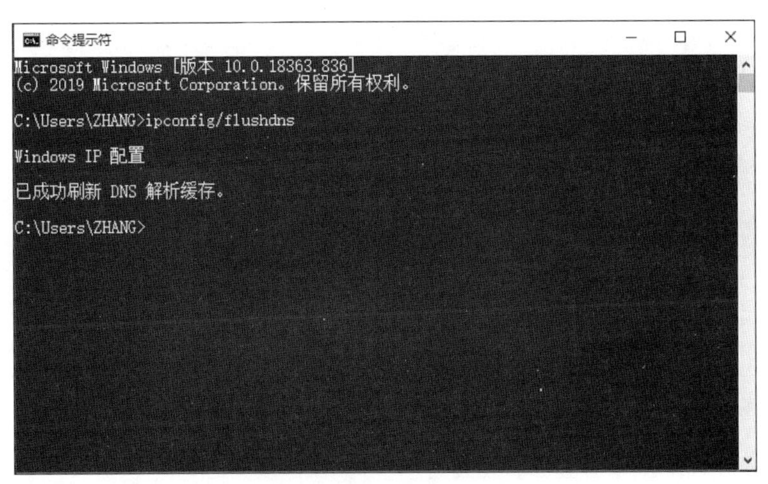

图 5-7 清空 DNS Cache

2. 抓取数据包(通过域名访问网站)

(1) 在 PC 主机上打开 Wireshark 软件并开始抓取数据包。

(2) 在 PC 主机上打开 IE 浏览器,地址栏输入“www.seig.edu.cn”,然后按 Enter 键访问该网站。

(3) 待网站打开后停止抓取数据包。

3. 分析 UDP 报文(通过 DNS 数据包进行分析)

(1)为了分析时更好地和本机信息进行比较,在分析之前先查阅本机(即 PC 主机)的 TCP/IP 属性等相关信息。在 CMD 命令行中使用“ipconfig /all”命令查询,并按要求记录在表 5-1 中。

表 5-1　PC 主机的 TCP/IP 属性

属　性　名	属　性　值
IP 地址	
子网掩码	
默认网关	
首选 DNS(第一个 DNS)IP	
备用 DNS(第二个 DNS)IP	

(2) 过滤 DNS 数据包，即在过滤框中输入“dns”(注意小写)，然后按 Enter 键，则只显示 DNS 的数据报，如图 5-8 所示。在 Wireshark 软件的数据报列表框中找到“Info”字段中包含刚才访问的域名信息(即有 www.seig.edu.cn)的数据包。应该是成对出现，一个请求报文，一个响应报文。

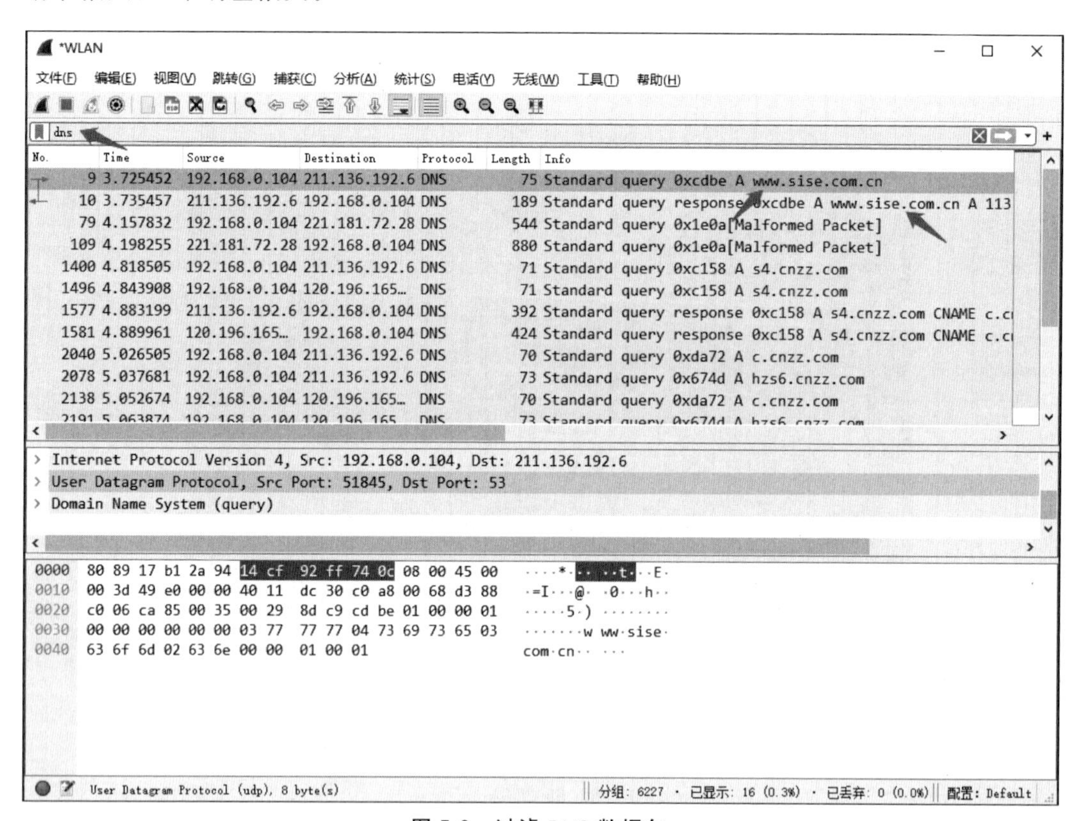

图 5-8　过滤 DNS 数据包

(3) 分别单击 PC 主机请求 DNS 的数据包(即源地址为 PC 主机的数据包)和 DNS 服务器的响应报文(即源地址为 DNS 服务器的数据包)，在协议分析框进行分析。请根据要求进行分析填写表 5-2 和表 5-3。

表 5-2　DNS 报文分析结果

分 析 问 题	结　　果
DNS 服务器的 IP 地址	
DNS 的下一层(运输层)协议是	
www.seig.edu.cn 网站的 IP 地址	

表 5-3　UDP 报文分析结果

DNS 报文的下层协议分析	请 求 报 文	响 应 报 文
源端口号(Source Port)		
目的端口号(Destination Port)		
长度(Length)		
校验和(Checksum)		

4. 分析 TCP 报文

(1) 过滤 TCP 报文,只需要保留访问 www.seig.edu.cn 的 TCP 数据,则在过滤框中通过 www.seig.edu.cn 的 IP(即 WWW 服务器的 IP 地址)进行过滤。其 IP 在上述分析中已经填写在表 5-3 中。这里假设 IP 为 a.b.c.d(请实验时换作 WWW 服务器的真实 IP),则在过滤框中输入过滤规则为"ip.addr==a.b.c.d && tcp",然后按 Enter 键。过滤结果如图 5-9 所示。

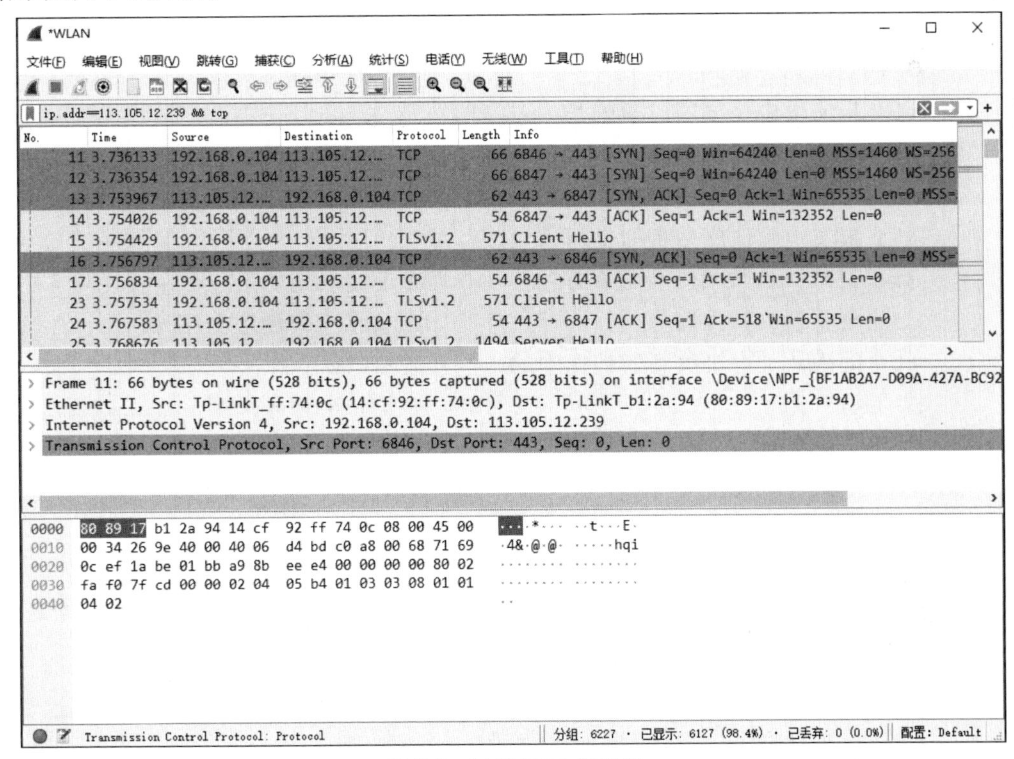

图 5-9　过滤 TCP 报文段

（2）根据 TCP 建立连接的三次握手的原理(某些字段的特征，如 SYN 字段)，请找出三次握手的三个 TCP 报文段，并进行分析，将分析结果填入表 5-4 中。

表 5-4　TCP 三次握手报文段分析

三次握手报文段	源端口	目的端口	序号	确认号	头部长度	6 个标志位中，值为 1 的	窗口大小	MSS 选项
第 1 次								
第 2 次								
第 3 次								

（3）请设计实验抓取 TCP 关闭连接的 4 个报文段并进行分析(**选做**)。

19.5　练习与思考

1. 选择题

（1）如果要列出本机当前建立的连接，可以使用的命令是(　　)。

A. netstat -s　　B. netstat -o　　C. netstat -a　　D. netstat -r

（2）TCP 的主要功能是(　　)。

A. 进行数据分组　　B. 保证可靠传输

C. 确定数据传输路径　　D. 提高传输速度

（3）TCP 报文段中序号字段指的是(　　)的序号。

A. 数据部分第一个字节　　B. 数据部分最后一个字节

C. 报文首部第一个字节　　D. 报文最后一个字节

（4）TCP 报文中确认序号指的是(　　)。

A. 已经收到的最后一个数据序号　　B. 期望收到的第一个字节序号

C. 出现错误的数据序号　　D. 请求重传的数据序号

（5）TCP 的确认是对接收到的数据中的(　　)表示确认。

A. 最高序号　　B. 第一个序号

C. 第二个序号　　D. 倒数第二个序号

（6）TCP 发送一段数据报，其序号是 35～150，如果正确到达，接收方对其确认的序号为(　　)。

A. 36　　B. 150　　C. 35　　D. 151

2. 填空题

（1）TCP 报文的首部最小长度是(　　)。

（2）TCP 报文段中给源端口分配了(　　)字节的长度。

（3）TCP 报文段中序号字段为(　　)字节。

（4）TCP 报文段中的数据偏移实际指明的是(　　)。

(5) TCP 报文段中，如果要使当前数据报传送到接收方后，立即被上传应用层，可将(　　)置 1。

(6) TCP 对每一个要发送的(　　)编了一个号。

3. 判断题

(1) TCP 报文段中的确认序号只有在 ACK=1 时才有效。　(　　)

(2) TCP 报文段中的 PSH 字段置 1 时，表明该报文段需要尽快传输。　(　　)

(3) TCP 报文段校验时也需要像 UDP 那样增加一个伪首部。　(　　)

(4) TCP 是按报文段进行编号的。　(　　)

第 6 章

应用层实验

实验 20　DHCP 配置与分析

20.1　实验目的

(1) 理解 DHCP 的作用与工作原理。

(2) 掌握 DHCP 服务器的基本配置方法。

20.2　实验要求

(1) 设备要求：计算机两台以上(安装有 Windows 操作系统、华为 eNSP 模拟器软件、抓包软件 Wireshark,安装有网卡已联网)。

(2) 分组要求：1 人一组,但部分步骤需相互合作完成。

20.3　实验预备知识

1. DHCP 工作原理

随着网络规模的扩大和网络复杂程度的提高,计算机位置变化(如便携机或无线网络)和计算机数量超过可分配的 IP 地址的情况将会经常出现。DHCP(Dynamic Host Configuration Protocol,动态主机配置协议)就是为满足这些需求而发展起来的。DHCP 采用客户端/服务器(Client/Server)方式工作,DHCP Client 向 DHCP Server 动态地请求配置信息,DHCP Server 根据策略返回相应的配置信息(如 IP 地址等)。其作用如图 6-1 所示。

DHCP 客户端首次登录网络时,主要通过 4 个阶段与 DHCP 服务器建立联系,如图 6-2 所示。

(1) 发现阶段：即 DHCP 客户端寻找 DHCP 服务器的阶段。客户端以广播方式发送 DHCP Discover 报文,只有 DHCP 服务器才会进行响应。

(2) 提供阶段：即 DHCP 服务器提供 IP 地址的阶段。DHCP 服务器接收到客户端的 DHCP Discover 报文后,从 IP 地址池中挑选一个尚未分配的 IP 地址分配给客户端,向该客户端发送包含出租 IP 地址和其他设置的 DHCP Offer 报文。

(3) 选择阶段：即 DHCP 客户端选择地址的阶段。如果有多台 DHCP 服务器向该

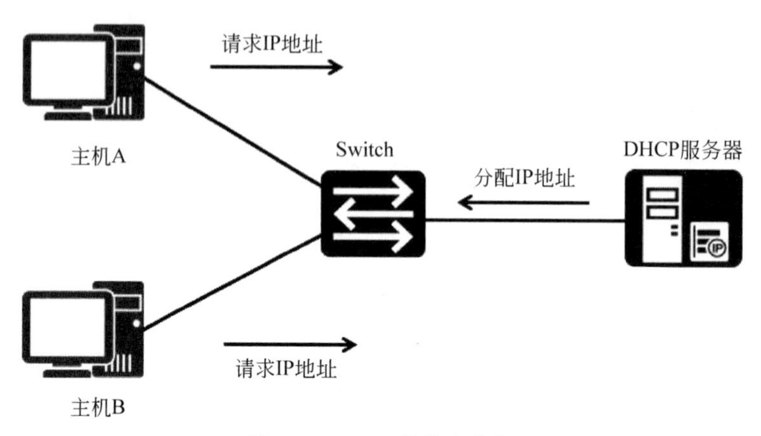

图 6-1 DHCP 的基本作用

客户端发来 DHCP Offer 报文,客户端只接收第一个收到的 DHCP Offer 报文,然后以广播方式向各 DHCP 服器回应 DHCP Request 报文。

(4) 确认阶段:即 DHCP 服务器确认所提供 IP 地址的阶段。当 DHCP 服务器收到 DHCP 客户端应答的 DHCP Request 报文后,便向客户端发送包含它所提供的 IP 地址和其他设置的 DHCP ACK 确认报文。

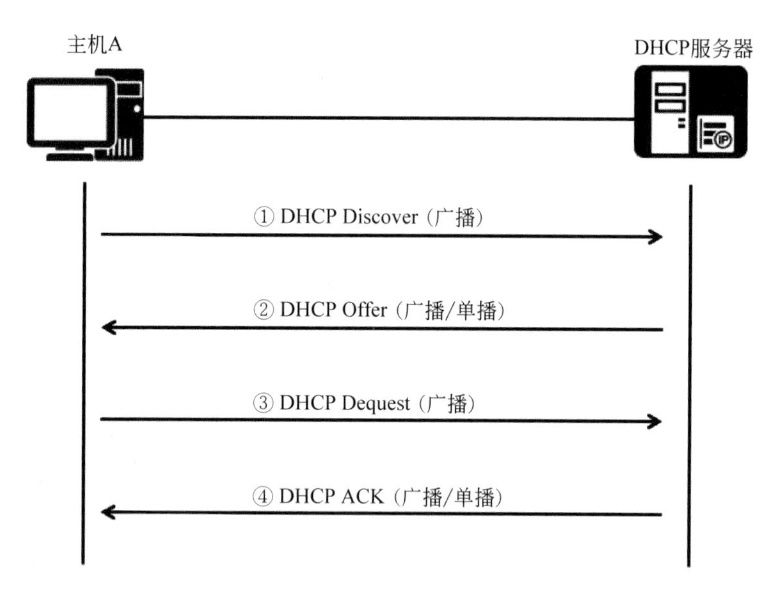

图 6-2 DHCP 工作原理

DHCP 在配置方面可以分为基于接口地址池的 DHCP 和基于全局地址池的 DHCP。基于接口地址池的 DHCP 服务器,连接这个接口网段的用户都从该接口地址池中获取 IP 地址等配置信息,由于地址池绑定在特定的接口上,可以限制用户的使用条件,因此在保障了安全性的同时也存在一定的局限性。当用户从不同接口接入 DHCP 服务器且需要从同一个地址池里获取 IP 地址时,就需要配置基于全局地址池的 DHCP。

配置基于全局地址池的 DHCP 服务器，从所有接口上连接的用户都可以选择该地址池中的地址，也就是说，全局地址池是一个公共地址池。在 DHCP 服务器上创建地址池并配置相关属性（包括地址范围、地址租期、不参与自动分配的 IP 地址等），再配置接口工作在全局地址池模式。路由器支持工作在全局地址池模式的接口有三层接口及其子接口、三层 Ethernet 接口及其子接口、三层 Eth-Trunk 接口及其子接口和 VLANIF 接口。

2. DHCP 中继代理

由于在 IP 地址动态获取的过程中，客户端采用广播方式发送请求报文，而广播报文不能跨网段传送，因此 DHCP 只适用于 DHCP 客户端和服务器处于同一个网段内的情况。当多个网段都需要进行动态 IP 地址分配时，就需要在所有网段上都设置一个 DHCP 服务器，这显然是不易管理和维护的。

DHCP 中继可以使客户端通过它与其他网段的 DHCP 服务器通信，最终获取 IP 地址，解决了 DHCP 客户端不能跨网段向服务器动态获取 IP 地址的问题，如图 6-3 所示。这样，在多个不同网络上的 DHCP 客户端可以使用同一个 DHCP 服务器，既节省了成本，又便于进行集中管理和维护，路由器或三层交换机都可以充当 DHCP 中继设备。DHCP 中继代理工作原理如图 6-4 所示。

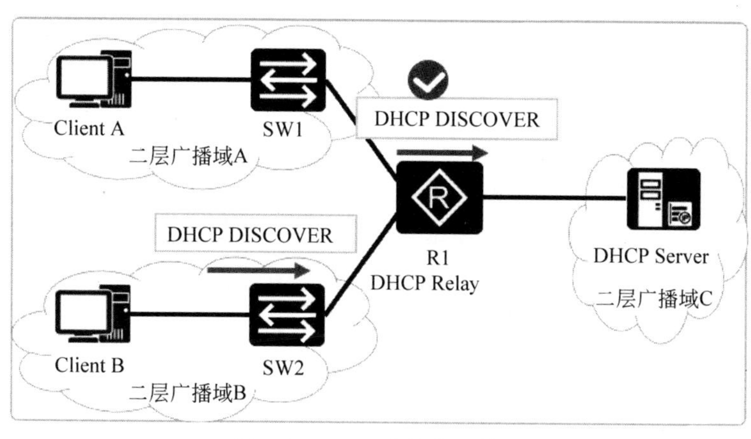

图 6-3　DHCP 中继代理位置

3. 配置命令

```
(1) ip pool ip-pool-name                                    #创建全局地址池
(2) gateway-list ip-address                                 #配置 DHCP 客户端的网关地址
(3) network ip-address [ mask {mask|mask-length} ]          #配置全局地址池可动态分配的
                                                            #IP 地址范围
(4) excluded-ip-address start-ip-address [end-ip-address] #配置地址池中不参与
                                                          #自动分配的 IP 地址
(5) lease {day day [hour hour [minute minute ]] |unlimited}#配置地址池的地址租期
(6) static-bind ip-address ip-address mac-address mac-address [option-
template template-name|description description]            #配置为指定 DHCP Client 分配
                                                            #固定 IP 地址
(7) DHCP server gateway-list ip-address                     #配置接口地址池的网关 IP 地址
(8) DHCP server static-bind ip-address ip-address mac-address mac-address
```

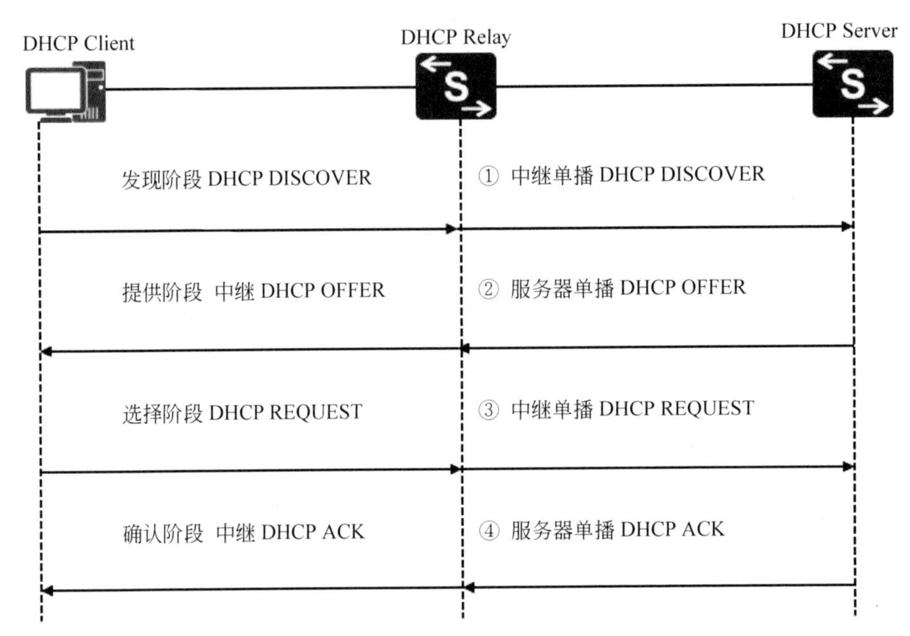

图 6-4 DHCP 中继代理工作原理

```
[description description]                    #配置为指定 DHCP Client 分配固定 IP 地址
(9) DHCP server excluded-ip-address start-ip-address [end-ip-address]
                                              #配置地址池中不参与自动分配的 IP 地址
(10) DHCP server lease {day day [hour hour [minute minute ]]|unlimited}
                                              #配置地址池的地址租期
```

20.4 实验内容与步骤

1. 建立网络拓扑

在 eNSP 中新建网络拓扑如图 6-5 所示，其中，路由器型号为 AR2240，交换机型号为

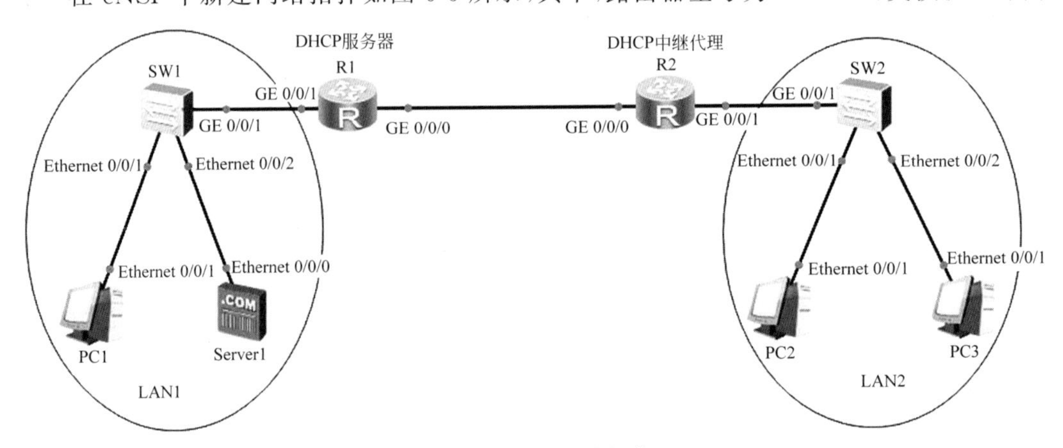

图 6-5 DHCP 实验拓扑

S3700，各设备的 IP 地址配置如表 6-1 所示。

表 6-1　各设备 IP 地址配置

设备名称	接　口	IP 地址	默认网关
R1	GE 0/0/0	192.168.12.1/24	—
	GE 0/0/1	192.168.10.254/24	—
R2	GE 0/0/0	192.168.12.2/24	—
	GE 0/0/1	192.168.20.254/24	—
PC1	E0/0/1	DHCP 自动获取	DHCP 自动获取
PC2	E0/0/1	DHCP 自动获取	DHCP 自动获取
PC3	E0/0/1	DHCP 自动获取	DHCP 自动获取
Server1	E0/0/0	192.168.10.253/24	192.168.10.254

2. 基础配置

R1：

```
<Huawei>undo terminal monitor
<Huawei>system
[Huawei]sysname R1
[R1]interface g0/0/0
[R1-GigabitEthernet0/0/0]ip address 192.168.12.1 24
[R1-GigabitEthernet0/0/0]interface g0/0/1
[R1-GigabitEthernet0/0/1]ip address 192.168.10.254 24
[R1-GigabitEthernet0/0/1]q
[R1]ospf 1 router-id 1.1.1.1
[R1-ospf-1]area 0
[R1-ospf-1-area-0.0.0.0]network 192.168.10.0 0.0.0.255
[R1-ospf-1-area-0.0.0.0]network 192.168.12.0 0.0.0.255
[R1-ospf-1-area-0.0.0.0]q
[R1-ospf-1]q
[R1]
```

R2：

```
<Huawei>undo terminal monitor
<Huawei>system
[Huawei]sysname R2
[R2]interface g0/0/0
[R2-GigabitEthernet0/0/0]ip address 192.168.12.2 24
[R2-GigabitEthernet0/0/0]interface g0/0/1
[R2-GigabitEthernet0/0/1]ip address 192.168.20.254 24
[R2-GigabitEthernet0/0/1]q
[R2]ospf 1 router-id 2.2.2.2
[R2-ospf-1]area 0
[R2-ospf-1-area-0.0.0.0]network 192.168.20.0 0.0.0.255
[R2-ospf-1-area-0.0.0.0]network 192.168.12.0 0.0.0.255
```

```
[R2-ospf-1-area-0.0.0.0]q
[R2-ospf-1]q
[R2]
```

为 PC1 和 PC2 配置静态 IP 地址，如图 6-6 和图 6-7 所示，测试连通性，检验路由配置

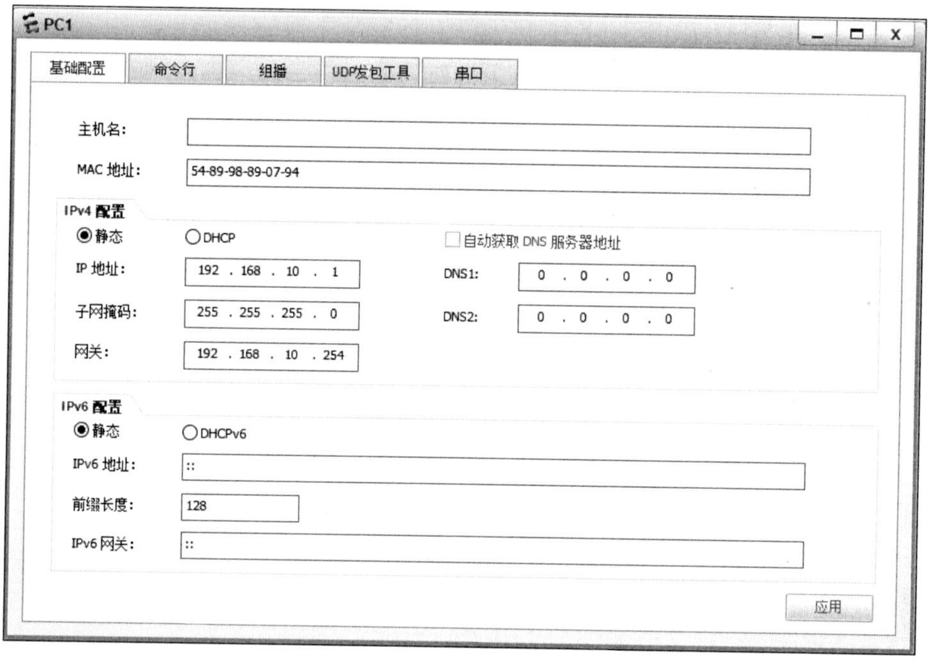

图 6-6　为 PC1 配置静态 IP 地址

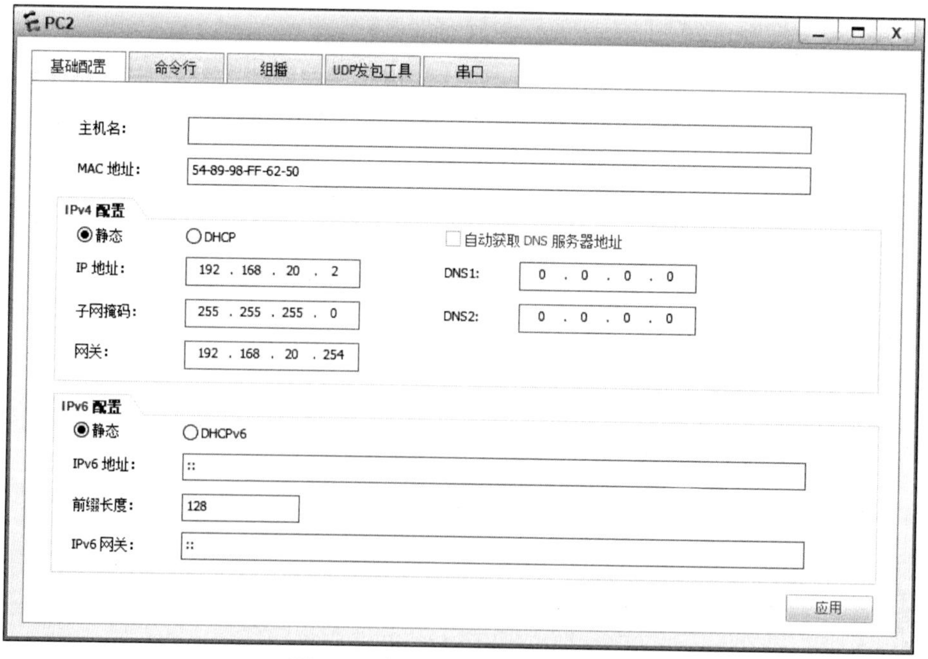

图 6-7　为 PC2 配置静态 IP 地址

是否正确，如图 6-8 所示。

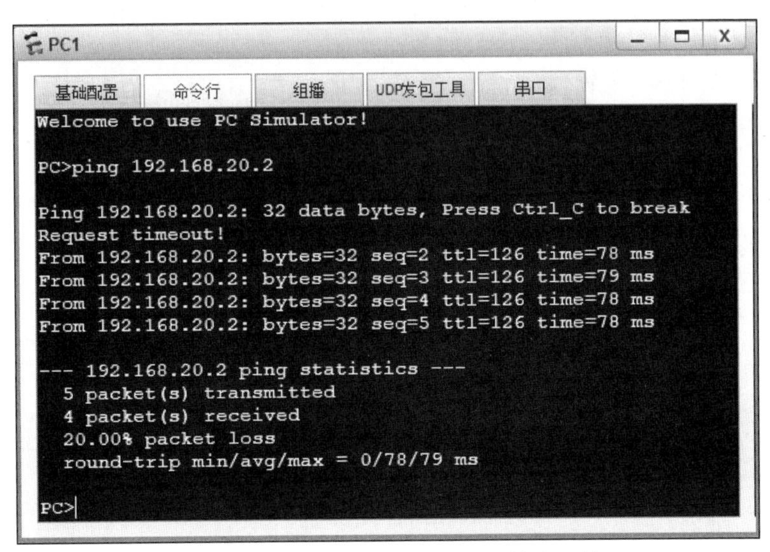

图 6-8　测试 LAN1 与 LAN2 之间的连通性

3. 配置 DHCP 服务器

在路由器 R1 上启动并配置 DHCP 服务，命令如下。

```
[R1]dhcp enable                                        #启动 DHCP 服务
[R1]ip pool 10                                         #创建地址池 10
[R1-ip-pool-10]network 192.168.10.0 mask 24            #为地址池创建地址块
[R1-ip-pool-10]gateway-list 192.168.10.254             #为地址池设置网关地址
[R1-ip-pool-10]dns-list 192.168.10.253                 #为地址池设置 DNS 服务器地址
[R1-ip-pool-10]excluded-ip-address 192.168.10.250 192.168.10.253
          #排除地址块中的 192.168.10.250-192.168.10.253，不将这些地址分配给客户端
[R1-ip-pool-10]q
[R1]int g0/0/1
[R1-GigabitEthernet0/0/1]dhcp select global            #该接口 DHCP 选择全局地址池
[R1-GigabitEthernet0/0/1]q
[R1]ip pool 20                                         #创建地址池 20
[R1-ip-pool-20]network 192.168.20.0 mask 24            #为地址池创建地址块
[R1-ip-pool-20]gateway-list 192.168.20.254             #为地址池设置网关地址
[R1-ip-pool-20]dns-list 192.168.10.253                 #为地址池设置 DNS 服务器地址
[R1-ip-pool-20]q
[R1]int g0/0/0
[R1-GigabitEthernet0/0/0]dhcp select global            #该接口 DHCP 选择全局地址池
[R1-GigabitEthernet0/0/0]q
[R1]
```

地址池中有些 IP 地址因特殊用途需要保留，有些 IP 地址被长期固定分配给某些特定主机（如 DNS 服务器、WWW 服务器、FTP 服务器等）后就不能再进行自动分配了，可以在地址池中执行“excluded-ip-address”命令排除这些地址。

本实验为 R1 的地址池 10 设置从 192.168.10.250 到 192.168.10.253 的保留地址，以

用于各种服务器，命令如下。

```
[R1-ip-pool-10]excluded-ip-address 192.168.10.250 192.168.10.253
```

修改各 PC 的 IPv4 配置，将静态配置 IP 地址改为 DHCP 动态配置 IP 地址，并选中“自动获取 DNS 服务器地址”复选框，如图 6-9 所示。

图 6-9 修改 PC 的 IPv4 配置

执行 ipconfig 命令查看各 PC 的 IP 地址，PC1 的 IP 地址配置如图 6-10 所示。PC1 自动获取的 IP 地址为什么是这个结果？PC2 和 PC3 从 DHCP 服务器获取到 IP 地址配置了吗？为什么？

```
PC>ipconfig

Link local IPv6 address...........: fe80::5689:98ff:fe89:794
IPv6 address......................: :: / 128
IPv6 gateway......................: ::
IPv4 address......................: 192.168.10.249
Subnet mask.......................: 255.255.255.0
Gateway...........................: 192.168.10.254
Physical address..................: 54-89-98-89-07-94
DNS server........................: 192.168.10.253
```

图 6-10 PC1 的 IP 地址配置

4. 分析 PC1 通过 DHCP 自动获取 IP 地址配置的过程

在 PC1 的 IPv4 配置中先将 DHCP 动态配置 IP 地址改为静态配置 IP 地址并应用，然后在 R1 的 GE 0/0/1 接口上启动抓包，并将 PC1 的 IPv4 配置改回 DHCP 动态配置 IP

地址并应用。分析捕获的 DHCP 报文，如图 6-11 所示。

udp　　　　表达式…　+

No.	Time	Source	Destination	Protocol	Length	Info
13	21.469000	0.0.0.0	255.255.255.255	DHCP	410	DHCP Discover - Transaction ID 0x4cdf
14	21.485000	192.168.10.254	192.168.10.249	DHCP	342	DHCP Offer - Transaction ID 0x4cdf
17	23.469000	0.0.0.0	255.255.255.255	DHCP	410	DHCP Request - Transaction ID 0x4cdf
18	23.485000	192.168.10.254	192.168.10.249	DHCP	342	DHCP ACK - Transaction ID 0x4cdf

图 6-11　捕获的 DHCP 报文

1）**发现阶段**

DHCP 客户机开始运行后会以广播的方式发送一个 DHCP Discover 报文，如图 6-12 所示，分析该报文并回答以下问题。

No.	Time	Source	Destination	Protocol	Length	Info
13	21.469000	0.0.0.0	255.255.255.255	DHCP	410	DHCP Discover - Transaction ID 0x4cdf
14	21.485000	192.168.10.254	192.168.10.249	DHCP	342	DHCP Offer - Transaction ID 0x4cdf
17	23.469000	0.0.0.0	255.255.255.255	DHCP	410	DHCP Request - Transaction ID 0x4cdf
18	23.485000	192.168.10.254	192.168.10.249	DHCP	342	DHCP ACK - Transaction ID 0x4cdf

```
> Frame 13: 410 bytes on wire (3280 bits), 410 bytes captured (3280 bits) on interface 0
> Ethernet II, Src: HuaweiTe_89:07:94 (54:89:98:89:07:94), Dst: Broadcast (ff:ff:ff:ff:ff:ff)
> Internet Protocol Version 4, Src: 0.0.0.0, Dst: 255.255.255.255
> User Datagram Protocol, Src Port: 68, Dst Port: 67
v Bootstrap Protocol (Discover)
    Message type: Boot Request (1)
    Hardware type: Ethernet (0x01)
    Hardware address length: 6
    Hops: 0
    Transaction ID: 0x00004cdf
    Seconds elapsed: 0
  > Bootp flags: 0x0000 (Unicast)
    Client IP address: 0.0.0.0
    Your (client) IP address: 0.0.0.0
    Next server IP address: 0.0.0.0
    Relay agent IP address: 0.0.0.0
    Client MAC address: HuaweiTe_89:07:94 (54:89:98:89:07:94)
    Client hardware address padding: 00000000000000000000
    Server host name not given
    Boot file name not given
    Magic cookie: DHCP
  > Option: (53) DHCP Message Type (Discover)
  > Option: (61) Client identifier
  > Option: (55) Parameter Request List
  > Option: (255) End
    Padding: 000000000000000000000000000000000000000000000000...
```

图 6-12　DHCP Discover 报文

（1）DHCP Discover 报文为什么采用 UDP 广播？

（2）DHCP 服务器和 DHCP 客户机采用的 UDP 端口号分别是多少？

（3）报文中的“flags”字段的值为 0x0000，这代表什么意思？

注：bootp flags：0x0000(unicast)说明了客户机想以服务器单播发送回应包给自己。bootp flags：0x08000，broadcast flag(broadcast)说明了客户机想以服务器广播发送回应包给自己。

2）**提供阶段**

收到 DHCP Discover 报文的 DHCP 服务器都会从自己维护的地址池中选择一个合适的 IP 地址，加上相应的租期和其他配置信息构造一个 DHCP Offer 报文发送给 DHCP

客户机，如图 6-13 所示。分析 DHCP Offer 报文，回答以下问题。

(1) 为什么 DHCP 服务器发送的 DHCP Offer 报文可以采用单播方式？什么时候需要采用广播方式？

(2) 在报文中找到 DHCP 服务器为 DHCP 客户机提供的 IP 地址、子网掩码、默认网关、域名服务器地址。(提示：子网掩码、默认网关、域名服务器地址可分别展开 Option：(1)、Option：(3)、Option：(6)、Option：(51)查看。)

(3) 此次地址租期为多长？

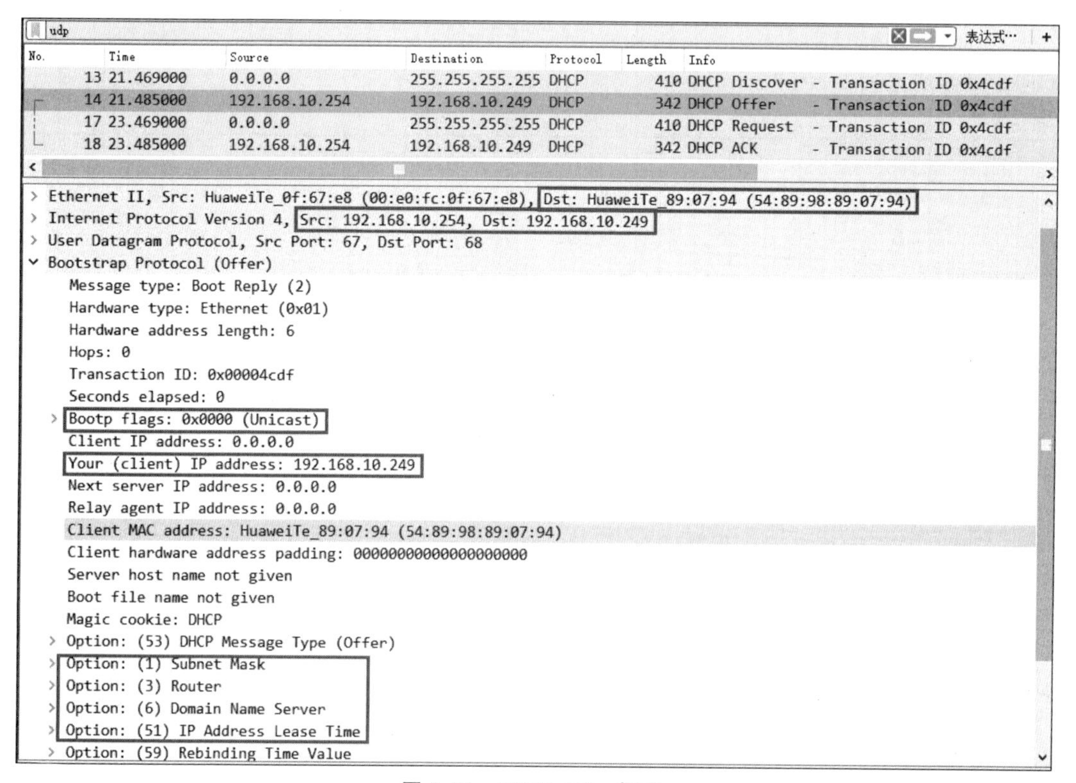

图 6-13 DHCP Offer 报文

3) **请求阶段**

DHCP 客户机收到来自 DHCP 服务器的 DHCP Discover 报文后，会广播发送一个 DHCP Request 报文，如图 6-14 所示，向 DHCP 服务器提出 IP 配置请求。如果同时收到来自多个 DHCP 服务器的 DHCP Offer 报文，DHCP 客户机会选择来自第一个 DHCP 服务器的 DHCP Offer。分析 DHCP Request 报文，回答以下问题。

(1) 既然已经选定了 DHCP 服务器，为什么 DHCP 客户机要以广播方式发送 DHCP Request 报文？

(2) 既然是广播，那么如何知道该报文请求的是哪个 DHCP 服务器？(提示：展开 Option：(54)查看。)

(3) 该报文的源 IP 地址是 0.0.0.0，DHCP 服务器如何知道请求的是哪个 IP 地址？(提示：展开 Option：(50)查看。)

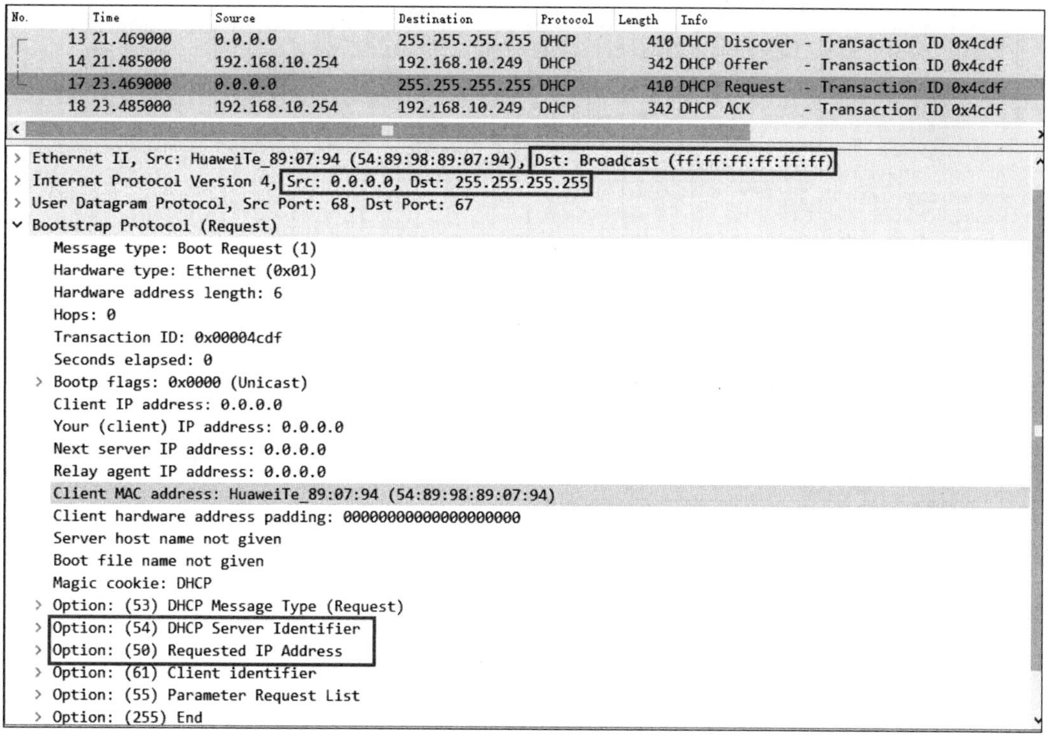

```
No.  Time       Source          Destination      Protocol Length Info
  13 21.469000  0.0.0.0         255.255.255.255  DHCP     410 DHCP Discover - Transaction ID 0x4cdf
  14 21.485000  192.168.10.254  192.168.10.249   DHCP     342 DHCP Offer    - Transaction ID 0x4cdf
  17 23.469000  0.0.0.0         255.255.255.255  DHCP     410 DHCP Request  - Transaction ID 0x4cdf
  18 23.485000  192.168.10.254  192.168.10.249   DHCP     342 DHCP ACK      - Transaction ID 0x4cdf

> Ethernet II, Src: HuaweiTe_89:07:94 (54:89:98:89:07:94), Dst: Broadcast (ff:ff:ff:ff:ff:ff)
> Internet Protocol Version 4, Src: 0.0.0.0, Dst: 255.255.255.255
> User Datagram Protocol, Src Port: 68, Dst Port: 67
v Bootstrap Protocol (Request)
    Message type: Boot Request (1)
    Hardware type: Ethernet (0x01)
    Hardware address length: 6
    Hops: 0
    Transaction ID: 0x00004cdf
    Seconds elapsed: 0
  > Bootp flags: 0x0000 (Unicast)
    Client IP address: 0.0.0.0
    Your (client) IP address: 0.0.0.0
    Next server IP address: 0.0.0.0
    Relay agent IP address: 0.0.0.0
    Client MAC address: HuaweiTe_89:07:94 (54:89:98:89:07:94)
    Client hardware address padding: 00000000000000000000
    Server host name not given
    Boot file name not given
    Magic cookie: DHCP
  > Option: (53) DHCP Message Type (Request)
  > Option: (54) DHCP Server Identifier
  > Option: (50) Requested IP Address
  > Option: (61) Client identifier
  > Option: (55) Parameter Request List
  > Option: (255) End
```

图 6-14 DHCP Request 报文

4）确认阶段

DHCP 服务器收到 DHCP Request 报文后，根据 DHCP Request 报文中的 Request IP 和 DHCP Server ID 查找为 DHCP 客户机分配的 IP 配置信息，并发送 DHCP ACK 报文对 DHCP 客户机的请求进行确认，如图 6-15 所示，分析 DHCP ACK 报文，回答以下问题。

（1）该 DHCP ACK 报文采用的是单播方式还是广播方式？什么时候需要采用广播方式？

（2）DHCP ACK 报文和 DHCP Offer 报文的内容是否相同？

5. 配置 DHCP 中继代理服务

在路由器 R2 上启动并配置 DHCP 中继代理服务，命令如下。

```
[R2]dhcp enable
[R2]int g0/0/1
[R2-GigabitEthernet0/0/1]dhcp select relay
[R2-GigabitEthernet0/0/1]dhcp relay server-ip 192.168.12.1
[R2-GigabitEthernet0/0/1]q
[R2]
```

6. 分析 PC2 通过 DHCP 代理自动获取 IP 地址配置的过程

在 PC2 的 IPv4 配置中先将 DHCP 动态配置 IP 地址改为静态配置 IP 地址并应用，然后在 R2 的 GE 0/0/0 和 GE 0/0/1 接口上分别启动抓包，并将 PC2 的 IPv4 配置改回 DHCP 动态配置 IP 地址并应用。分析捕获的 DHCP 中继报文，如图 6-16 和图 6-17 所示，回答以下问题。

```
No.  Time       Source          Destination      Protocol  Length  Info
 13 21.469000   0.0.0.0         255.255.255.255  DHCP      410 DHCP Discover - Transaction ID 0x4cdf
 14 21.485000   192.168.10.254  192.168.10.249   DHCP      342 DHCP Offer    - Transaction ID 0x4cdf
 17 23.469000   0.0.0.0         255.255.255.255  DHCP      410 DHCP Request  - Transaction ID 0x4cdf
 18 23.485000   192.168.10.254  192.168.10.249   DHCP      342 DHCP ACK      - Transaction ID 0x4cdf

> Ethernet II, Src: HuaweiTe_0f:67:e8 (00:e0:fc:0f:67:e8), Dst: HuaweiTe_89:07:94 (54:89:98:89:07:94)
> Internet Protocol Version 4, Src: 192.168.10.254, Dst: 192.168.10.249
> User Datagram Protocol, Src Port: 67, Dst Port: 68
v Bootstrap Protocol (ACK)
    Message type: Boot Reply (2)
    Hardware type: Ethernet (0x01)
    Hardware address length: 6
    Hops: 0
    Transaction ID: 0x00004cdf
    Seconds elapsed: 0
  > Bootp flags: 0x0000 (Unicast)
    Client IP address: 0.0.0.0
    Your (client) IP address: 192.168.10.249
    Next server IP address: 0.0.0.0
    Relay agent IP address: 0.0.0.0
    Client MAC address: HuaweiTe_89:07:94 (54:89:98:89:07:94)
    Client hardware address padding: 00000000000000000000
    Server host name not given
    Boot file name not given
    Magic cookie: DHCP
  > Option: (53) DHCP Message Type (ACK)
  > Option: (1) Subnet Mask
  > Option: (3) Router
  > Option: (6) Domain Name Server
  > Option: (51) IP Address Lease Time
  > Option: (59) Rebinding Time Value
```

图 6-15　DHCP ACK 报文

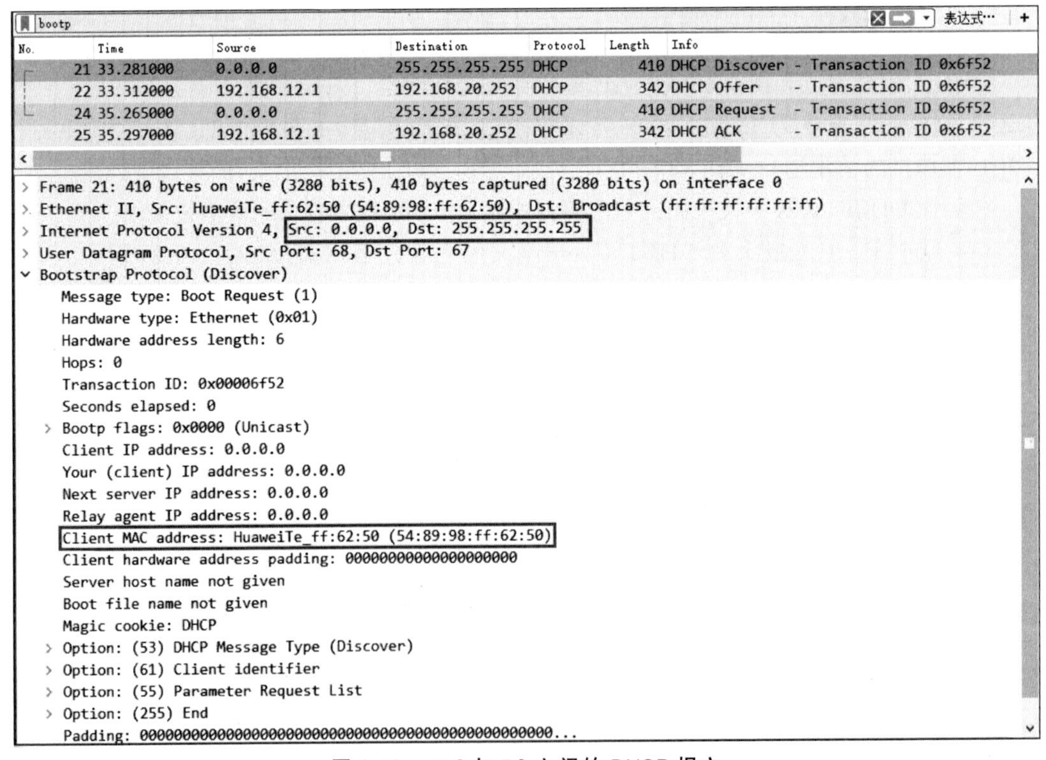

图 6-16　PC2 与 R2 之间的 DHCP 报文

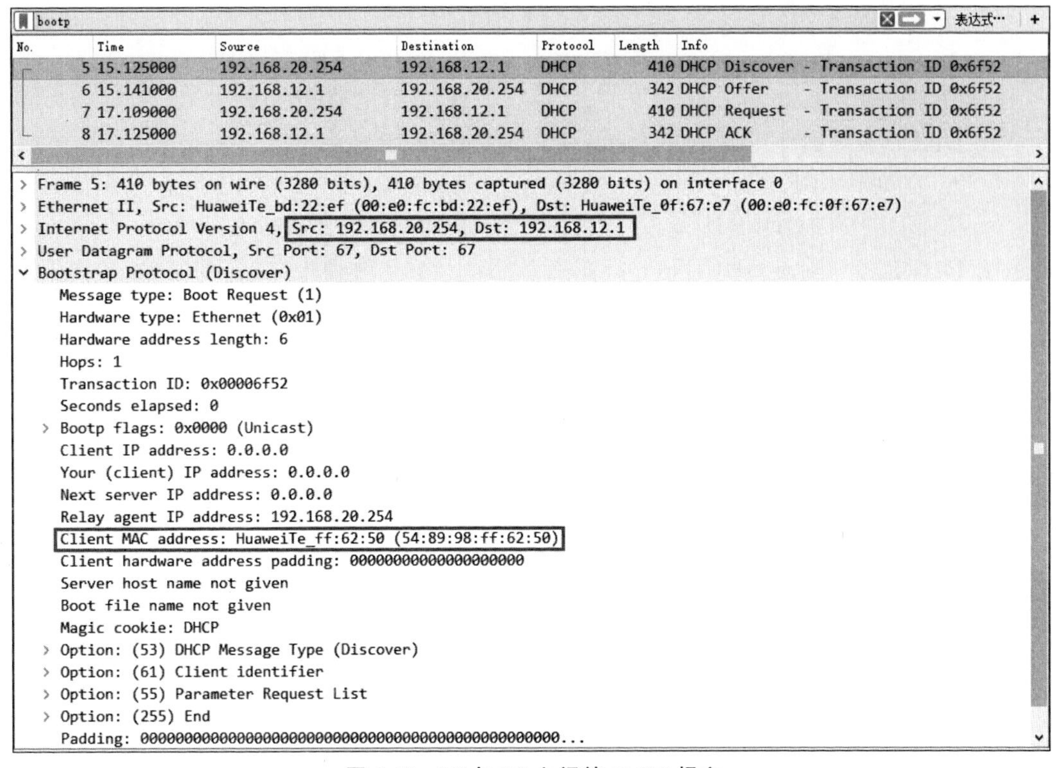

图 6-17　R2 与 R1 之间的 DHCP 报文

（1）PC2 与 R2 之间的 DHCP 交互过程和 PC1 与 R1 之间的 DHCP 交互过程有没有什么不同？为什么？（提示：交互过程没有什么不同，都是一个二层局域网中进行 DHCP 交互的 4 个过程。）

（2）R2 与 R1 之间的 DHCP 交互过程和 PC1 与 R1 之间的 DHCP 交互过程有没有什么不同？为什么？（提示：R2 与 R1 之间的 DHCP 交互过程中的所有 DHCP 报文为单播报文，而 PC1 与 R1 之间的 DHCP 交互过程中的 DHCP 报文有可能全部为广播报文或一些为广播报文一些为单播报文。）

（3）R2 发送的 DHCP Discover 报文与 PC2 发送的 DHCP Discover 报文在内容上有什么不同？两个报文中的 Client MAC address 是谁的 MAC 地址？（提示：R2 发送的 DHCP Discover 报文为单播报文，PC2 发送的 DHCP Discover 报文为广播报文。两个报文中的 Client MAC address 是 PC2 的 MAC 地址。）

20.5　练习与思考

1. DHCP 客户端想要离开网络时发送哪种 DHCP 报文？（　　）

A. DHCP DISCOVER　　B. DHCP RELEASE

C. DHCP REQUEST　　D. DHCP ACK

2. 如果 DHCP 客户端申请的 IP 地址已经被占用时，DHCP 服务器会使用哪种报文

作为应答?(　　)

A. DHCP ACK　　B. DHCP RELEASE

C. DHCP NAK　　D. DHCP DISCOVER

3. DHCP 服务器使用哪种报文确认主机可以使用 IP 地址?(　　)

A. DHCP ACK　　B. DHCP DISCOVER

C. DHCP REQUEST　　D. DHCP OFFER

4. DHCP 客户端向 DHCP Server 进行续租时会发送哪种报文?(　　)

A. DHCP DISCOVER　　B. DHCP OFFER

C. DHCP REQUEST　　D. DHCP ACK

5. 以下哪条命令可以开启路由器接口的 DHCP 中继功能?(　　)

A. DHCP select server　　B. DHCP select global

C. DHCP select interface　　D. DHCP select relay

6. DHCP 使用什么协议来传输报文?(　　)

A. IP　　B. TCP　　C. UDP　　D. STP

7. DHCP 是下面哪些单词的缩写?(　　)

A. Dynamic Host Configuration Protocol

B. Dynamic Host Connection Protocol

C. Dynamic Hot Connection Protocol

D. Denial Host Configuration Protocol

8. DHCP 采用客户机/服务器结构,因此 DHCP 有两个端口号:服务器为________,客户端为________。

实验 21　FTP 配置与分析

21.1　实 验 目 的

（1）理解 FTP 的作用与工作原理。

（2）掌握 FTP 服务器的基本配置方法。

21.2　实 验 要 求

（1）设备要求：计算机两台以上（安装有 Windows 操作系统、华为 eNSP 模拟器软件、抓包软件 Wireshark，安装有网卡已联网）。

（2）分组要求：1 人一组，但部分步骤需相互合作完成。

21.3　实验预备知识

FTP（File Transfer Protocol，文件传输协议）是在 TCP/IP 网络和 Internet 上最早使用的协议之一，在 TCP/IP 协议族中属于应用层协议，是文件传输的 Internet 标准。其主要功能是向用户提供本地和远程主机之间的文件传输，尤其是在进行版本升级、日志下载和配置保存等业务操作时。

FTP 提供交互式的访问，允许客户指明文件的类型与格式，并允许文件具有存取权限。

FTP 屏蔽了各计算机系统的细节，因而适合于在异构网络中任意计算机之间传送文件。

FTP 采用 C/S（Client/Server）结构。FTP Server 能够提供远程用户端访问和操作的功能，用户可以通过主机或者其他设备上的 FTP 用户端程序登录到服务器上，进行文件的上传、下载和目录访问等操作。

FTP 使用 TCP 可靠的运输服务，实现文件传送的一些基本功能，并减少或消除在不同操作系统下处理文件的不兼容性。

FTP 使用客户机/服务器方式。一个 FTP 服务器进程可同时为多个客户进程提供服务。FTP 的服务器进程由两大部分组成：一个主进程，负责接收新的请求；另外有若干从属进程，负责处理单个请求。FTP 原理如图 6-18 所示。

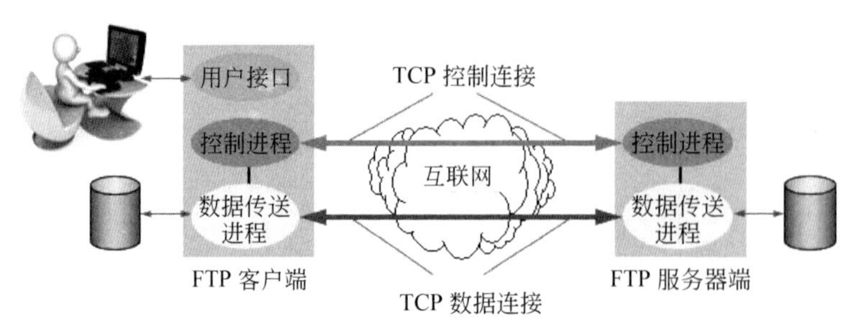

图 6-18 FTP 原理

控制连接在整个会话期间一直保持打开，FTP 客户发出的传送请求通过控制连接发送给服务器端的控制进程，但控制连接不用来传送文件。

实际用于传输文件的是数据连接。服务器端的控制进程在接收到 FTP 客户发送来的文件传送请求后就创建数据传送进程，并在它们之间建立数据连接。数据传送进程实际完成文件的传送，在传送完毕后关闭"数据传送连接"并结束运行。如果在同一个会话期间，用户还需要传送另一个文件，则需要打开另一个数据连接。

控制连接贯穿了整个用户会话期间，但是针对会话中的每一次文件传送都需要建立一个新的数据连接(即数据连接是非持续的)。FTP 服务器必须在整个会话期间保留用户的状态信息，把特定的用户账户与控制连接联系起来，追踪用户在远程文件目录树上的当前位置。

FTP 的命令和应答在客户和服务器的控制连接上以 ASCII 码文本行形式传送。这就要求在每个命令或应答后都要跟回车换行符。通常每个 FTP 命令都产生一行应答，应答都是 ASCII 码形式的三位数字状态码，并跟有可选的状态信息。当用户在使用命令行方式的 FTP 客户端软件时，用户在命令行窗口内输入的命令与上述在控制连接中传送的命令并不相同。用户接口程序将用户输入的命令转换为一个或多个 FTP 命令并通过控制连接发送给服务器。但现在人们更多的是使用图形界面的 FTP 客户端软件。

21.4 实验内容与步骤

1. 建立网络拓扑

在 eNSP 中新建网络拓扑如图 6-19 所示，其中路由器型号为 AR2240，各设备的 IP 地址配置如表 6-2 所示。

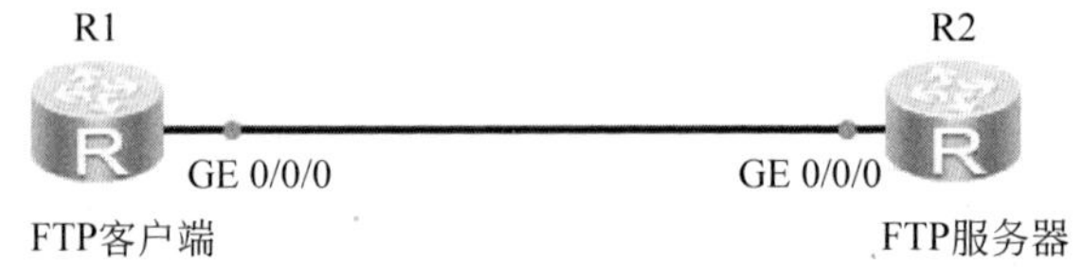

图 6-19 FTP 实验拓扑

表 6-2　各设备 IP 地址配置

设备名称	接　口	IP 地址	默认网关
R1	GE 0/0/0	192.168.12.1/24	—
R2	GE 0/0/0	192.168.12.2/24	—

2. 熟悉文件系统命令

（1）查看当前目录下的文件。

```
<Huawei>undo terminal monitor
<Huawei>system
[Huawei]sysname R1
[R1]q
<R1>dir
Directory of flash:/
  Idx  Attr     Size(Byte)  Date        Time(LMT)  FileName
    0  drw-              -  Jan 22 2024  01:03:37   dhcp
    1  -rw-        121,802  May 26 2014  09:20:58   portalpage.zip
    2  -rw-          2,263  Jan 22 2024  01:03:32   statemach.efs
    3  -rw-        828,482  May 26 2014  09:20:58   sslvpn.zip
1,090,732 KB total (784,464 KB free)
<R1>
```

（2）创建新目录。

```
<R1>mkdir flash:/test
Info: Create directory flash:/test......Done
```

（3）切换和查看当前目录。

```
<R1>pwd
flash:
<R1>cd flash:/test
<R1>pwd
flash:/test
<R1>
```

（4）删除目录。

```
<R1>cd flash:
<R1>rmdir flash:/test
Remove directory flash:/test? (y/n)[n]:y
%Removing directory flash:/test...Done!
```

（5）复制文件。

```
<R1>save
  The current configuration will be written to the device.
  Are you sure to continue? (y/n)[n]:y
  It will take several minutes to save configuration file, please wait.......
  Configuration file had been saved successfully
```

```
  Note: The configuration file will take effect after being activated
<R1>mkdir flash:/network
Info: Create directory flash:/network......Done
<R1>cd flash:/network
<R1>pwd
flash:/network
<R1>copy flash:/private-data.txt flash:/network/private-data.txt
Copy flash:/private-data.txt to flash:/network/private-data.txt? (y/n) [n]:y
100%   complete
Info: Copied file flash:/private-data.txt to flash:/network/private-data.
txt...D
one
<R1>dir
Directory of flash:/network/
  Idx  Attr     Size(Byte)  Date         Time(LMT)  FileName
    0  -rw-            205  Jan 22 2024  01:32:09   private-data.txt
1,090,732 KB total (784,444 KB free)
<R1>
```

(6) 移动文件。

```
<R1>move flash:/network/private-data.txt flash:/private-data-move.txt
Move flash:/network/private-data.txt to flash:/private-data-move.txt? (y/n)
[n]:y
%Moved file flash:/network/private-data.txt to flash:/private-data-move.txt.
<R1>cd flash:
<R1>dir
Directory of flash:/
  Idx  Attr     Size(Byte)  Date         Time(LMT)  FileName
    0  drw-              -  Jan 22 2024  01:38:03   network
    1  drw-              -  Jan 22 2024  01:03:37   dhcp
    2  -rw-        121,802  May 26 2014  09:20:58   portalpage.zip
    3  -rw-          2,263  Jan 22 2024  01:03:32   statemach.efs
    4  -rw-        828,482  May 26 2014  09:20:58   sslvpn.zip
    5  -rw-            205  Jan 22 2024  01:30:54   private-data.txt
    6  -rw-            205  Jan 22 2024  01:32:09   private-data-move.txt
    7  -rw-            531  Jan 22 2024  01:30:53   vrpcfg.zip
1,090,732 KB total (784,448 KB free)
<R1>
```

(7) 重命名文件。

```
<R1>rename private-data-move.txt private-data-rename.txt
Rename flash:/private-data-move.txt to flash:/private-data-rename.txt? (y/
n) [n]:y
Info: Rename file flash:/private-data-move.txt to flash:/private-data-rename.txt
......Done
<R1>dir
Directory of flash:/
```

```
  Idx  Attr     Size(Byte)  Date          Time(LMT)  FileName
    0  drw-              -  Jan 22 2024   01:38:03   network
    1  drw-              -  Jan 22 2024   01:03:37   dhcp
    2  -rw-        121,802  May 26 2014   09:20:58   portalpage.zip
    3  -rw-            205  Jan 22 2024   01:32:09   private-data-rename.txt
    4  -rw-          2,263  Jan 22 2024   01:03:32   statemach.efs
    5  -rw-        828,482  May 26 2014   09:20:58   sslvpn.zip
    6  -rw-            205  Jan 22 2024   01:30:54   private-data.txt
    7  -rw-            531  Jan 22 2024   01:30:53   vrpcfg.zip
1,090,732 KB total (784,448 KB free)
<R1>
```

(8) 复制三个文件。

```
<R1>copy private-data.txt del-1.txt
Copy flash:/private-data.txt to flash:/del-1.txt? (y/n)[n]:y
100%  complete
Info: Copied file flash:/private-data.txt to flash:/del-1.txt...Done
<R1>copy private-data.txt del-2.txt
Copy flash:/private-data.txt to flash:/del-2.txt? (y/n)[n]:y
100%  complete
Info: Copied file flash:/private-data.txt to flash:/del-2.txt...Done
<R1>copy private-data.txt del-3.txt
Copy flash:/private-data.txt to flash:/del-3.txt? (y/n)[n]:y
100%  complete
Info: Copied file flash:/private-data.txt to flash:/del-3.txt...Done
<R1>dir
Directory of flash:/
  Idx  Attr     Size(Byte)  Date          Time(LMT)  FileName
    0  drw-              -  Jan 22 2024   01:38:03   network
    1  drw-              -  Jan 22 2024   01:03:37   dhcp
    2  -rw-        121,802  May 26 2014   09:20:58   portalpage.zip
    3  -rw-            205  Jan 22 2024   01:32:09   private-data-rename.txt
    4  -rw-            205  Jan 22 2024   02:11:58   del-3.txt
    5  -rw-          2,263  Jan 22 2024   01:03:32   statemach.efs
    6  -rw-        828,482  May 26 2014   09:20:58   sslvpn.zip
    7  -rw-            205  Jan 22 2024   02:11:40   del-1.txt
    8  -rw-            205  Jan 22 2024   01:30:54   private-data.txt
    9  -rw-            205  Jan 22 2024   02:11:50   del-2.txt
   10  -rw-            531  Jan 22 2024   01:30:53   vrpcfg.zip
1,090,732 KB total (784,424 KB free)
<R1>
```

(9) 删除文件至回收站。

```
<R1>delete del-1.txt
Delete flash:/del-1.txt? (y/n)[n]:y
Info: Deleting file flash:/del-1.txt...succeed.
<R1>dir /all
Directory of flash:/
```

```
  Idx  Attr     Size(Byte)  Date         Time(LMT)  FileName
    0  drw-              -  Jan 22 2024  01:38:03   network
    1  drw-              -  Jan 22 2024  01:03:37   dhcp
    2  -rw-        121,802  May 26 2014  09:20:58   portalpage.zip
    3  -rw-            205  Jan 22 2024  01:32:09   private-data-rename.txt
    4  -rw-          2,263  Jan 22 2024  01:03:32   statemach.efs
    5  -rw-        828,482  May 26 2014  09:20:58   sslvpn.zip
    6  -rw-            205  Jan 22 2024  01:30:54   private-data.txt
    7  -rw-            531  Jan 22 2024  01:30:53   vrpcfg.zip
    8  -rw-            205  Jan 22 2024  02:17:38   del-3.txt
    9  -rw-            205  Jan 22 2024  02:15:45   [del-1.txt]
   10  -rw-            205  Jan 22 2024  02:17:27   del-2.txt
1,090,732 KB total (784,432 KB free)
```

(10) 永久删除文件。

```
<R1>delete /unreserved del-2.txt
Warning: The contents of file flash:/del-2.txt cannot be recycled. Continue?
(y/n)[n]:y
Info: Deleting file flash:/del-2.txt...
Deleting file permanently from flash will take a long time if needed...succeed.
<R1>delete /unreserved /force del-3.txt
Info: Deleting file flash:/del-3.txt...
Deleting file permanently from flash will take a long time if needed...succeed.
<R1>dir /all
Directory of flash:/
  Idx  Attr     Size(Byte)  Date         Time(LMT)  FileName
    0  drw-              -  Jan 22 2024  01:38:03   network
    1  drw-              -  Jan 22 2024  01:03:37   dhcp
    2  -rw-        121,802  May 26 2014  09:20:58   portalpage.zip
    3  -rw-            205  Jan 22 2024  01:32:09   private-data-rename.txt
    4  -rw-          2,263  Jan 22 2024  01:03:32   statemach.efs
    5  -rw-        828,482  May 26 2014  09:20:58   sslvpn.zip
    6  -rw-            205  Jan 22 2024  01:30:54   private-data.txt
    7  -rw-            531  Jan 22 2024  01:30:53   vrpcfg.zip
    8  -rw-            205  Jan 22 2024  02:15:45   [del-1.txt]
1,090,732 KB total (784,440 KB free)
<R1>
```

(11) 恢复被删除的文件。

```
<R1>undelete del-1.txt
Undelete flash:/del-1.txt? (y/n)[n]:y
% Undeleted file flash:/del-1.txt.
<R1>dir
Directory of flash:/
  Idx  Attr     Size(Byte)  Date         Time(LMT)  FileName
    0  drw-              -  Jan 22 2024  01:38:03   network
    1  drw-              -  Jan 22 2024  01:03:37   dhcp
    2  -rw-        121,802  May 26 2014  09:20:58   portalpage.zip
```

```
    3  -rw-            205  Jan 22 2024  01:32:09   private-data-rename.txt
    4  -rw-          2,263  Jan 22 2024  01:03:32   statemach.efs
    5  -rw-        828,482  May 26 2014  09:20:58   sslvpn.zip
    6  -rw-            205  Jan 22 2024  02:11:40   del-1.txt
    7  -rw-            205  Jan 22 2024  01:30:54   private-data.txt
    8  -rw-            531  Jan 22 2024  01:30:53   vrpcfg.zip
1,090,732 KB total (784,440 KB free)
<R1>
```

（12）彻底删除被删除的文件。

```
<R1>delete del-1.txt
Delete flash:/del-1.txt? (y/n)[n]:y
Info: Deleting file flash:/del-1.txt...succeed.
<R1>dir /all
Directory of flash:/
  Idx  Attr     Size(Byte)  Date         Time(LMT)  FileName
    0  drw-              -  Jan 22 2024  01:38:03   network
    1  drw-              -  Jan 22 2024  01:03:37   dhcp
    2  -rw-        121,802  May 26 2014  09:20:58   portalpage.zip
    3  -rw-            205  Jan 22 2024  01:32:09   private-data-rename.txt
    4  -rw-          2,263  Jan 22 2024  01:03:32   statemach.efs
    5  -rw-        828,482  May 26 2014  09:20:58   sslvpn.zip
    6  -rw-            205  Jan 22 2024  01:30:54   private-data.txt
    7  -rw-            531  Jan 22 2024  01:30:53   vrpcfg.zip
    8  -rw-            205  Jan 22 2024  02:38:48   [del-1.txt]
1,090,732 KB total (784,440 KB free)
<R1>reset recycle-bin del-1.txt
Squeeze flash:/del-1.txt? (y/n)[n]:y
Clear file from flash will take a long time if needed...Done.
% Cleared file flash:/del-1.txt.
<R1>dir /all
Directory of flash:/
  Idx  Attr     Size(Byte)  Date         Time(LMT)  FileName
    0  drw-              -  Jan 22 2024  01:38:03   network
    1  drw-              -  Jan 22 2024  01:03:37   dhcp
    2  -rw-        121,802  May 26 2014  09:20:58   portalpage.zip
    3  -rw-            205  Jan 22 2024  01:32:09   private-data-rename.txt
    4  -rw-          2,263  Jan 22 2024  01:03:32   statemach.efs
    5  -rw-        828,482  May 26 2014  09:20:58   sslvpn.zip
    6  -rw-            205  Jan 22 2024  01:30:54   private-data.txt
    7  -rw-            531  Jan 22 2024  01:30:53   vrpcfg.zip
1,090,732 KB total (784,444 KB free)
<R1>
```

3. FTP 基础配置

（1）基本配置。

R1：

```
[R1]interface g0/0/0
```

```
[R1-GigabitEthernet0/0/0]ip addr 192.168.12.1 24
[R1-GigabitEthernet0/0/0]q
[R1]q
<R1>save R1-conf.cfg
 Are you sure to save the configuration to R1-conf.cfg? (y/n)[n]:y
  It will take several minutes to save configuration file, please wait.......
  Configuration file had been saved successfully
  Note: The configuration file will take effect after being activated
<R1>
```

R2：

```
<Huawei>undo ter mo
<Huawei>system
[Huawei]sysname R2
[R2]interface g0/0/0
[R2-GigabitEthernet0/0/0]ip address 192.168.12.2 24
[R2-GigabitEthernet0/0/0]q
[R2]q
<R2>save R2-conf.cfg
 Are you sure to save the configuration to R2-conf.cfg? (y/n)[n]:y
  It will take several minutes to save configuration file, please wait.......
  Configuration file had been saved successfully
  Note: The configuration file will take effect after being activated
<R2>
```

（2）配置 FTP 服务器。

```
[R2]ftp server enable      #启用 FTP 功能
Info: Succeeded in starting the FTP server
[R2]aaa                    #进入 AAA 视图
[R2-aaa]local-user ftp-user password cipher Huawei@123    #创建本地账号和登录密码
Info: Add a new user.
[R2-aaa]local-user ftp-user service-type ftp      #允许本地用户使用 FTP 进行接入
[R2-aaa]local-user ftp-user privilege level 3     #配置本地用户级别
[R2-aaa]local-user ftp-user ftp-directory flash:  #设置允许 FTP 用户访问的目录
[R2-aaa]q
[R2]
```

（3）FTP 使用与协议分析。

在 R2 的 GE 0/0/0 接口上启动抓包，然后在 R1 上通过用户名 ftp-user 和密码 Huawei@123 对 R2 发起 FTP 连接。

```
<R1>ftp 192.168.12.2
Trying 192.168.12.2 ...
Press CTRL+K to abort
Connected to 192.168.12.2.
220 FTP service ready.
User(192.168.12.2:(none)):ftp-user
331 Password required for ftp-user.
```

```
Enter password:
230 User logged in.
[R1-ftp]
```

将 R1 的配置文件 R1-conf.cfg 上传到 R2，将 R2 的配置文件 R2-conf.cfg 下载到 R1，将 R2 本地的配置文件 R2-conf.cfg 删除。

操作完后的结果将为：R1 上拥有 R1-conf.cfg 和 R2-conf.cfg 两个配置文件，R1 上拥有 R1-conf.cfg 一个配置文件。

```
[R1-ftp]put r1-conf.cfg         #将 R1 的配置文件 R1-conf.cfg 上传到 R2
200 Port command okay.
150 Opening ASCII mode data connection for r1-conf.cfg.
 100%
226 Transfer complete.
FTP: 849 byte(s) sent in 0.160 second(s) 5.30Kbyte(s)/sec.
[R1-ftp]get r2-conf.cfg         #将 R2 的配置文件 R2-conf.cfg 下载到 R1
200 Port command okay.
150 Opening ASCII mode data connection for r2-conf.cfg.
226 Transfer complete.
FTP: 1114 byte(s) received in 0.150 second(s) 7.42Kbyte(s)/sec.
[R1-ftp]delete r2-conf.cfg      #将 R2 本地的配置文件 R2-conf.cfg 删除
Warning: The contents of file r2-conf.cfg cannot be recycled. Continue? (y/n)
[n]:y
250 DELE command successful.
[R1-ftp]bye                     #退出登录
221 Server closing.
<R1>
```

查看 R1 和 R2 的文件目录。

```
<R1>dir
Directory of flash:/
  Idx  Attr     Size(Byte)  Date        Time(LMT)  FileName
    0  drw-              -  Jan 22 2024  01:38:03  network
    1  -rw-            849  Jan 22 2024  05:24:26  r1-conf.cfg
    2  drw-              -  Jan 22 2024  01:03:37  dhcp
    3  -rw-        121,802  May 26 2014  09:20:58  portalpage.zip
    4  -rw-            205  Jan 22 2024  01:32:09  private-data-rename.txt
    5  -rw-          1,114  Jan 22 2024  05:26:15  r2-conf.cfg
    6  -rw-          2,263  Jan 22 2024  01:03:32  statemach.efs
    7  -rw-        828,482  May 26 2014  09:20:58  sslvpn.zip
    8  -rw-            205  Jan 22 2024  01:30:54  private-data.txt
    9  -rw-            531  Jan 22 2024  01:30:53  vrpcfg.zip
1,090,732 KB total (784,436 KB free)
<R1>
```

```
<R2>dir
Directory of flash:/
```

```
    Idx  Attr     Size(Byte)  Date         Time(LMT)  FileName
      0  -rw-            849  Jan 22 2024  05:25:50   r1-conf.cfg
      1  drw-              -  Jan 22 2024  01:03:33   dhcp
      2  -rw-        121,802  May 26 2014  09:20:58   portalpage.zip
      3  -rw-          2,263  Jan 22 2024  04:47:45   statemach.efs
      4  -rw-        828,482  May 26 2014  09:20:58   sslvpn.zip
      5  -rw-            205  Jan 22 2024  01:29:57   private-data.txt
      6  -rw-            532  Jan 22 2024  04:47:43   vrpcfg.zip
1,090,732 KB total (784,452 KB free)
<R2>
```

所捕获的 FTP 报文如图 6-20 所示，请观察与分析这些报文，理解 FTP 的工作过程。

No.	Time	Source	Destination	Protocol	Length	Info
54	214.187000	192.168.12.2	192.168.12.1	FTP	78	Response: 220 FTP service ready.
56	219.125000	192.168.12.1	192.168.12.2	FTP	69	Request: USER ftp-user
57	219.141000	192.168.12.2	192.168.12.1	FTP	91	Response: 331 Password required for ftp-user.
59	225.594000	192.168.12.1	192.168.12.2	FTP	71	Request: PASS Huawei@123
60	225.625000	192.168.12.2	192.168.12.1	FTP	75	Response: 230 User logged in.
61	225.641000	192.168.12.1	192.168.12.2	FTP	64	Request: REST 100
62	225.656000	192.168.12.2	192.168.12.1	FTP	91	Response: 500 Command didn't implemented now.
68	245.828000	192.168.12.1	192.168.12.2	FTP	64	Request: ALLO 849
69	245.844000	192.168.12.2	192.168.12.1	FTP	76	Response: 200 Command ALLO ok.
70	245.859000	192.168.12.1	192.168.12.2	FTP	80	Request: PORT 192,168,12,1,196,76
71	245.875000	192.168.12.2	192.168.12.1	FTP	78	Response: 200 Port command okay.
72	245.891000	192.168.12.1	192.168.12.2	FTP	72	Request: STOR r1-conf.cfg
76	245.937000	192.168.12.2	192.168.12.1	FTP	111	Response: 150 Opening ASCII mode data connection for r1-conf.cfg.
83	246.016000	192.168.12.2	192.168.12.1	FTP	78	Response: 226 Transfer complete.
89	270.484000	192.168.12.1	192.168.12.2	FTP	72	Request: SIZE r2-conf.cfg
90	270.500000	192.168.12.2	192.168.12.1	FTP	64	Response: 213 1114
91	270.516000	192.168.12.1	192.168.12.2	FTP	81	Request: PORT 192,168,12,1,196,225
92	270.531000	192.168.12.2	192.168.12.1	FTP	78	Response: 200 Port command okay.
93	270.547000	192.168.12.1	192.168.12.2	FTP	72	Request: RETR r2-conf.cfg
97	270.578000	192.168.12.2	192.168.12.1	FTP	111	Response: 150 Opening ASCII mode data connection for r2-conf.cfg.
104	270.641000	192.168.12.2	192.168.12.1	FTP	78	Response: 226 Transfer complete.
108	288.125000	192.168.12.1	192.168.12.2	FTP	72	Request: DELE r2-conf.cfg
109	288.125000	192.168.12.2	192.168.12.1	FTP	84	Response: 250 DELE command successful.
111	295.781000	192.168.12.1	192.168.12.2	FTP	60	Request: QUIT
112	295.797000	192.168.12.2	192.168.12.1	FTP	75	Response: 221 Server closing.

图 6-20　FTP 报文

21.5　练习与思考

1. 最常用、方便且功能强大的主页上传方法是(　　)。

A. 使用网页制作软件自带功能上传　　B. 使用 FTP 软件上传

C. 使用 Web 页面上传　　D. 通过 E-mail 上传

2. FTP 服务器一般使用的端口号是(　　)。

A. 21　　B. 23　　C. 80　　D. 53

3. 以下哪个应用层协议是 TCP/IP 协议簇的一部分？(　　)

A. PPP　　B. FTP　　C. NAT　　D. ARP

4. FTP 与一般意义的客户端/服务器模式的程序有些不同，FTP 采用双 TCP 连接工作方式，包括一个控制连接和一个数据连接，以下说法正确的是(　　)。

A. 控制连接和数据连接默认使用相同端口

B. 控制连接默认使用 20 号端口，数据连接默认使用 21 号端口

C. 控制连接默认使用 21 号端口，数据连接默认使用 20 号端口

D. 以上都不正确

5. 地址“ftp://218.0.0.123”中的“ftp”是指(　　)。

A. 协议　　B. 网址　　C. 新闻组　　D. 邮件信箱

6. FTP 传输的数据是经过加密的。(　　)

A. 正确　　B. 错误

第7章

网络安全实验

实验 22 ACL 配置与应用

22.1 实验目的

(1) 理解分组过滤路由器的基本原理。

(2) 掌握 ACL 基本配置方法。

22.2 实验要求

(1) 设备要求:计算机两台以上(安装有 Windows 操作系统、华为 eNSP 模拟器软件、抓包软件 Wireshark,安装有网卡已联网)。

(2) 分组要求:1 人一组,但部分步骤需相互合作完成。

22.3 实验预备知识

ACL(Access Control List)是一种应用非常广泛的网络技术,它的基本原理极为简单:配置了 ACL 的网络设备根据事先设定好的报文匹配规则对经过该设备的报文进行匹配,然后对匹配上的报文执行事先设定好的处理动作。这些匹配规则及相应的处理动作是根据具体的网络需求而设定的。处理动作的不同以及匹配规则的多样性,使得 ACL 可以发挥出各种各样的功效。ACL 技术总是与防火墙(Firewall)、路由策略、QoS(Quality of Service)、流量过滤(Traffic Filtering)等其他技术结合使用的。本实验中,只是从网络安全的角度来简单地了解一下关于 ACL 的基本知识。另外需要说明的是,不同的网络设备厂商在 ACL 技术的实现细节上各不相同,本实验对于 ACL 技术的描述都是针对华为网络设备上所实现的 ACL 技术而言的。

根据 ACL 所具备的特性不同,将 ACL 分成不同的类型,分别是基本 ACL、高级 ACL、二层 ACL、用户自定义 ACL。其中应用最为广泛的是基本 ACL 和高级 ACL。在网络设备上配置 ACL 时,每一个 ACL 都需要分配一个编号,称为 ACL 编号。基本 ACL、高级 ACL、二层 ACL、用户自定义 ACL 的编号范围分别为 2000~2999、3000~3999、4000~4999、5000~5999。配置 ACL 时,ACL 的类型应该与相应的编号范围保持一致。

一个 ACL 通常由若干条"deny|permit"语句组成,每条语句就是该 ACL 的一条规则,每条语句中的 deny 或 permit 就是与这条规则相对应的处理动作。处理动作 permit 的含义是"允许",处理动作 deny 的含义是"拒绝",特别需要说明的是,ACL 技术总是与其他技术结合在一起使用的,因此,所结合的技术不同,"允许"(permit)及"拒绝"(deny)的内涵及作用也会不同。例如,当 ACL 技术与流量过滤技术结合使用时,permit 就是"允许通行"的意思,deny 就是"拒绝通行"的意思。配置了 ACL 的设备在接收到一个报文之后,会将该报文与 ACL 中的规则逐条进行匹配,如果不能匹配上当前这条规则,则会继续尝试去匹配下一条规则,一旦报文匹配上了某条规则,则设备会对该报文执行这条规则中定义的处理动作(permit 或 deny),并且不再继续尝试与后续规则进行匹配。如果报文不能匹配上 ACL 的任何一条规则,设备会对该报文执行 permit 这个处理动作。一个 ACL 中的每一条规则都有一个相应的编号,称为规则编号(rule-id)。默认情况下,报文总是按照规则编号从小到大的顺序与规则进行匹配。默认情况下,设备会在创建 ACL 的过程中自动为每一条规则分配一个编号,如果将规则编号的步长设定为 10(注:规则编号的步长的默认值为 5),则规则编号将按照 10、20、30、40、…这样的规律自动进行分配;如果将规则编号的步长设定为 2,则规则编号将按照 2、4、6、8、…这样的规律自动进行分配。步长的大小反映了相邻规则编号之间的间隔大小。间隔的存在,实际上是为了便于在两个相邻规则之间插入新的规则。

在配置 ACL 时,需要注意的是要明确 ACL 的方向。ACL 需要针对数据流中的数据包自毁执行过滤,数据流是有方向的,因此 ACL 也是有方向的,数据流的方向是从数据流源去往目的地,而 ACL 的方向是以网络设备为中心进行判断的。ACL 的方向如图 7-1 所示。路由器在入站(Inbound)及出站(Outbound)方向对数据包进行处理的流程如图 7-2 所示。

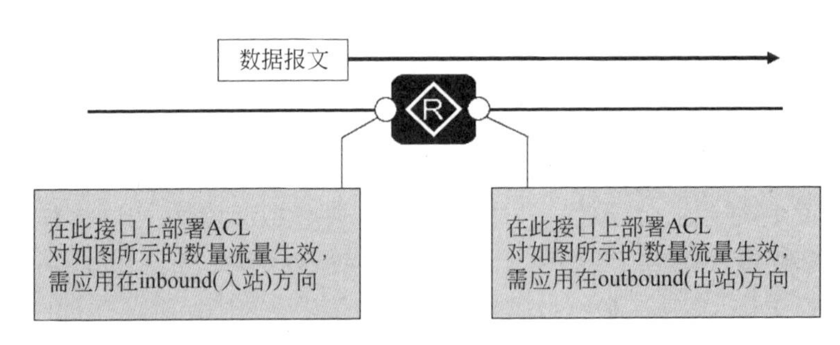

图 7-1 ACL 方向

1. 基本 ACL

ACL 分为基本 ACL 和高级 ACL 等类型。基本 ACL 只能基于 IP 报文的源 IP 地址、报文分片标记和时间段信息来定义规则。配置基本 ACL 规则的命令具有如下的结构。

```
rule [rule-id] (deny | permit) [source {source-address source-wildcard] any} |
fragment | logging | time-range time-name]
```

命令中各个组成项的解释如下。

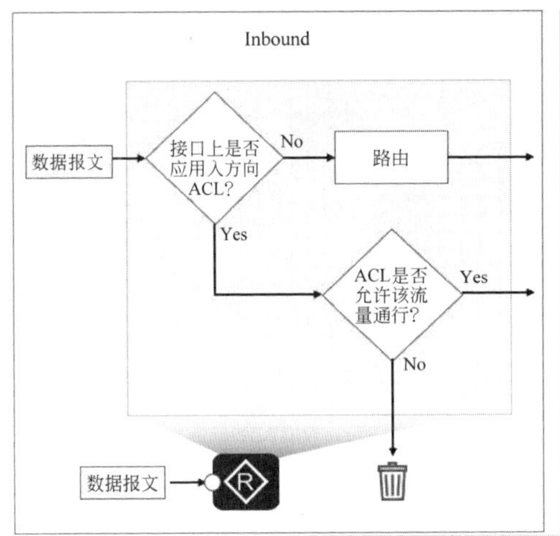

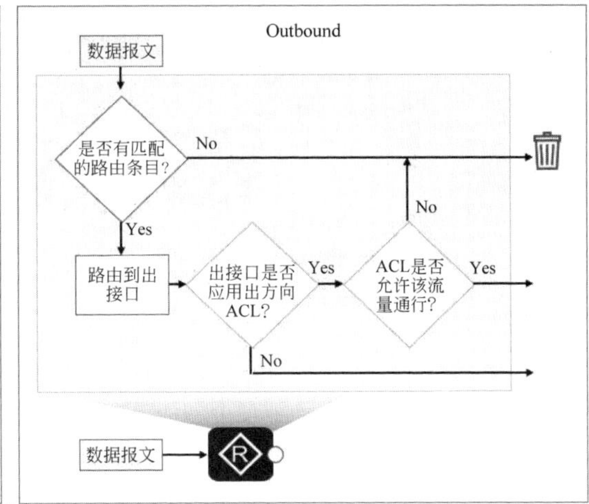

图 7-2　入站(Inbound)及出站(Outbound)方向

rule：表示这是一条规则。

rule-id：表示这条规则的编号。

deny|**permit**：这是一个二选一选项，表示与这条规则相关联的处理动作，deny 表示“拒绝”，permit 表示“允许”。

source：表示源 IP 地址信息。

source-address：表示具体的源 IP 地址。

source-wildcard：表示与 source-address 相对应的通配符，source-wildcard 和 source-address 的结合使用，可以确定出一个 IP 地址的集合。极端情况下，该集合中可以只包含一个 IP 地址。

any：表示源 IP 地址可以是任何地址。

fragment：表示该规则只对非首片分片报文有效。

logging：表示需要将匹配上该规则的 IP 报文进行日志记录。

time-range time-name：表示该规则的生效时间段 time-name，具体的使用方法这里不做描述。

在选择基本 ACL 的应用位置时，应遵循的原则是：**在尽可能靠近目的地的位置应用基本 ACL**。

如图 7-3 所示，在 Router 上部署基本 ACL 后，ACL 将试图穿越 Router 的源地址为 192.168.1.0/24 网段的数据包过滤掉，并放行其他流量，从而禁止 192.168.1.0/24 网段的用户访问 Router 右侧的服务器网络。

(1) 在 Router 上创建基本 ACL，禁止 192.168.1.0/24 网段访问服务器网络。

```
[Router]acl 2000
[Router-acl-basic-2000]rule deny source 192.168.1.0  0.0.0.255
[Router-acl-basic-2000]rule permit source any
```

(2) 由于从接口 GE 0/0/1 进入 Router，所以在接口 GE 0/0/1 的入方向配置流量过滤。

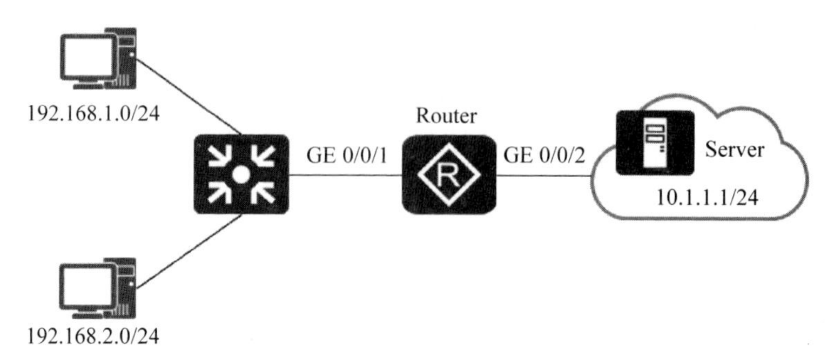

图 7-3 基本 ACL 示例

```
[Router] interface GigabitEthernet 0/0/1
[Router-GigabitEthernet0/0/1] traffic-filter inbound acl 2000
[Router-GigabitEthernet0/0/1] quit
```

2. 高级 ACL

高级 ACL 可以根据 IP 报文的源 IP 地址、IP 报文的目的 IP 地址、IP 报文的协议字段的值、IP 报文的优先级的值、IP 报文的长度值、TCP 报文的源端口号、TCP 报文的端口号、UDP 报文的源端口号、UDP 报文的目的端口号等信息来定义规则。基本 ACL 的功能只是高级 ACL 的功能的一个子集，高级 ACL 可以比基本 ACL 定义出更精准、更复杂、更灵活的规则。

高级 ACL 中规则的配置比基本 ACL 中规则的配置要复杂得多，且配置命令的格式也会因 IP 报文的载荷数据的类型不同而不同。例如，针对 ICMP 报文、TCP 报文、UDP 报文等不同类型的报文，其相应的配置命令的格式也是不同的。下面是针对所有 IP 报的一种简化了的配置命令的格式。

```
rule [ rule-id ] ( deny | permit ) ip [ destination { destination-address
destination-wildcard | any}][source{source-address source-wildcard | any}]
```

如图 7-4 所示，某公司通过 Router 实现各部门之间的互连。为方便管理网络，管理员为公司的研发部门和市场部门规划了两个网段的 IP 地址。现要求 Router 能够限制两个网段之间互访，防止公司机密泄露。

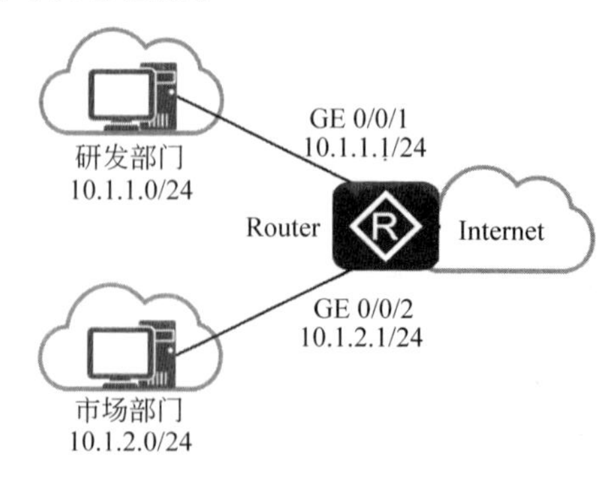

图 7-4 高级 ACL 示例

（1）创建高级 ACL 3001 并配置 ACL 规则，拒绝研发部门访问市场部门的报文。

```
[Router] acl 3001
[Router-acl-adv-3001] rule deny ip source 10.1.1.0 0.0.0.255 destination 10.1.
2.0 0.0.0.255
[Router-acl-adv-3001] quit
```

（2）创建高级 ACL 3002 并配置 ACL 规则，拒绝市场部门访问研发部门的报文。

```
[Router] acl 3002
[Router-acl-adv-3002] rule deny ip source 10.1.2.0 0.0.0.255 destination 10.1.
1.0 0.0.0.255
[Router-acl-adv-3002] quit
```

（3）由于研发部门和市场部门互访的流量分别从接口 GE 0/0/1 和 GE 0/0/2 进入 Router，所以在接口 GE 0/0/1 和 GE 0/0/2 的入方向配置流量过滤。

```
[Router] interface GigabitEthernet 0/0/1
[Router-GigabitEthernet0/0/1]traffic-filter inbound acl 3001
[Router-GigabitEthernet0/0/1] quit
[Router] interface GigabitEthernet 0/0/2
[Router-GigabitEthernet0/0/2]traffic-filter inbound acl 3002
[Router-GigabitEthernet0/0/2] quit
```

3. 配置命令

```
(1) [Huawei] acl [ number ] acl-number [ match-order config ]
    #使用编号(2000~2999)创建一个数字型的基本 ACL,并进入基本 ACL 视图
(2) [Huawei] acl name acl-name { basic | acl-number } [ match-order config ]
    #使用名称创建一个命名型的基本 ACL,并进入基本 ACL 视图
(3) [Huawei-acl-basic-2000] rule [ rule-id ] { deny | permit } [ source { source-
address source-wildcard | any } | time-range time-name]
    #在基本 ACL 视图下,通过此命令来配置基本 ACL 的规则
(4) [Huawei] acl [ number ] acl-number [ match-order config ]
    #使用编号(3000~3999)创建一个数字型的高级 ACL,并进入高级 ACL 视图
(5) [Huawei] acl name acl-name { advance | acl-number } [ match-order config ]
    #使用名称创建一个命名型的高级 ACL,进入高级 ACL 视图
(6) rule [rule-id]{deny|permit} ip [destination {destination-address
destination-wildcard |any}| source {source-address source-wildcard |any}|time
-range time-name |[ dscp dscp |[tos tos| precedence precedence]]]
    #当参数 protocol 为 IP 时,配置高级 ACL 的规则
(7) rule [rule-id ] {deny | permit} {protocol-number |tcp} [destination
{destination-address destination-wildcard | any}|destination-port {eq port |
gt port|lt port|range port-start port-end}|source{source-address source-
wildcard |any}|source-port {eq port|gt port| lt port|range port-start port-
end}|tcp-flag{ack | fin | syn} * |time-range time-name] *
    #当参数 protocol 为 TCP 时,配置高级 ACL 的规则
```

22.4　实验内容与步骤

1. 建立网络拓扑

在 eNSP 中新建网络拓扑如图 7-5 所示，其中，路由器型号为 AR2240，各设备的 IP

地址配置如表 7-1 所示。

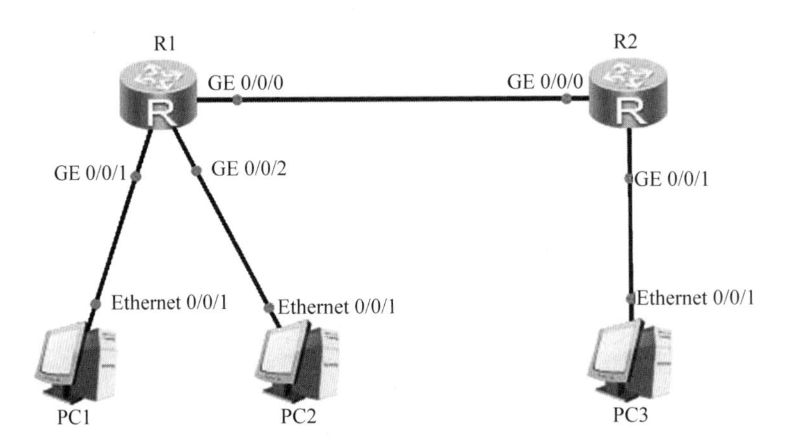

图 7-5 ACL 实验拓扑

表 7-1 各设备 IP 地址配置

设备名称	接 口	IP 地址	默 认 网 关
R1	GE 0/0/0	192.168.12.1/24	—
	GE 0/0/1	192.168.10.254/24	—
	GE 0/0/2	192.168.20.254/24	—
	Loopback 0	1.1.1.1/32	—
R2	GE 0/0/0	192.168.12.2/24	—
	GE 0/0/1	192.168.30.254/24	—
	Loopback 0	2.2.2.2/32	—
PC1	E0/0/1	192.168.10.10/24	192.168.10.254
PC2	E0/0/1	192.168.20.10/24	192.168.20.254
PC3	E0/0/1	192.168.30.10/24	192.168.30.254

2. 基础配置，实现全网互通

(1) 在 R1 和 R2 上做初始配置，配置好两台路由器的各接口 IP 地址以及 OSPF 路由。各 PC 的 IP 参数配置自行完成。

R1：

```
<Huawei>undo terminal monitor
<Huawei>system
[Huawei]sysname R1
[R1]int g0/0/0
[R1-GigabitEthernet0/0/0]ip address 192.168.12.1 24
[R1-GigabitEthernet0/0/0]interface g0/0/1
[R1-GigabitEthernet0/0/1]ip address 192.168.10.254 24
```

```
[R1-GigabitEthernet0/0/1]interface g0/0/2
[R1-GigabitEthernet0/0/2]ip address 192.168.20.254 24
[R1-GigabitEthernet0/0/2]interface loopback 0
[R1-LoopBack0]ip address 1.1.1.1 32
[R1-LoopBack0]q
[R1]ospf 1 router-id 1.1.1.1
[R1-ospf-1]area 0
[R1-ospf-1-area-0.0.0.0]network 192.168.12.1 0.0.0.0
[R1-ospf-1-area-0.0.0.0]network 192.168.10.254 0.0.0.0
[R1-ospf-1-area-0.0.0.0]network 192.168.20.254 0.0.0.0
[R1-ospf-1-area-0.0.0.0]network 1.1.1.1 0.0.0.0
[R1-ospf-1-area-0.0.0.0]quit
[R1-ospf-1]quit
[R1]
```

R2：

```
<Huawei>undo terminal monitor
<Huawei>system
[Huawei]sysname R2
[R2]interface g0/0/0
[R2-GigabitEthernet0/0/0]ip address 192.168.12.2 24
[R2-GigabitEthernet0/0/0]interface g0/0/1
[R2-GigabitEthernet0/0/1]ip address 192.168.30.254 24
[R2-GigabitEthernet0/0/1]interface loopback 0
[R2-LoopBack0]ip address 2.2.2.2 32
[R2-LoopBack0] q
[R2]ospf 1 router-id 2.2.2.2
[R2-ospf-1]area 0
[R2-ospf-1-area-0.0.0.0]network 192.168.30.254 0.0.0.0
[R2-ospf-1-area-0.0.0.0]network 192.168.12.2 0.0.0.0
[R2-ospf-1-area-0.0.0.0]network 2.2.2.2 0.0.0.0
[R2-ospf-1-area-0.0.0.0]quit
[R2-ospf-1]quit
[R2]
```

(2) 在 R1 和 R2 上查看路由表,查看非直连网段和回环接口网段。

R1 上的 IP 路由表:

```
<R1>display ip routing-table
Route Flags: R -relay, D -download to fib
------------------------------------------------------------------------------
Routing Tables: Public
         Destinations : 16        Routes : 16
Destination/Mask    Proto   Pre  Cost   Flags NextHop         Interface
        1.1.1.1/32  Direct  0    0      D     127.0.0.1       LoopBack0
        2.2.2.2/32  OSPF    10   1      D     192.168.12.2    GigabitEthernet 0/0/0
      127.0.0.0/8   Direct  0    0      D     127.0.0.1       InLoopBack0
      127.0.0.1/32  Direct  0    0      D     127.0.0.1       InLoopBack0
127.255.255.255/32  Direct  0    0      D     127.0.0.1       InLoopBack0
```

```
   192.168.10.0/24  Direct  0    0    D    192.168.10.254  GigabitEthernet 0/0/1
  192.168.10.254/32 Direct  0    0    D    127.0.0.1       GigabitEthernet 0/0/1
  192.168.10.255/32 Direct  0    0    D    127.0.0.1       GigabitEthernet 0/0/1
   192.168.12.0/24  Direct  0    0    D    192.168.12.1    GigabitEthernet 0/0/0
   192.168.12.1/32  Direct  0    0    D    127.0.0.1       GigabitEthernet 0/0/0
  192.168.12.255/32 Direct  0    0    D    127.0.0.1       GigabitEthernet 0/0/0
   192.168.20.0/24  Direct  0    0    D    192.168.20.254  GigabitEthernet 0/0/2
  192.168.20.254/32 Direct  0    0    D    127.0.0.1       GigabitEthernet 0/0/2
  192.168.20.255/32 Direct  0    0    D    127.0.0.1       GigabitEthernet 0/0/2
   192.168.30.0/24  OSPF    10   2    D    192.168.12.2    GigabitEthernet 0/0/0
255.255.255.255/32  Direct  0    0    D    127.0.0.1       InLoopBack0
```

R2 上的 IP 路由表：

```
<R2>display ip routing-table
Route Flags: R - relay, D - download to fib
------------------------------------------------------------------------------
Routing Tables: Public
         Destinations : 14        Routes : 14
Destination/Mask    Proto   Pre  Cost  Flags NextHop         Interface
        1.1.1.1/32  OSPF    10   1      D   192.168.12.1    GigabitEthernet 0/0/0
        2.2.2.2/32  Direct  0    0      D   127.0.0.1       LoopBack0
      127.0.0.0/8   Direct  0    0      D   127.0.0.1       InLoopBack0
      127.0.0.1/32  Direct  0    0      D   127.0.0.1       InLoopBack0
127.255.255.255/32  Direct  0    0      D   127.0.0.1       InLoopBack0
   192.168.10.0/24  OSPF    10   2      D   192.168.12.1    GigabitEthernet 0/0/0
   192.168.12.0/24  Direct  0    0      D   192.168.12.2    GigabitEthernet 0/0/0
   192.168.12.2/32  Direct  0    0      D   127.0.0.1       GigabitEthernet 0/0/0
  192.168.12.255/32 Direct  0    0      D   127.0.0.1       GigabitEthernet 0/0/0
   192.168.20.0/24  OSPF    10   2      D   192.168.12.1    GigabitEthernet 0/0/0
   192.168.30.0/24  Direct  0    0      D   192.168.30.254  GigabitEthernet 0/0/1
  192.168.30.254/32 Direct  0    0      D   127.0.0.1       GigabitEthernet 0/0/1
  192.168.30.255/32 Direct  0    0      D   127.0.0.1       GigabitEthernet 0/0/1
255.255.255.255/32  Direct  0    0      D   127.0.0.1       InLoopBack0
```

(3) 在 PC1 上测试网络连通性。

```
PC1>ping 192.168.20.10
Ping 192.168.20.10: 32 data bytes, Press Ctrl_C to break
From 192.168.20.10: bytes=32 seq=1 ttl=127 time<1 ms
From 192.168.20.10: bytes=32 seq=2 ttl=127 time=16 ms
From 192.168.20.10: bytes=32 seq=3 ttl=127 time=16 ms
From 192.168.20.10: bytes=32 seq=4 ttl=127 time=15 ms
From 192.168.20.10: bytes=32 seq=5 ttl=127 time=16 ms
---192.168.20.10 ping statistics ---
  5 packet(s) transmitted
  5 packet(s) received
  0.00% packet loss
  round-trip min/avg/max =0/12/16 ms
```

```
PC1>ping 192.168.30.10
Ping 192.168.30.10: 32 data bytes, Press Ctrl_C to break
From 192.168.30.10: bytes=32 seq=1 ttl=126 time=15 ms
From 192.168.30.10: bytes=32 seq=2 ttl=126 time=16 ms
From 192.168.30.10: bytes=32 seq=3 ttl=126 time=31 ms
From 192.168.30.10: bytes=32 seq=4 ttl=126 time=16 ms
From 192.168.30.10: bytes=32 seq=5 ttl=126 time=16 ms
---192.168.30.10 ping statistics ---
  5 packet(s) transmitted
  5 packet(s) received
  0.00% packet loss
  round-trip min/avg/max =15/18/31 ms

PC1>ping 1.1.1.1
Ping 1.1.1.1: 32 data bytes, Press Ctrl_C to break
From 1.1.1.1: bytes=32 seq=1 ttl=255 time=16 ms
From 1.1.1.1: bytes=32 seq=2 ttl=255 time=16 ms
From 1.1.1.1: bytes=32 seq=3 ttl=255 time<1 ms
From 1.1.1.1: bytes=32 seq=4 ttl=255 time=16 ms
From 1.1.1.1: bytes=32 seq=5 ttl=255 time=15 ms
---1.1.1.1 ping statistics ---
  5 packet(s) transmitted
  5 packet(s) received
  0.00% packet loss
  round-trip min/avg/max =0/12/16 ms

PC1>ping 2.2.2.2
Ping 2.2.2.2: 32 data bytes, Press Ctrl_C to break
From 2.2.2.2: bytes=32 seq=1 ttl=254 time=31 ms
From 2.2.2.2: bytes=32 seq=2 ttl=254 time=16 ms
From 2.2.2.2: bytes=32 seq=3 ttl=254 time=15 ms
From 2.2.2.2: bytes=32 seq=4 ttl=254 time=32 ms
From 2.2.2.2: bytes=32 seq=5 ttl=254 time=15 ms
---2.2.2.2 ping statistics ---
  5 packet(s) transmitted
  5 packet(s) received
  0.00% packet loss
  round-trip min/avg/max =15/21/32 ms
```

3. 基本 ACL 配置

要求：在本实验中，通过配置基本 ACL，**禁止 PC1 所属网段的设备访问 PC3 所属网段的设备，其他流量不受影响**。

(1) 根据“基本 ACL 尽量靠近目的地”的原则，将 ACL 设置在 R2 的 g0/0/1 接口的出方向上。

```
[R2]acl 2000              #创建 ACL,编号为 2000
[R2-acl-basic-2000]rule deny source 192.168.10.0 0.0.0.255      #拒绝源 IP 为
#192.168.10.0/24 网段的数据包
```

```
[R2-acl-basic-2000]rule permit source any        #放行所有的数据包
[R2-acl-basic-2000]quit
[R2]int g0/0/1
[R2-GigabitEthernet0/0/1]traffic-filter outbound acl 2000     #将 ACL 应用在 R2
#的 g0/0/1 的出方向上
```

(2) 测试 PC1 与 PC3 之间、PC2 与 PC3 之间的连通性。

```
PC1>ping 192.168.30.10
Ping 192.168.30.10: 32 data bytes, Press Ctrl_C to break
Request timeout!
Request timeout!
Request timeout!
Request timeout!
Request timeout!
---192.168.30.10 ping statistics ---
  5 packet(s) transmitted
  0 packet(s) received
  100.00%  packet loss

PC1>ping 2.2.2.2
Ping 2.2.2.2: 32 data bytes, Press Ctrl_C to break
From 2.2.2.2: bytes=32 seq=1 ttl=254 time=31 ms
From 2.2.2.2: bytes=32 seq=2 ttl=254 time=32 ms
From 2.2.2.2: bytes=32 seq=3 ttl=254 time=15 ms
From 2.2.2.2: bytes=32 seq=4 ttl=254 time=16 ms
From 2.2.2.2: bytes=32 seq=5 ttl=254 time=15 ms
---2.2.2.2 ping statistics ---
  5 packet(s) transmitted
  5 packet(s) received
  0.00%  packet loss
  round-trip min/avg/max =15/21/32 ms

PC2>ping 192.168.30.10
Ping 192.168.30.10: 32 data bytes, Press Ctrl_C to break
From 192.168.30.10: bytes=32 seq=1 ttl=126 time=31 ms
From 192.168.30.10: bytes=32 seq=2 ttl=126 time=16 ms
From 192.168.30.10: bytes=32 seq=3 ttl=126 time=15 ms
From 192.168.30.10: bytes=32 seq=4 ttl=126 time=16 ms
From 192.168.30.10: bytes=32 seq=5 ttl=126 time=16 ms
---192.168.30.10 ping statistics ---
  5 packet(s) transmitted
  5 packet(s) received
  0.00%  packet loss
  round-trip min/avg/max =15/18/31 ms
```

测试结果为 PC1 与 PC3 之间无法通信，PC1 与 R2 的回环接口可以通信，PC2 与 PC3 之间可以通信，说明 ACL 发挥了作用，并且其他的流量没有受到影响。

4. 高级 ACL 配置

要求：在本实验中，通过配置高级 ACL，**禁止 PC2 所属网段的设备访问 PC3 所属网段的设备，其他流量不受影响。**

(1) 高级 ACL 同时匹配源和目的 IP 地址，根据“基本 ACL 尽量靠近源”的原则，将 ACL 设置在 R1 的 g0/0/2 接口的入方向上。

```
[R1]acl 3000        #创建 ACL,编号为 3000
[R1-acl-adv-3000]rule deny ip source 192.168.20.0 0.0.0.255 destination 192.
168.30.0 0.0.0.255          #拒绝源 IP 为 192.168.20.0/24 网段,并且目的 IP 为
#192.168.30.0/24 网段的数据包
[R1-acl-adv-3000]quit
[R1]interface g0/0/2
[R1-GigabitEthernet0/0/2]traffic-filter inbound acl 3000      #将 ACL 应用在 R1
#的 g0/0/2 的入方向上
```

(2) 去除上一步中 R2 的 g0/0/1 接口上应用的基本 ACL，以免对接下来的测试产生影响。

```
[R2]int g0/0/1
[R2-GigabitEthernet0/0/1]undo traffic-filter outbound
```

(3) 测试 PC2 与 PC3 之间、PC1 与 PC3 之间的连通性。

```
PC2>ping 192.168.30.10
Ping 192.168.30.10: 32 data bytes, Press Ctrl_C to break
Request timeout!
Request timeout!
Request timeout!
Request timeout!
Request timeout!
---192.168.30.10 ping statistics ---
  5 packet(s) transmitted
  0 packet(s) received
  100.00% packet loss

PC2>ping 2.2.2.2
Ping 2.2.2.2: 32 data bytes, Press Ctrl_C to break
From 2.2.2.2: bytes=32 seq=1 ttl=254 time=32 ms
From 2.2.2.2: bytes=32 seq=2 ttl=254 time=15 ms
From 2.2.2.2: bytes=32 seq=3 ttl=254 time=16 ms
From 2.2.2.2: bytes=32 seq=4 ttl=254 time=31 ms
From 2.2.2.2: bytes=32 seq=5 ttl=254 time=16 ms
---2.2.2.2 ping statistics ---
  5 packet(s) transmitted
  5 packet(s) received
  0.00% packet loss
  round-trip min/avg/max =15/22/32 ms

PC1>ping 192.168.30.10
```

```
Ping 192.168.30.10: 32 data bytes, Press Ctrl_C to break
From 192.168.30.10: bytes=32 seq=1 ttl=126 time=16 ms
From 192.168.30.10: bytes=32 seq=2 ttl=126 time=31 ms
From 192.168.30.10: bytes=32 seq=3 ttl=126 time=16 ms
From 192.168.30.10: bytes=32 seq=4 ttl=126 time=16 ms
From 192.168.30.10: bytes=32 seq=5 ttl=126 time=15 ms
---192.168.30.10 ping statistics ---
  5 packet(s) transmitted
  5 packet(s) received
  0.00% packet loss
  round-trip min/avg/max =15/18/31 ms

PC1>ping 2.2.2.2
Ping 2.2.2.2: 32 data bytes, Press Ctrl_C to break
From 2.2.2.2: bytes=32 seq=1 ttl=254 time=16 ms
From 2.2.2.2: bytes=32 seq=2 ttl=254 time<1 ms
From 2.2.2.2: bytes=32 seq=3 ttl=254 time=31 ms
From 2.2.2.2: bytes=32 seq=4 ttl=254 time=16 ms
From 2.2.2.2: bytes=32 seq=5 ttl=254 time=31 ms
---2.2.2.2 ping statistics ---
  5 packet(s) transmitted
  5 packet(s) received
  0.00% packet loss
  round-trip min/avg/max =0/18/31 ms
```

测试结果为 PC2 与 PC3 之间无法通信，PC2 与 R2 的回环接口可以通信，PC1 与 PC3 之间可以通信，说明 ACL 发挥了作用，只有源 IP 为 192.168.20.0/24 的网段并且目标 IP 为 192.168.30.0/24 的网段的流量数据包不能通过，并且其他的流量没有受到影响。

22.5 练习与思考

1. 如图 7-6 所示的网络，Router A 的配置信息如下，下列说法错误的是(　　)。

```
acl number 2000
rule 5 deny source 200.0.12.0 0.0.0.7
rule 10 permit source 200.0.12.0 0.0.0.15 #
interface GigabitEthernet0/0/1 traffic-filter outbound acl 2000
```

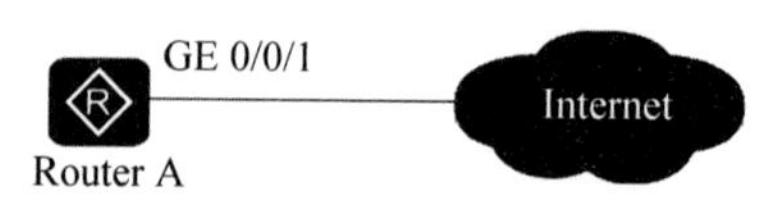

图 7-6　网络连接示意图

A. 源 IP 地址为 200.0.12.2 的主机不能访问 Internet

B. 源 IP 地址为 200.0.12.6 的主机不能访问 Internet

C. 源 IP 地址为 200.0.12.8 的主机不能访问 Internet

D. 源 IP 地址为 200.0.12.4 的主机不能访问 Internet

2. 高级ACL的编号范围是(　　)。

A. 6000～6031　　B. 4000～4999　　C. 3000～3999　　D. 2000～2999

3. 如果ACL规则中最大的编号为12,默认情况下,用户配置新规则时未指定编号,则系统为新规则分配的编号为(　　)。

A. 14　　B. 16　　C. 15　　D. 13

4. 在路由器RTA上完成如下所示的ACL配置,则下面描述正确的是(　　)。

```
[RTA]acl2001
[RTA-acl-basic-2001]rule20permitsource20.1.1.00.0.0.255
[RTA-acl-basic-2001]rule10denysource20.1.1.00.0.0.255
```

A. VRP系统将会自动按配置先后顺序调整第一条规则的顺序编号为5

B. VRP系统不会调整顺序编号,但是会先匹配第一条配置的规则20.1.1.00.0.0.255

C. 配置错误,规则的顺序编号必须从小到大配置

D. VRP系统将会按照顺序编号先匹配第二条规则denysource20.1.1.00.0.0.255

5. 基于ACL规则,ACL可以划分为以下哪些类?(多选)(　　)

A. 二层ACL　　B. 用户ACL　　C. 高级ACL　　D. 基本ACL

6. 以下关于ACL的匹配机制说法正确的有?(多选)(　　)

A. 如果ACL不存在,则返回ACL匹配结果为:不匹配

B. 如果一直查到最后一条规则,报文仍未匹配上,则返回ACL匹配结果为:不匹配

C. 无论报文匹配ACL的结果是"不匹配""允许"还是"拒绝",该报文最终是被允许通过还是拒绝通过,实际是由应用ACL的各个业务模块来决定的

D. 默认情况下,从ACL中编号最小的规则开始查找,一旦匹配规则,停止查询后续规则

实验 23 IPSec VPN 配置与分析

23.1 实验目的

(1) 理解 IPSec VPN 的工作原理。

(2) 掌握 IPSec VPN 基本配置方法。

23.2 实验要求

(1) 设备要求：计算机两台以上(安装有 Windows 操作系统、华为 eNSP 模拟器软件、抓包软件 Wireshark,安装有网卡已联网)。

(2) 分组要求：1 人一组,但部分步骤需相互合作完成。

23.3 实验预备知识

企业对网络安全性的需求日益提升,而传统的 TCP/IP 缺乏有效的安全认证和保密机制。IPSec(Internet Protocol Security)作为一种开放标准的安全框架结构,可以用来保证 IP 数据报文在网络上传输的机密性、完整性和防重放。

IPSec 是 IETF 定义的一个协议组。通信双方在 IP 层通过加密、完整性校验、数据源认证等方式,保证了 IP 数据报文在网络上传输的机密性、完整性和防重放。

- 机密性(Confidentiality)指对数据进行加密保护,用密文的形式传送数据。
- 完整性(Data Integrity)指对接收的数据进行认证,以判定报文是否被篡改。
- 防重放(Anti-replay)指防止恶意用户通过重复发送捕获到的数据包所进行的攻击,即接收方会拒绝旧的或重复的数据包。

企业远程分支机构可以通过使用 IPSec VPN 建立安全传输通道,接入企业总部网络,如图 7-7 所示。

IPSec 不是一个单独的协议,IPSec VPN 体系结构主要由鉴别首部(Authentication Header,AH)协议、封装安全载荷(Encapsulating Security Payload,ESP)协议和 IKE(Internet Key Exchange)协议套件组成。IPSec 通过 AH 和 ESP 这两个安全协议来实现 IP 数据报文的安全传送。IKE 协议提供密钥协商,建立和维护安全联盟 SA 等服务。

图 7-7　企业分支通过 IPSec VPN 接入企业总部网络

IPSec 架构如图 7-8 所示。

- AH 协议：主要提供的功能有数据源验证、数据完整性校验和防报文重放功能。然而，AH 并不加密所保护的数据报。在使用鉴别首部协议时，IP 首部中的协议字段置为 51，AH 首部位于 IP 首部和被保护的数据之间，AH 首部中包含下一个首部字段，指出有效载荷的类型。AH 首部的鉴别数据的鉴别范围是整个 IP 数据报，即包括 IP 数据报首部字段的内容。在传输过程中只有目的主机才处理 AH 字段，以鉴别源点和检查数据报的完整性。
- ESP 协议：除了提供 AH 协议的所有功能外（但其数据完整性校验不包括 IP 头），还可提供对 IP 报文的加密功能。在使用 ESP 时，IP 数据报首部的协议字段置为 50，指明其后紧接着的是一个 ESP 首部。在 ESP 尾部中包含下一个首部字段，指出有效载荷的类型。ESP 鉴别数据和 AH 中的鉴别数据的作用一样，但不对 IP 首部进行鉴别。ESP 对有效载荷和 ESP 尾部进行了加密。
- IKE 协议：用于自动协商 AH 和 ESP 所使用的密码算法。

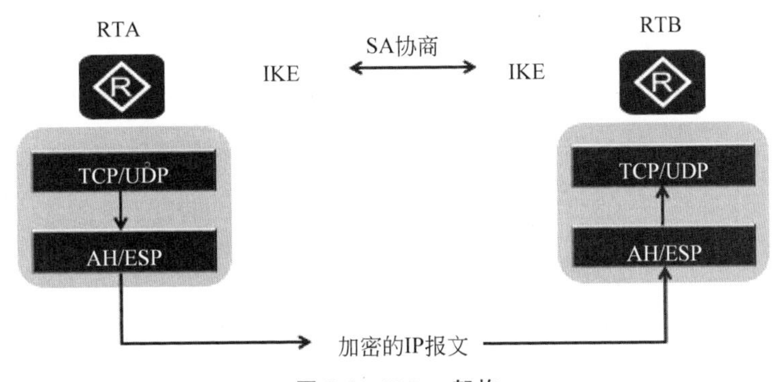

图 7-8　IPSec 架构

SA（Security Association，安全联盟）是数据的保护参数，定义了 IPSec 通信对等体间将使用的数据封装模式、认证和加密算法、密钥等参数。SA 是单向的，两个对等体之间的双向通信，至少需要两个 SA。如果两个对等体希望同时使用 AH 和 ESP 安全协议来进行通信，则对等体针对每一种安全协议都需要协商一对 SA。

SA 由一个三元组来唯一标识，这个三元组包括安全参数索引（Security Parameter

Index,SPI)、目标 IP 地址、安全协议(AH 或 ESP)。安全联盟 SA 示意如图 7-9 所示。

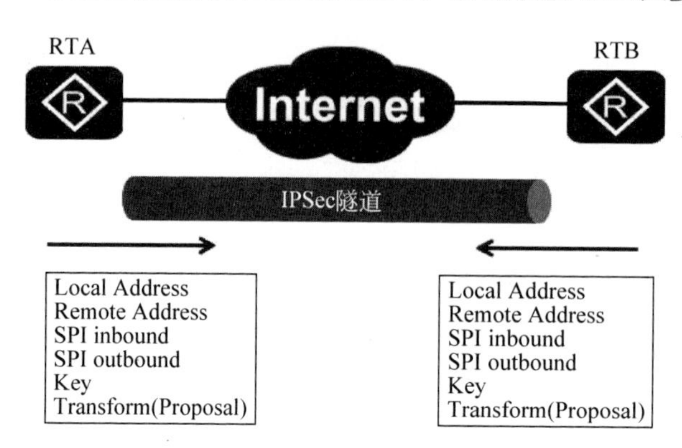

图 7-9 安全联盟 SA 示意

建立 SA 的方式有以下两种。

- 手工方式:安全联盟所需的全部信息都必须手工配置。手工方式建立安全联盟比较复杂,但优点是可以不依赖 IKE 而单独实现 IPSec 功能。当对等体设备数量较少时,或是在小型静态环境中,手工配置 SA 是可行的。
- IKE 动态协商方式:只需要通信对等体间配置好 IKE 协商参数,由 IKE 自动协商来创建和维护 SA。动态协商方式建立安全联盟相对简单些。对于中、大型的动态网络环境中,推荐使用 IKE 协商建立 SA。

IPSec 协议有两种封装模式:传输模式和隧道模式,如图 7-10 所示。

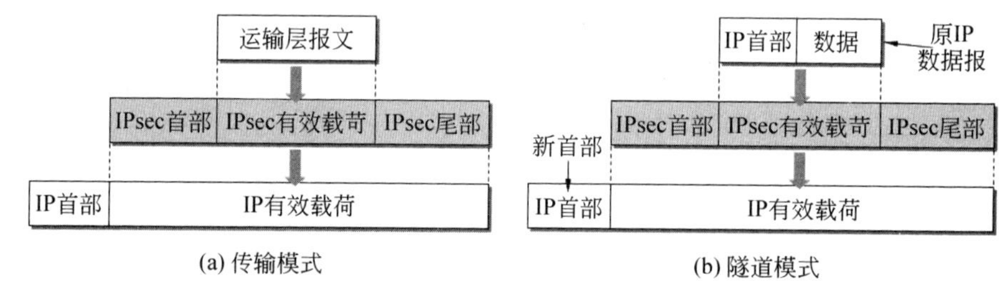

图 7-10 IPSec 协议两种封装模式

传输模式中,在 IP 报文头和高层协议之间插入 AH 或 ESP 头。传输模式中的 AH 或 ESP 主要对上层协议数据提供保护,如图 7-11 所示。

- 传输模式中的 AH:在 IP 头部之后插入 AH 头,对整个 IP 数据包进行完整性校验。
- 传输模式中的 ESP:在 IP 头部之后插入 ESP 头,在数据字段后插入尾部以及认证字段。对高层数据和 ESP 尾部进行加密,对 IP 数据包中的 ESP 报文头,高层数据和 ESP 尾部进行完整性校验。
- 传输模式中的 AH+ESP:在 IP 头部之后插入 AH 和 ESP 头,在数据字段后插入尾部以及认证字段。

隧道模式中,AH 或 ESP 头封装在原始 IP 报文头之前,并另外生成一个新的 IP 头封

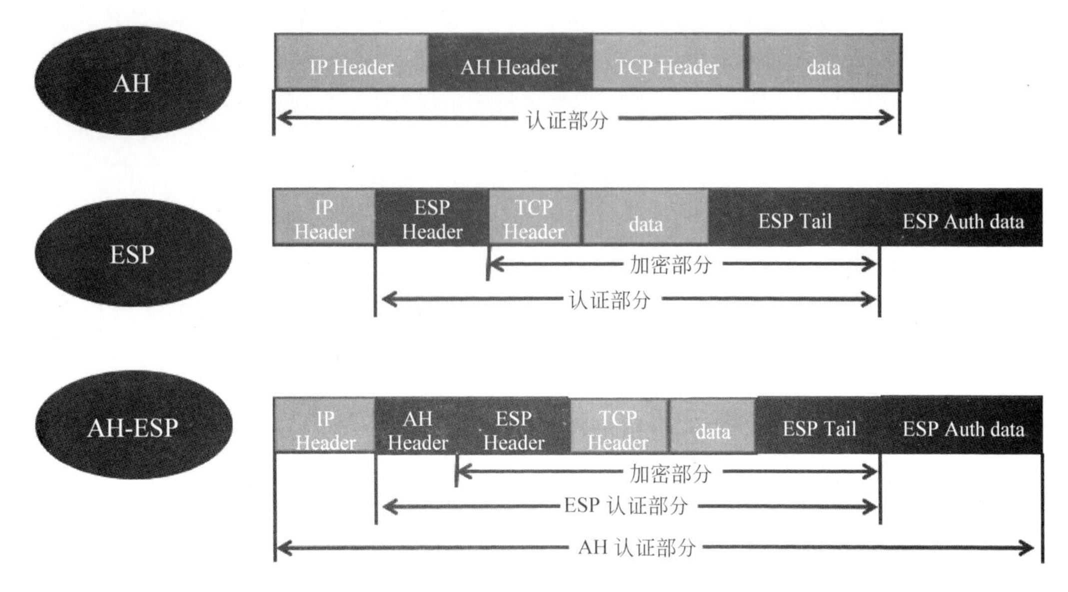

图 7-11　IPSec 传输模式

装到 AH 或 ESP 之前。隧道模式可以完全地对原始 IP 数据报进行认证和加密，而且，可以使用 IPSec 对等体的 IP 地址来隐藏客户机的 IP 地址，如图 7-12 所示。

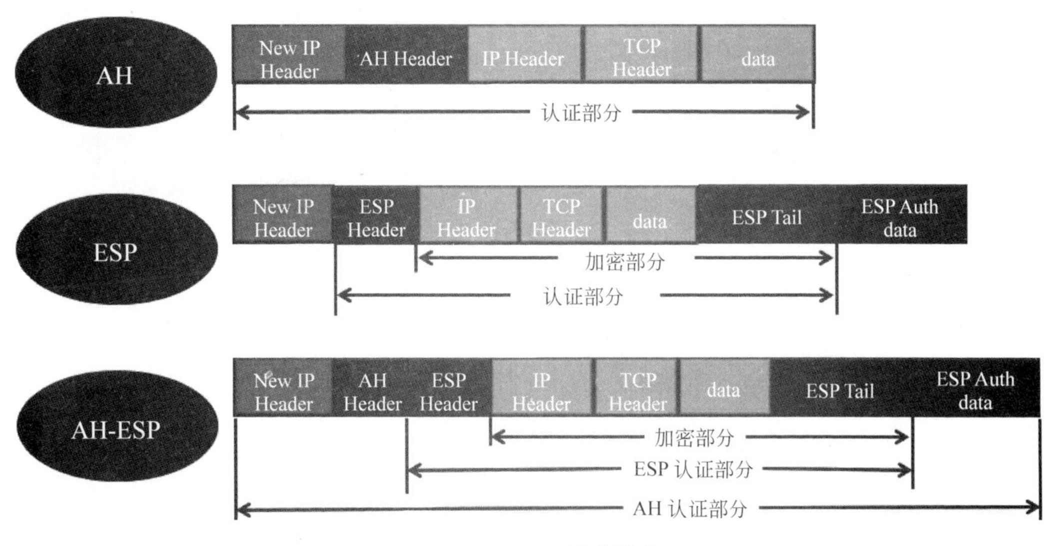

图 7-12　IPSec 隧道模式

- 隧道模式中的 AH：对整个原始 IP 报文提供完整性检查和认证，认证功能优于 ESP。但 AH 不提供加密功能，所以通常和 ESP 联合使用。
- 隧道模式中的 ESP：对整个原始 IP 报文和 ESP 尾部进行加密，对 ESP 报文头、原始 IP 报文和 ESP 尾部进行完整性校验。
- 隧道模式中的 AH+ESP：对整个原始 IP 报文和 ESP 尾部进行加密，AH、ESP

分别会对不同部分进行完整性校验。

IPSec VPN 配置步骤：配置网络可达→配置 ACL 识别兴趣流→创建安全提议→创建安全策略→应用安全策略。

23.4 实验内容与步骤

1. 建立网络拓扑

在 eNSP 中新建网络拓扑如图 7-13 所示，其中，路由器型号为 AR2240，交换机型号为 S3700，各设备的 IP 地址配置如表 7-2 所示。

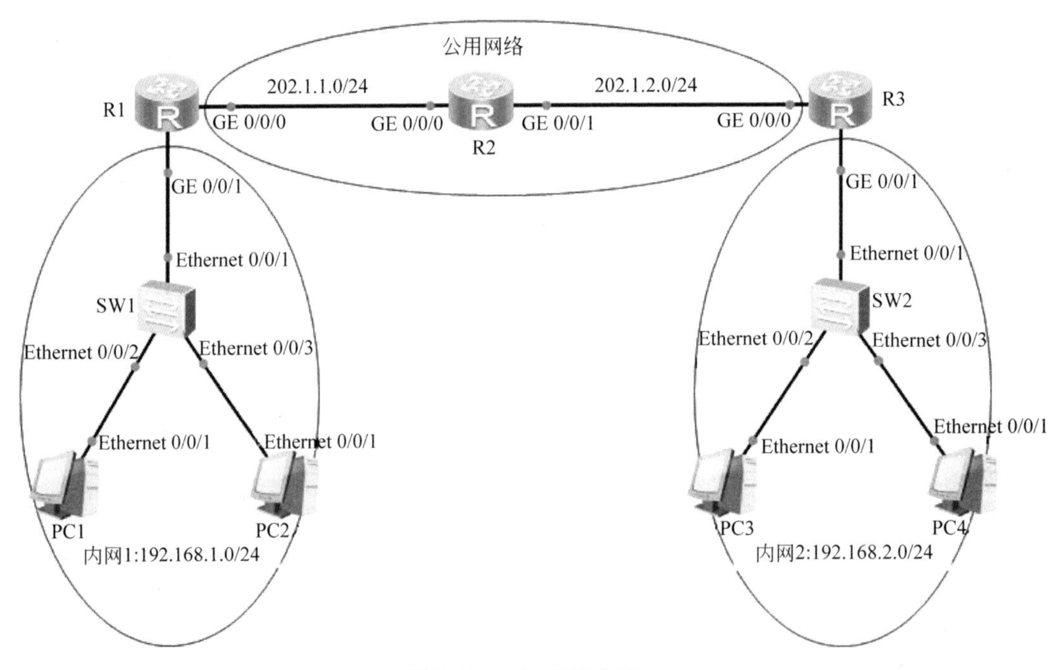

图 7-13　ACL 实验拓扑

表 7-2　各设备 IP 地址配置

设备名称	接　口	IP 地址	默 认 网 关
R1	GE 0/0/0	202.1.1.1/24	—
	GE 0/0/1	192.168.1.254/24	—
R2	GE 0/0/0	202.1.1.2/24	—
	GE 0/0/1	202.1.2.2/24	—
R3	GE 0/0/0	202.1.2.3/24	—
	GE 0/0/1	192.168.2.254/24	—
PC1	E0/0/1	192.168.1.1/24	192.168.1.254

续表

设备名称	接　口	IP 地址	默认网关
PC2	E0/0/1	192.168.1.2/24	192.168.1.254
PC3	E0/0/1	192.168.2.1/24	192.168.2.254
PC4	E0/0/1	192.168.2.2/24	192.168.2.254

2. 基础 IP 地址与路由配置

（1）在 R1、R2、R3 三台路由器上配置各接口的 IP 地址和路由。

R1：

```
<Huawei>undo terminal monitor
<Huawei>system
[Huawei]sysname R1
[R1]interface g0/0/0
[R1-GigabitEthernet0/0/0]ip address 202.1.1.1 24
[R1-GigabitEthernet0/0/0]interface g0/0/1
[R1-GigabitEthernet0/0/1]ip address 192.168.1.254 24
[R1-GigabitEthernet0/0/1]q
[R1]ospf 1
[R1-ospf-1]area 0
[R1-ospf-1-area-0.0.0.0]network 202.1.1.0 0.0.0.255
[R1-ospf-1-area-0.0.0.0]q
[R1-ospf-1]q
[R1]
```

R2：

```
<Huawei>undo terminal monitor
<Huawei>system
[Huawei]sysname R2
[R2]interface g0/0/0
[R2-GigabitEthernet0/0/0]ip address 202.1.1.2 24
[R2-GigabitEthernet0/0/0]int g0/0/1
[R2-GigabitEthernet0/0/1]ip address 202.1.2.2 24
[R2-GigabitEthernet0/0/1]q
[R2]ospf 1
[R2-ospf-1]area 0
[R2-ospf-1-area-0.0.0.0]network 202.1.1.0 0.0.0.255
[R2-ospf-1-area-0.0.0.0]network 202.1.2.0 0.0.0.255
[R2-ospf-1-area-0.0.0.0]q
[R2-ospf-1]q
[R2]
```

R3：

```
<Huawei>undo terminal monitor
<Huawei>system
[Huawei]sysname R3
```

```
[R3]int g0/0/0
[R3-GigabitEthernet0/0/0]ip address 202.1.2.3 24
[R3-GigabitEthernet0/0/0]int g0/0/1
[R3-GigabitEthernet0/0/1]ip address 192.168.2.254 24
[R3-GigabitEthernet0/0/1]q
[R3]ospf 1
[R3-ospf-1]area 0
[R3-ospf-1-area-0.0.0.0]network 202.1.2.0 0.0.0.255
[R3-ospf-1-area-0.0.0.0]q
[R3-ospf-1]q
[R3]
```

（2）测试 PC1 与 PC3 的连通性，它们可以通信吗？为什么？请验证。

```
PC1>ping 192.168.2.1
Ping 192.168.2.1: 32 data bytes, Press Ctrl_C to break
Request timeout!
Request timeout!
Request timeout!
Request timeout!
Request timeout!
---192.168.2.1 ping statistics ---
  5 packet(s) transmitted
  0 packet(s) received
  100.00% packet loss
```

提示：PC1 与 PC3 不能通信，原因是两个内网接口所在网段 192.168.1.0/24 和 192.168.2.0/24 没有指定运行 OSPF 协议，所以，R1 上没有去往 192.168.2.0/24 网段的路由，R3 上也没有去往 192.168.1.0/24 网段的路由。

（3）测试 PC1 与 R3 的 GE 0/0/0 接口的连通性，它们可以通信吗？为什么？请验证。

```
PC1>ping 202.1.2.3
Ping 202.1.2.3: 32 data bytes, Press Ctrl_C to break
Request timeout!
Request timeout!
Request timeout!
Request timeout!
Request timeout!
---202.1.2.3 ping statistics ---
  5 packet(s) transmitted
  0 packet(s) received
  100.00% packet loss
```

提示：PC1 与 PC3 不能通信，原因是虽然 R1 上有去往 202.1.2.0/24 网段的路由，ping 数据包能被送到 R3 路由器上，但是，R3 上没有去往 192.168.1.0/24 网段的路由，所以 ping 数据包回不来。

3. 在 IPSec 隧道方式下采用 AH 协议

（1）在路由器 R1 上配置需要保护的数据流。

```
[R1]acl 3000
[R1-acl-adv-3000]rule permit ip source 192.168.1.0 0.0.0.255 destination 192.
168.2.0 0.0.0.255
```

（2）在路由器 R1 上配置 IPSec 安全提议。

```
[R1-acl-adv-3000]ipsec proposal pro1      #创建名为 pro1 的 IPSec 安全提议
[R1-ipsec-proposal-pro1]encapsulation-mode tunnel  #设置传输方式为隧道方式
[R1-ipsec-proposal-pro1]transform ah      #采用 AH 协议
[R1-ipsec-proposal-pro1]ah authentication-algorithm md5     #AH 协议采用的鉴别
#算法为 MD5
[R1-ipsec-proposal-pro1]quit
[R1]
```

（3）在路由器 R1 上配置 IPSec 安全策略。

```
[R1]ipsec policy policy1 10 manual    #创建名为 policy1、优先级为 10 的手动方式
#IPSec 安全策略
[R1-ipsec-policy-manual-policy1-10]security acl 3000    #该策略引用 ACL 3000
[R1-ipsec-policy-manual-policy1-10]proposal pro1    #安全提议为 pro1
[R1-ipsec-policy-manual-policy1-10]tunnel local 202.1.1.1     #隧道本地地址为
#202.1.1.1
[R1-ipsec-policy-manual-policy1-10]tunnel remote 202.1.2.3    #隧道对端地址为
#202.1.2.3
[R1-ipsec-policy-manual-policy1-10]sa spi inbound ah 543    #入方向的 AH 协议的
#spi 为 543
[R1-ipsec-policy-manual-policy1-10]sa spi outbound ah 345     #出方向的 AH 协议
#的 spi 为 345
[R1-ipsec-policy-manual-policy1-10]sa string-key inbound ah simple huawei543
#入方向的 AH 协议的密钥为 huawei543
[R1-ipsec-policy-manual-policy1-10]sa string-key outbound ah simple huawei345
#出方向的 AH 协议的密钥为 huawei345
```

（4）在路由器 R1 的 g0/0/0 接口上应用 IPSec 安全策略。

```
[R1-ipsec-policy-manual-policy1-10]interface g0/0/0
[R1-GigabitEthernet0/0/0]ipsec policy policy1     #在接口上应用 IPSec 安全策略
#policy1
```

（5）在路由器 R1 上设置静态路由。

```
[R1]ip route-static 192.168.2.0 255.255.255.0 202.1.1.2
```

至此，R1 到 R3 方向的安全关联已经配置完成。下面配置 R3 到 R1 方向的安全关联。

（6）在 R3 上配置 R3 到 R1 方向的安全关联。

```
[R3]acl 3000
[R3-acl-adv-3000]rule permit ip source 192.168.2.0 0.0.0.255 destination 192.
168.1.0 0.0.0.255
[R3-acl-adv-3000]ipsec proposal pro1
[R3-ipsec-proposal-pro1]encapsulation-mode tunnel
[R3-ipsec-proposal-pro1]transform ah
[R3-ipsec-proposal-pro1]ah authentication-algorithm md5
[R3-ipsec-proposal-pro1]q
```

```
[R3]ipsec policy policy1 10 manual
[R3-ipsec-policy-manual-policy1-10]security acl 3000
[R3-ipsec-policy-manual-policy1-10]proposal pro1
[R3-ipsec-policy-manual-policy1-10]tunnel local 202.1.2.3
[R3-ipsec-policy-manual-policy1-10]tunnel remote 202.1.1.1
[R3-ipsec-policy-manual-policy1-10]sa spi inbound ah 345
[R3-ipsec-policy-manual-policy1-10]sa spi outbound ah 543
[R3-ipsec-policy-manual-policy1-10]sa string-key inbound ah simple huawei345
[R3-ipsec-policy-manual-policy1-10]sa string-key outbound ah simple huawei543
[R3-ipsec-policy-manual-policy1-10]int g0/0/0
[R3-GigabitEthernet0/0/0]ipsec policy policy1
[R3-GigabitEthernet0/0/0]q
[R3]ip route-static 192.168.1.0 255.255.255.0 202.1.2.2
[R3]
```

(7) 测试 PC1 和 PC3 的连通性，它们可以通信吗？

```
PC1>ping 192.168.2.1
Ping 192.168.2.1: 32 data bytes, Press Ctrl_C to break
From 192.168.2.1: bytes=32 seq=1 ttl=127 time=78 ms
From 192.168.2.1: bytes=32 seq=2 ttl=127 time=78 ms
From 192.168.2.1: bytes=32 seq=3 ttl=127 time=78 ms
From 192.168.2.1: bytes=32 seq=4 ttl=127 time=78 ms
From 192.168.2.1: bytes=32 seq=5 ttl=127 time=94 ms
---192.168.2.1 ping statistics ---
  5 packet(s) transmitted
  5 packet(s) received
  0.00% packet loss
  round-trip min/avg/max =78/81/94 ms
```

(8) 查看路由器 R1 和路由器 R3 上的 IPSec SA，分别如图 7-14 和图 7-15 所示。

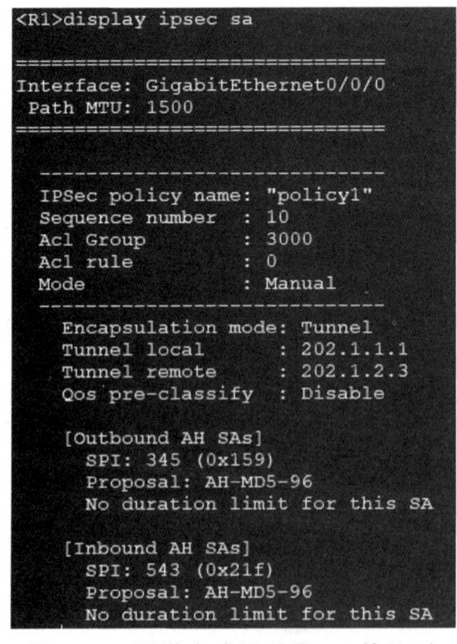

图 7-14 隧道方式下采用 AH 协议时 R1 上的 IPSec SA

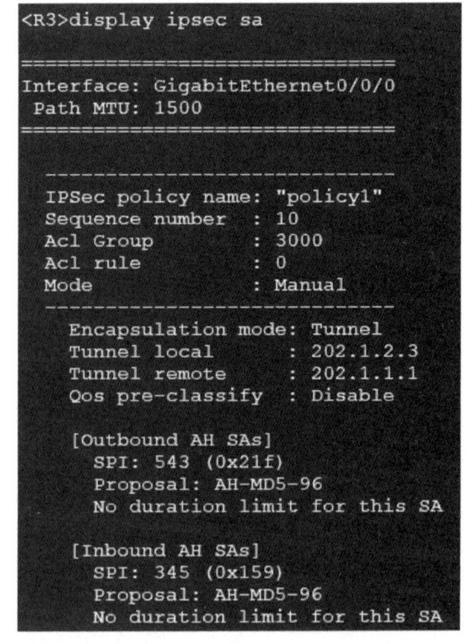

图 7-15 隧道方式下采用 AH 协议时 R3 上的 IPSec SA

（9）再次测试 PC1 和 PC3 之间的连通性，并在 R1 的 g0/0/0 接口启动抓包，结果如图 7-16 所示。IP 报文的源 IP 地址和目的 IP 地址是 PC1 和 PC3 的地址吗？如果不是，它们分别是什么？（提示：IP 报文的源 IP 地址和目的 IP 地址分别为隧道的本地地址和对端地址。）

icmp

No.	Time	Source	Destination	Protocol	Length	Info
16	64.766000	192.168.1.1	192.168.2.1	ICMP	118	Echo (ping) request　id=0x07b8, seq=1/256, t
18	66.750000	192.168.1.1	192.168.2.1	ICMP	118	Echo (ping) request　id=0x09b8, seq=2/512, t
19	66.797000	192.168.2.1	192.168.1.1	ICMP	118	Echo (ping) reply　id=0x09b8, seq=2/512, t
20	67.828000	192.168.1.1	192.168.2.1	ICMP	118	Echo (ping) request　id=0x0bb8, seq=3/768, t
21	67.859000	192.168.2.1	192.168.1.1	ICMP	118	Echo (ping) reply　id=0x0bb8, seq=3/768, t
22	68.922000	192.168.1.1	192.168.2.1	ICMP	118	Echo (ping) request　id=0x0cb8, seq=4/1024,
23	68.969000	192.168.2.1	192.168.1.1	ICMP	118	Echo (ping) reply　id=0x0cb8, seq=4/1024,
24	70.000000	192.168.1.1	192.168.2.1	ICMP	118	Echo (ping) request　id=0x0db8, seq=5/1280,
25	70.031000	192.168.2.1	192.168.1.1	ICMP	118	Echo (ping) reply　id=0x0db8, seq=5/1280,

```
> Frame 16: 118 bytes on wire (944 bits), 118 bytes captured (944 bits) on interface 0
> Ethernet II, Src: HuaweiTe_ea:48:8c (00:e0:fc:ea:48:8c), Dst: HuaweiTe_09:61:68 (00:e0:fc:09:61:68)
> Internet Protocol Version 4, Src: 202.1.1.1, Dst: 202.1.2.3
> Authentication Header
> Internet Protocol Version 4, Src: 192.168.1.1, Dst: 192.168.2.1
> Internet Control Message Protocol
```

图 7-16　采用 AH 协议时在 R1 的 g0/0/0 接口上捕获的报文

4. 在 IPSec 隧道方式下采用 ESP

（1）在路由器 R1 上配置 IPSec 安全提议。

```
[R1]ipsec proposal pro2
[R1-ipsec-proposal-pro2]transform esp
[R1-ipsec-proposal-pro2]encapsulation-mode tunnel
[R1-ipsec-proposal-pro2]esp authentication-algorithm sha1
[R1-ipsec-proposal-pro2]esp encryption-algorithm des
[R1-ipsec-proposal-pro2]quit
[R1]
```

（2）在路由器 R1 上配置 IPSec 安全策略。

```
[R1]ipsec policy policy2 5 manual
[R1-ipsec-policy-manual-policy2-5]security acl 3000
[R1-ipsec-policy-manual-policy2-5]proposal pro2
[R1-ipsec-policy-manual-policy2-5]tunnel local 202.1.1.1
[R1-ipsec-policy-manual-policy2-5]tunnel remote 202.1.2.3
[R1-ipsec-policy-manual-policy2-5]sa spi inbound esp 543
[R1-ipsec-policy-manual-policy2-5]sa spi outbound esp 345
[R1-ipsec-policy-manual-policy2-5]sa string-key inbound esp cipher
huawei543
[R1-ipsec-policy-manual-policy2-5]sa string-key outbound esp cipher
huawei345
[R1-ipsec-policy-manual-policy2-5]quit
[R1]
```

（3）在路由器 R1 的 g0/0/0 接口上撤销原来应用的 IPSec 安全策略并应用新的 IPSec 安全策略。

```
[R1]int g0/0/0
[R1-GigabitEthernet0/0/0]undo ipsec policy
[R1-GigabitEthernet0/0/0]ipsec policy policy2
```

(4) 在 R3 上完成相应的配置，使 IPSec VPN 能够正确建立。

```
[R3]ipsec proposal pro2
[R3-ipsec-proposal-pro2]transform esp
[R3-ipsec-proposal-pro2]encapsulation-mode tunnel
[R3-ipsec-proposal-pro2]esp authentication-algorithm sha1
[R3-ipsec-proposal-pro2]esp encryption-algorithm des
[R3-ipsec-proposal-pro2]quit
[R3]ipsec policy policy2 5 manual
[R3-ipsec-policy-manual-policy2-5]security acl 3000
[R3-ipsec-policy-manual-policy2-5]proposal pro2
[R3-ipsec-policy-manual-policy2-5]tunnel local 202.1.2.3
[R3-ipsec-policy-manual-policy2-5]tunnel remote 202.1.1.1
[R3-ipsec-policy-manual-policy2-5]sa spi inbound esp 345
[R3-ipsec-policy-manual-policy2-5]sa spi outbound esp 543
[R3-ipsec-policy-manual-policy2-5]sa string-key inbound esp cipher
huawei345
[R3-ipsec-policy-manual-policy2-5]sa string-key outbound esp cipher
huawei543
[R3-ipsec-policy-manual-policy2-5]quit
[R3]int g0/0/0
[R3-GigabitEthernet0/0/0]undo ipsec policy
[R3-GigabitEthernet0/0/0]ipsec policy policy2
```

(5) 查看路由器 R1 和路由器 R3 上的 IPSec SA，分别如图 7-17 和图 7-18 所示。

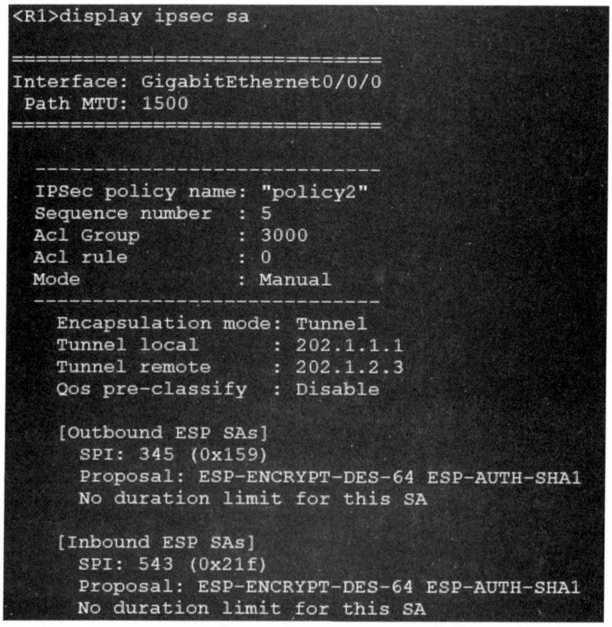

```
<R1>display ipsec sa

===============================
Interface: GigabitEthernet0/0/0
 Path MTU: 1500
===============================

  -----------------------------
  IPSec policy name: "policy2"
  Sequence number   : 5
  Acl Group         : 3000
  Acl rule          : 0
  Mode              : Manual
  -----------------------------
    Encapsulation mode: Tunnel
    Tunnel local      : 202.1.1.1
    Tunnel remote     : 202.1.2.3
    Qos pre-classify  : Disable

    [Outbound ESP SAs]
      SPI: 345 (0x159)
      Proposal: ESP-ENCRYPT-DES-64 ESP-AUTH-SHA1
      No duration limit for this SA

    [Inbound ESP SAs]
      SPI: 543 (0x21f)
      Proposal: ESP-ENCRYPT-DES-64 ESP-AUTH-SHA1
      No duration limit for this SA
```

图 7-17 隧道方式下采用 ESP 时 R1 上的 IPSec SA

```
<R3>display ipsec sa

===============================
Interface: GigabitEthernet0/0/0
 Path MTU: 1500
===============================

  -----------------------------
  IPSec policy name: "policy2"
  Sequence number  : 5
  Acl Group        : 3000
  Acl rule         : 0
  Mode             : Manual
  -----------------------------
    Encapsulation mode: Tunnel
    Tunnel local      : 202.1.2.3
    Tunnel remote     : 202.1.1.1
    Qos pre-classify  : Disable

    [Outbound ESP SAs]
      SPI: 543 (0x21f)
      Proposal: ESP-ENCRYPT-DES-64 ESP-AUTH-SHA1
      No duration limit for this SA

    [Inbound ESP SAs]
      SPI: 345 (0x159)
      Proposal: ESP-ENCRYPT-DES-64 ESP-AUTH-SHA1
      No duration limit for this SA
```

图 7-18　隧道方式下采用 ESP 时 R3 上的 IPSec SA

（6）测试 PC1 和 PC3 的连通性，它们可以通信吗？

```
PC1>ping 192.168.2.1
Ping 192.168.2.1: 32 data bytes, Press Ctrl_C to break
From 192.168.2.1: bytes=32 seq=1 ttl=127 time=78 ms
From 192.168.2.1: bytes=32 seq=2 ttl=127 time=78 ms
From 192.168.2.1: bytes=32 seq=3 ttl=127 time=78 ms
From 192.168.2.1: bytes=32 seq=4 ttl=127 time=78 ms
From 192.168.2.1: bytes=32 seq=5 ttl=127 time=94 ms
---192.168.2.1 ping statistics ---
  5 packet(s) transmitted
  5 packet(s) received
  0.00% packet loss
  round-trip min/avg/max =78/81/94 ms
```

（7）再次测试 PC1 和 PC3 之间的连通性，并在 R1 的 g0/0/0 接口启动抓包，结果如图 7-19 所示。IP 报文的源 IP 地址和目的 IP 地址是 PC1 和 PC3 的地址吗？如果不是，它们分别是什么？（提示：IP 报文的源 IP 地址和目的 IP 地址分别为隧道的本地地址和对端地址。）

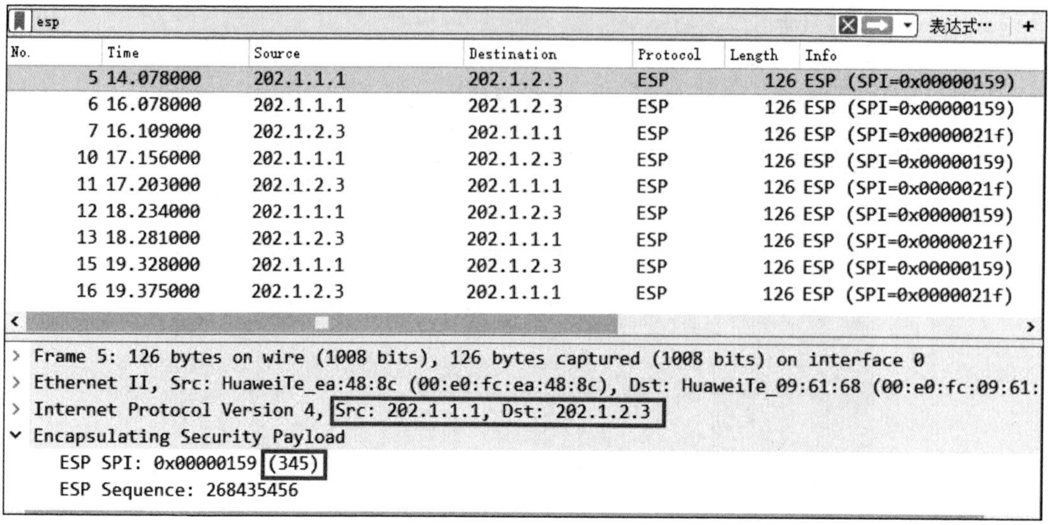

esp

No.	Time	Source	Destination	Protocol	Length	Info
5	14.078000	202.1.1.1	202.1.2.3	ESP	126	ESP (SPI=0x00000159)
6	16.078000	202.1.1.1	202.1.2.3	ESP	126	ESP (SPI=0x00000159)
7	16.109000	202.1.2.3	202.1.1.1	ESP	126	ESP (SPI=0x0000021f)
10	17.156000	202.1.1.1	202.1.2.3	ESP	126	ESP (SPI=0x00000159)
11	17.203000	202.1.2.3	202.1.1.1	ESP	126	ESP (SPI=0x0000021f)
12	18.234000	202.1.1.1	202.1.2.3	ESP	126	ESP (SPI=0x00000159)
13	18.281000	202.1.2.3	202.1.1.1	ESP	126	ESP (SPI=0x0000021f)
15	19.328000	202.1.1.1	202.1.2.3	ESP	126	ESP (SPI=0x00000159)
16	19.375000	202.1.2.3	202.1.1.1	ESP	126	ESP (SPI=0x0000021f)

```
> Frame 5: 126 bytes on wire (1008 bits), 126 bytes captured (1008 bits) on interface 0
> Ethernet II, Src: HuaweiTe_ea:48:8c (00:e0:fc:ea:48:8c), Dst: HuaweiTe_09:61:68 (00:e0:fc:09:61:
> Internet Protocol Version 4, Src: 202.1.1.1, Dst: 202.1.2.3
v Encapsulating Security Payload
    ESP SPI: 0x00000159 (345)
    ESP Sequence: 268435456
```

图 7-19 采用 ESP 时在 R1 的 g0/0/0 接口上捕获的报文

23.5 练习与思考

1. 以下关于 IPSec 协议的叙述中，正确的是(　　)。
   A. IPSec 协议是 IP 协议安全问题的一种解决方案
   B. IPSec 协议不提供机密性保护机制
   C. IPSec 协议不提供认证功能
   D. IPSec 协议不提供完整性验证机制
2. IPSec VPN 安全技术没有用到(　　)。
   A. 隧道技术　　B. 加密技术
   C. 入侵检测技术　　D. 身份证认证技术
3. ESP 是 IPSec 体系结构中的一种主要协议，下列关于 ESP 的说法正确的是(　　)。
   A. ESP 不提供对用户数据的加密
   B. ESP 协议提供了数据的第三层保护
   C. ESP 的数据验证和完整性服务包括 ESP 头、有效载荷和外部的 IP 头
   D. 外部的 IP 头如果被破坏，ESP 可以检测
4. 以下关于 IPSec 协议的描述中，正确的是(　　)。
   A. IPSec 认证头(AH)不提供数据加密服务
   B. IPSec 封装安全负荷(ESP)用于数据完整性认证和数据源认证
   C. IPSec 的传输模式对原来的 IP 数据报进行了封装和加密，再加上了新 IP 头
   D. IPSec 通过应用层的 Web 服务建立安全连接
5. IPSec 的两种工作模式，计算机到计算机用________好，一个网段到一个网段用________好。

第8章 综合实验

实验 24　网区网络综合实验

24.1　实验目的

（1）了解网区网络经典设计架构。

（2）了解网络设计中的关键考量因素。

（3）了解网络园区的生命周期。

（4）熟悉网络规划的设计思路。

24.2　实验要求

（1）设备要求：计算机两台以上（安装有 Windows 操作系统、华为 eNSP 模拟器软件、抓包软件 Wireshark，安装有网卡已联网）。

（2）分组要求：1 人一组，但部分步骤需相互合作完成。

24.3　实验预备知识

本实验要求读者按照一个中小型企业的网络和业务要求设计并部署一个中小型网络。实验中会涉及读者所学习到的各个知识点，在配置之余，本章将着重于网络设计。本实验将按照网络技术的类别，将完整的需求分解为多个实验任务。针对每个实验任务，读者需要分析需求并提出设计方案，进而在设计方案的基础上进行部署和配置。

读者需要为 ABC 公司设计并部署有线网络。该公司旨在提供行业信息化解决方案，共有大约 500 人，组织结构中包括技术部、财务部、市场部、人事部、管理部，具体信息见表 8-1。

表 8-1　部门及人数

部　　门	人数/人
技术部	120
财务部	10

续表

部　门	人数/人
市场部一部	150
市场部二部	150
人事部	20
管理部	10

ABC 公司的办公环境采用开放式办公区，分为两层楼，共 4 个办公室。一层有两个开放式办公室，分别为市场部一部和市场部二部的办公区域。二层也有两个开放式办公室，一间办公室是技术部的办公区域，另一间办公室是其他部门（管理部、人事部、财务部）的办公区域。

本实验暂不涉及设备选型及与此相关的成本和可扩展性考量。在实际工作中，设备选型也是项目中的重点，对此，不仅要考虑设备所提供的功能是否满足企业网络的要求，要考虑可扩展性与成本。这需要读者不仅精通网络技术，还要熟悉产品。本实验仅在课程所覆盖的技术范围内提出适当的需求，为读者提供设计思路，并展示如何将企业的实际情况转换为网络设计。

24.4　实验内容与步骤

1. 组网方案设计

目前 ABC 公司拥有不到 500 名员工，具有很好的发展前景，并且计划在未来的几年中进行扩展，如增加员工，或者在其他省市开设分支机构，其组网方案设计步骤如下。

(1) 网络架构规划。

组网方案是构建网络的基础，需要具有灵活性和可扩展性。对于一个中小型企业网络来说，典型的组网方案是三层模型：核心层、汇聚层和接入层。尽管 ABC 公司当前的规模并不算很大，但考虑到它未来的发展，根据当前的规模，可以按图 8-1 来进行规划。

如图 8-1 所示的组网方案展示出了网络的三层结构。考虑到 ABC 公司当前的规模，每层的设计如下。

① **接入层**：每个办公室中部署一台接入层交换机，以支持该办公室中的有线终端设备联网。在实际工作中，考虑到公司的业务特点，多数工程师并不会在办公室中进行办公，而是会往返于各个客户之间；同时，工程师基本上都会使用笔记本电脑，因此公司为工程师保留的有线终端接入点往往不需要很多，因此可以预留少部分有线端口（具体数量可以让客户提供，本实验仅以 24 端口交换机作为实验设备）。

② **汇聚层**：每个楼层部署一台汇聚层交换机，负责汇聚其下两台接入层交换机的流量。在实际工作中，读者可以考虑在接入层交换机与汇聚层交换机之间构建冗余链路，即每台接入层交换机同时连接两台汇聚层交换机。这样汇聚层不仅负责汇聚终端流量，还可以灵活地分担流量并实现相互备份。

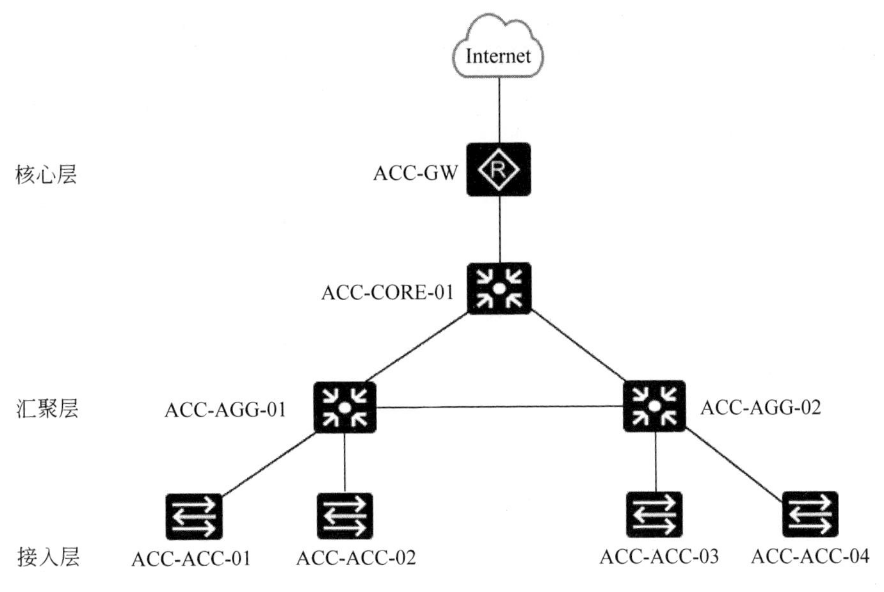

图 8-1　组网方案设计

③ **核心层**：以一台交换机作为核心层设备。在中小型企业中，互联网出口往往可以与核心层功能集成在同一台设备中。如果需要提供出口冗余或备份，可以通过两条链路连接 ISP 以实现链路级冗余。在大型企业网络中，核心层与互联网出口的角色分别由不同的设备承担（本章也将核心层与互联网出口相分离），同时双核心（两台核心层设备）的部署规划也很常见。一般来说，核心层会部署交换机以利用其强大的交换能力，互联网出口会部署路由器。而且在很多情况下，互联网出口与核心层之间还会被部署防火墙设备，以便为企业网络提供更多的安全保护。

网络架构规划图还包含设备名称。设备命名的原则首先是要有统一的格式，其次要采纳并汇总一些重要的信息。图 8-1 中网络设备的命名规则如下：以公司名称缩写（ABC）为前缀，核心层设备为 CORE，汇聚层设备为 AGG（Aggregation 的缩写），接入层设备为 ACC（Access 的缩写）。目前除了核心层之外，每一层都有多台设备，因此在设备命名中也添加了编号；出于未来扩展的考量，也为核心层设备添加了编号。在实际工作中，读者也可以考虑在此命名规则的基础上添加设备类型（如 R 表示路由、S 表示交换机等）和设备型号（如 AR2200）。在为设备进行命名时，读者也可以根据实际需求考虑在名称中添加设备的物理位置信息（如楼层和房间），以及设备所属的网络区域信息（如数据中心）。

（2）端口互连规划。

在设计设备之间的互连端口时，读者需要考虑企业业务对于流量的需求，并按照需求选择适当类型和速率的端口。读者可以将本实验的端口按照图 8-2 进行规划。

对于网络端口规划，拓扑图的形式并不是最好的记录方式，因此在对这个规划进行归档时，可以按照表 8-2 中的格式对其进行记录。

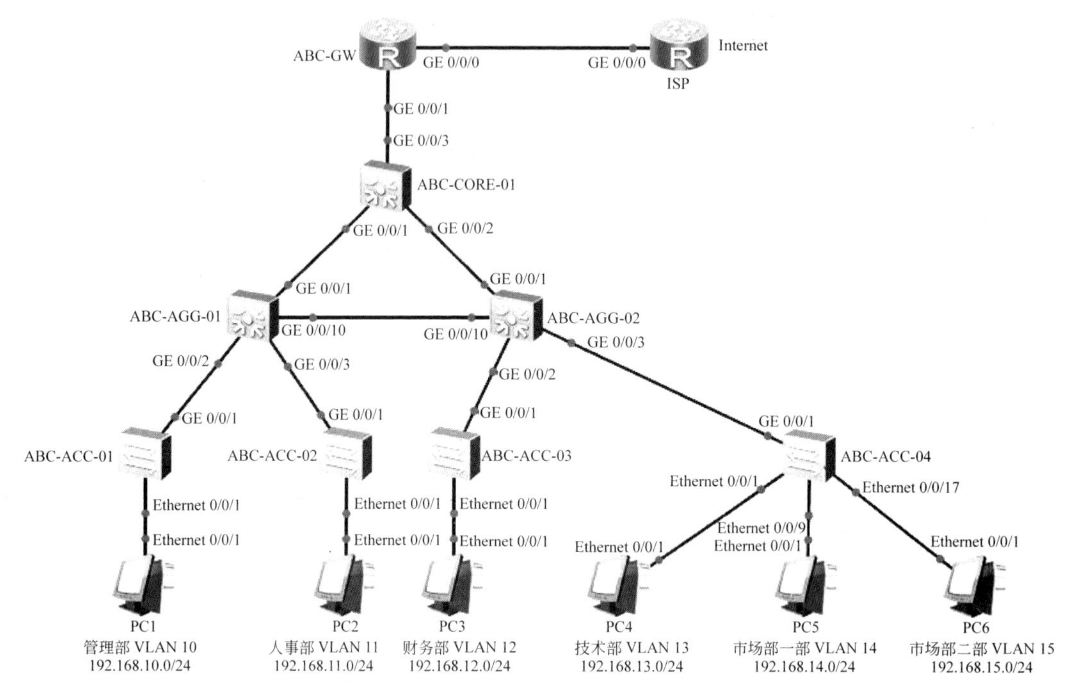

图 8-2 端口规划

表 8-2 设备端口规划

设备名称	端口	对端设备名称	对端端口
ABB-GW	GE 0/0/0	ISP	GE 0/0/0
	GE 0/0/1	ABC-CORE-01	GE 0/0/3
ABC-CORE-01	GE 0/0/1	ABC-AGG-01	GE 0/0/1
	GE 0/0/2	ABC-AGG-02	GE 0/0/1
	GE 0/0/3	ABB-GW	GE 0/0/1
ABC-AGG-01	GE 0/0/1	ABC-CORE-01	GE 0/0/1
	GE 0/0/2	ABC-ACC-01	GE 0/0/1
	GE 0/0/3	ABC-ACC-02	GE 0/0/1
	GE 0/0/10	ABC-AGG-02	GE 0/0/10
ABC-AGG-01	GE 0/0/1	ABC-CORE-01	GE 0/0/2
	GE 0/0/2	ABC-ACC-03	GE 0/0/1
	GE 0/0/3	ABC-AGG-04	GE 0/0/1
	GE 0/0/10	ABC-AGG-01	GE 0/0/10
ABC-ACC-01	GE 0/0/1	ABB-AGG-01	GE 0/0/2
ABC-ACC-02	GE 0/0/1	ABB-AGG-01	GE 0/0/3

续表

设备名称	端口	对端设备名称	对端端口
ABC-ACC-03	GE 0/0/1	ABB-AGG-02	GE 0/0/2
ABC-ACC-04	GE 0/0/1	ABB-AGG-02	GE 0/0/3

除了表 8-2 中记录的内容之外，读者还可以在其中添加与设备端口相关的其他信息，如设备所在的机柜和位置信息、端口类型信息(如光口、电口)。这些信息对于实施阶段的设备上架和布线至关重要，清晰的表格说明可以让工程师更快速、准确地完成布线工作。

2. 二层网络设计

在这部分，读者需要针对多种第二层特性进行规划。具体说来，在本实验中，读者需要考虑 VLAN、STP 的规划，二层网络设计的具体步骤如下。

1) VLAN 规划

VLAN 规划包括 VLAN 设计和 VIAN 划分方式。在 VLAN 设计中，读者可以根据部门进行规划(本实验将使用这种方式)，也可以根据流量类型进行规划，或者使用其他原则进行规划。在 VLAN 划分方式中，读者可以根据端口(实验将使用这种方式)、MAC 地址等信息进行划分。

若根据部门进行 VLAN 划分，由于 ABC 公司拥有管理部、人事部、市场部一部、市场部二部、技术部和财务部，每个部门需要一个 VLAN，所以，VLAN 划分信息如表 8-3 所示。

表 8-3 VLAN 划分表

VLAN 编号	说明
2	ABC-GW 与 ABC-CORE-01 之间互联 VLAN
10	管理部
11	人事部
12	财务部
13	技术部
14	市场部一部
15	市场部二部

在本实验设计的网络环境中，并不是所有交换机都需要部署所有的 VLAN，读者可以以设备为单位，或者以 VLAN 为单位，将传输该 VLAN 流量的设备与 VLAN ID 对应起来。

在接入层设备的端口与 VLAN 的对应关系上，本实验的设计比较简单，其中，ABC-ACC-01、ABC-ACC-02 和 ABC-ACC-03 都分别只连接了一台 VLAN 的主机，ABC-ACC-04 分别连接属于三台不同 VLAN 的主机。

本实验将使用 24 端口的接入层交换机来进行模拟实验，暂时抛开端口是否充足的问题(设备选型的问题)，只针对相关的要点内容及其配置进行练习。读者可以参考表 8-4～

表 8-10,列出每台设备的二层端口情况。

表 8-4　核心层交换机 ABC-CORE-01 的二层端口情况

端口 ID	端 口 类 型	VLAN	说　　明
GE 0/0/1	Trunk	ALL	连接汇聚层交换机 ABC-AGG-01
GE 0/0/2	Trunk	ALL	连接汇聚层交换机 ABC-AGG-02
GE 0/0/3	Access	2	连接网关路由器 ABC-GW

表 8-5　汇聚层交换机 ABC-AGG-01 的二层端口情况

端口 ID	端 口 类 型	VLAN	说　　明
GE 0/0/1	Trunk	ALL	连接核心层交换机 ABC-CORE-01
GE 0/0/2	Trunk	10	连接接入层交换机 ABC-ACC-01
GE 0/0/3	Trunk	11	连接接入层交换机 ABC-ACC-02
GE 0/0/10	Trunk	ALL	连接汇聚层交换机 ABC-AGG-02

表 8-6　汇聚层交换机 ABC-AGG-02 的二层端口情况

端口 ID	端 口 类 型	VLAN	说　　明
GE 0/0/1	Trunk	ALL	连接核心层交换机 ABC-CORE-01
GE 0/0/2	Trunk	12	连接接入层交换机 ABC-ACC-03
GE 0/0/3	Trunk	13、14、15	连接接入层交换机 ABC-ACC-04
GE 0/0/10	Trunk	ALL	连接汇聚层交换机 ABC-AGG-01

表 8-7　接入层交换机 ABC-ACC-01 的二层端口情况

端口 ID	端 口 类 型	VLAN	说　　明
GE 0/0/1	Trunk	10	连接汇聚层交换机 ABC-AGG-01
E 0/0/1～E 0/0/22	Access	10	连接 VLAN 10 主机

表 8-8　接入层交换机 ABC-ACC-02 的二层端口情况

端口 ID	端 口 类 型	VLAN	说　　明
GE 0/0/1	Trunk	11	连接汇聚层交换机 ABC-AGG-01
E 0/0/1～E 0/0/22	Access	11	连接 VLAN 11 主机

表 8-9　接入层交换机 ABC-ACC-03 的二层端口情况

端口 ID	端 口 类 型	VLAN	说　　明
GE 0/0/1	Trunk	12	连接汇聚层交换机 ABC-AGG-01
E 0/0/1～E 0/0/22	Access	12	连接 VLAN 12 主机

表 8-10　接入层交换机 ABC-ACC-04 的二层端口情况

端口 ID	端 口 类 型	VLAN	说　　明
GE 0/0/1	Trunk	13、14、15	连接汇聚层交换机 ABC-AGG-01
E 0/0/1～E 0/0/8	Access	13	连接 VLAN 13 主机
E 0/0/9～E 0/0/16	Access	14	连接 VLAN 14 主机
E 0/0/17～E 0/0/22	Access	15	连接 VLAN 15 主机

2）STP 设计

在本实验的拓扑设计中，核心层设备（ABC-CORE-01）与接入层设备（ABC-AGG-01 和 ABC-AGG-02）之间形成了物理环路。交换机会默认运行 STP 并且打断环路，以防止阻塞不当的端口，导致次优的流量路径。同时，管理员也可以根据网络的其他需求，对 STP 的参数进行调整。

在本实验中，必须配置的参数是将核心层设备（ABC-CORE-01）设置为 STP 根交换机。要想进一步对网络流量进行优化，读者可以从 VLAN 分布的角度进行考虑，并使用 MSTP 进行优化。

3. IP 地址规划

对于私有网络来说，需要使用 RFC 1918 中定义的私有 IP 网段来规划 IP 地址。

（1）10.0.0.0～10.255.255.255。

（2）172.16.0.0～172.31.255.255。

（3）192.168.0.0～192.168.255.255。

这些地址是无法在互联网中进行路由的，需要进行网络地址转换。与公网 IP 地址相比，在使用这些地址时无须进行申请，因为这些是免费使用的局域网 IP 地址，ID 地址规划步骤如下。

1）IP 地址规划

在大型网络中，为了有效地利用 IP 地址，建议合理规划子网掩码并连续分配 IP 地址段。在本实验中，选用 192.168.0.0/16 这个私有 IP 地址范围进行 IP 地址划分。将 IP 地址的第 3 位十进制数设置为与相应的 VLAN ID 相同，以此对应每个 VLAN，所有 IP 地址段都选用 24 位掩码。同时，读者还需要规划三层端口之间的互连 IP 地址段，由于这种链路上只需要两个 IP 地址，因此可以使用 30 位掩码来节省 IP 地址空间。

读者可以选用其他网段并按照其他原则进行规划，并且需要注意子网掩码及其能够支持的主机数量。针对本实验 IP 地址规划如表 8-11 所示。

表 8-11　IP 地址规划

IP 地址段	VLAN ID	说　　明
192.168.10.0/24	10	管理部，网关位于 ABC-AGG-01
192.168.11.0/24	11	人事部，网关位于 ABC-AGG-01
192.168.12.0/24	12	财务部，网关位于 ABC-AGG-02

续表

IP 地址段	VLAN ID	说　明
192.168.13.0/24	13	技术部，网关位于 ABC-AGG-02
192.168.14.0/24	14	市场部一部，网关位于 ABC-AGG-02
192.168.15.0/24	15	市场部二部，网关位于 ABC-AGG-02
192.168.0.0/30	2	ABC-GW 与 ABC-CORE-01 之间直连链路
IP：202.31.200.2/30	—	ABC-GW GE 0/0/0 端口从 ISP 获得的公网 IP 地址
IP：202.31.200.1/30		ISP 路由器 GE 0/0/0 接口 IP 地址，模拟 Internet

2）IP 地址分配方式规划

在对 IP 地址进行配置和分配时，可以在设备上手动配置 IP 地址，也可以使用动态 IP 地址分配。对于路由器和交换机之类的网络设备来说，一般会使用静态配置的方式；有时 WAN 出口的地址可能需要使用 DHCP 向 ISP 进行申请。服务器及特殊终端设备（如打印机）一般也采用静态的方式分配 IP 地址。对于用户终端，无论是有线终端还是无线终端，都可以通过 DHCP 的方式自动进行分配。

IP 地址分配方式的选择比较灵活，具体见表 8-12。如果为了安全性，选择为每个终端设备分配静态的 IP 地址，则配置工作量会比较大，后期维护会比较困难。读者可以根据企业的实际情况进行合理选择。

表 8-12　IP 地址规划

IP 地址段	分配方式	说　明
192.168.10.0/24	DHCP	由网关 ABC-AGG-01 分配
192.168.11.0/24	DHCP	由网关 ABC-AGG-01 分配
192.168.12.0/24	DHCP	由网关 ABC-AGG-02 分配
192.168.13.0/24	DHCP	由网关 ABC-AGG-02 分配
192.168.14.0/24	DHCP	由网关 ABC-AGG-02 分配
192.168.15.0/24	DHCP	由网关 ABC-AGG-02 分配
192.168.0.1/30	静态	ABC-GW 与 ABC-CORE-01 之间直连链路
IP：202.31.200.2/30	静态	ABC-GW GE 0/0/0 端口从 ISP 获得的公网 IP 地址
IP：202.31.200.1/30	静态	ISP 路由器 GE 0/0/0 接口 IP 地址，模拟 Internet

4. 三层网络设计

在企业网的三层路由设计中，需要考虑企业内部路由，以及企业外部互连路由（包括与互联网 ISP 之间的路由，以及与合作伙伴之间的连接）。

在本实验环境中，需要考虑以下路由信息。

（1）ABC-CORE-01 与 ISP 之间的路由：在 ABC-CORE-01 上配置静态默认路由，指向 ISP。

（2）不同 VLAN 之间的路由：由于本实验拓扑的特殊性（每台接入层交换机上支持的 VLAN ID 不同），VLAN 的网关分别部署在两台汇聚层设备上，因此读者需要通过配置来实现全内网的路由互通。本章使用 OSPF 路由协议，并且在网关路由器 ABC-GW 上发布默认路由。

为了更清晰地展示本章的路由设计，读者可以参考表 8-13。

表 8-13　IP 地址规划

IP 地址段	路由配置	网关设备
192.168.10.0/24	通过网关设备在 OSPF 中宣告	ABC-AGG-01
192.168.11.0/24	通过网关设备在 OSPF 中宣告	ABC-AGG-01
192.168.12.0/24	通过网关设备在 OSPF 中宣告	ABC-AGG-02
192.168.13.0/24	通过网关设备在 OSPF 中宣告	ABC-AGG-02
192.168.14.0/24	通过网关设备在 OSPF 中宣告	ABC-AGG-02
192.168.15.0/24	通过网关设备在 OSPF 中宣告	ABC-AGG-02
192.168.0.0/30	启用 OSPF 并建立邻居关系	—

具体来说，在网关路由器 ABC-GW 上需要参与 OSPF 路由的是以下端口。

GE 0/0/1，IP 地址为 192.168.0.1。

核心层交换机 ABC-CORE-01 上需要参与 OSPF 路由的是以下端口。

（1）VLANIF 2，IP 地址为 192.168.0.2。

（2）VLANIF 10，IP 地址为 192.168.10.253。

（3）VLANIF 11，IP 地址为 192.168.11.253。

（4）VLANIF 12，IP 地址为 192.168.12.253。

（5）VLANIF 13，IP 地址为 192.168.13.253。

（6）VLANIF 14，IP 地址为 192.168.14.253。

（7）VLANIF 15，IP 地址为 192.168.15.253。

汇聚层交换机 ABC-AGG-01 上需要参与 OSPF 路由的是以下端口。

（1）VLANIF 10，IP 地址为 192.168.10.254。

（2）VLANIF 11，IP 地址为 192.168.11.254。

汇聚层交换机 ABC-AGG-02 上需要参与 OSPF 路由的是以下端口。

（1）VLANIF 12，IP 地址为 192.168.12.254。

（2）VLANIF 13，IP 地址为 192.168.13.254。

（3）VLANIF 14，IP 地址为 192.168.14.254。

（4）VLANIF 15，IP 地址为 192.168.15.254。

由于网关路由器 ABC-GW 会通过 OSPF 协议发布默认路由，因此读者可以在其他三台参与 OSPF 进程的交换机路由表中看到一条通过 OSPF 学习得到的默认路由。

5. 网络设备配置与调试

在一个网络项目的实施过程中，当我们制定了总体设计方案和详细配置方案后，在设备上架并调试之前,往往已经对配置进行了实验室验证。因此在网络设备上架并连线后,在这一步需要做的是将配置导入设备并测试(有可能在上架前已经进行了设备导入并测试)。

如果读者希望按照本章提供的设计思路进行实验练习,可以参考以下设备的配置。本配置提供了最基本的配置命令,其中有大量可供优化的部分,如 STP 的设计,当前的配置会使部分链路被阻塞,无法实现最优路径。

(1) 接入层交换机 ABC-ACC-01 的配置。

```
#配置 VLAN
<Huawei>undo terminal monitor
<Huawei>system
[Huawei]sysname ABC-ACC-01
[ABC-ACC-01]vlan 10
[ABC-ACC-01-vlan10]quit
[ABC-ACC-01]port-group port1-22
[ABC-ACC-01-port-group-port1-22]group-member e0/0/1 to e0/0/22
[ABC-ACC-01-port-group-port1-22]port link-type access
[ABC-ACC-01-port-group-port1-22]port default vlan 10
[ABC-ACC-01-port-group-port1-22]quit
[ABC-ACC-01]int g0/0/1
[ABC-ACC-01-GigabitEthernet0/0/1]port link-type trunk
[ABC-ACC-01-GigabitEthernet0/0/1]port trunk pvid vlan 10
[ABC-ACC-01-GigabitEthernet0/0/1]port trunk allow-pass vlan 10
```

(2) 接入层交换机 ABC-ACC-02 的配置。

```
#配置 VLAN
<Huawei>system
[Huawei]sysname ABC-ACC-02
[ABC-ACC-02]vlan 11
[ABC-ACC-02-vlan11]quit
[ABC-ACC-02]port-group port1-22
[ABC-ACC-02-port-group-port1-22]group-member e0/0/1 to e0/0/22
[ABC-ACC-02-port-group-port1-22]port link-type access
[ABC-ACC-02-port-group-port1-22]port default vlan 11
[ABC-ACC-02-port-group-port1-22]quit
[ABC-ACC-02]interface g0/0/1
[ABC-ACC-02-GigabitEthernet0/0/1]port link-type trunk
[ABC-ACC-02-GigabitEthernet0/0/1]port trunk pvid vlan 11
[ABC-ACC-02-GigabitEthernet0/0/1]port trunk all
[ABC-ACC-02-GigabitEthernet0/0/1]port trunk allow-pass vlan 11
```

(3) 接入层交换机 ABC-ACC-03 的配置。

```
#配置 VLAN
<Huawei>undo terminal monitor
<Huawei>system
[Huawei]sysname ABC-ACC-03
```

```
[ABC-ACC-03]vlan 12
[ABC-ACC-03-vlan12]quit
[ABC-ACC-03]port-group port1-22
[ABC-ACC-03-port-group-port1-22]group-member e0/0/1 to e0/0/22
[ABC-ACC-03-port-group-port1-22]port link-type access
[ABC-ACC-03-port-group-port1-22]port default vlan 12
[ABC-ACC-03-port-group-port1-22]quit
[ABC-ACC-03]interface g0/0/1
[ABC-ACC-03-GigabitEthernet0/0/1]port link-type trunk
[ABC-ACC-03-GigabitEthernet0/0/1]port trunk pvid vlan 12
[ABC-ACC-03-GigabitEthernet0/0/1]port trunk allow-pass vlan 12
```

(4) 接入层交换机 ABC-ACC-04 的配置。

```
#配置 VLAN
<Huawei>undo terminal monitor
<Huawei>system
[Huawei]sysname ABC-ACC-04
[ABC-ACC-04]vlan batch 13 14 15
[ABC-ACC-04]port-group port1-8
[ABC-ACC-04-port-group-port1-8]group-member e0/0/1 to e0/0/8
[ABC-ACC-04-port-group-port1-8]port link-type access
[ABC-ACC-04-port-group-port1-8]port default vlan 13
[ABC-ACC-04-port-group-port1-8]quit
[ABC-ACC-04]port-group port9-16
[ABC-ACC-04-port-group-port9-16]group-me
[ABC-ACC-04-port-group-port9-16]group-member e0/0/9 to e0/0/16
[ABC-ACC-04-port-group-port9-16]port link-type access
[ABC-ACC-04-port-group-port9-16]port default vlan 14
[ABC-ACC-04-port-group-port9-16]quit
[ABC-ACC-04]port-group port17-22
[ABC-ACC-04-port-group-port17-22]group-member e0/0/17 to e0/0/22
[ABC-ACC-04-port-group-port17-22]port link-type access
[ABC-ACC-04-port-group-port17-22]port default vlan 15
[ABC-ACC-04-port-group-port17-22]quit
[ABC-ACC-04]interface g0/0/1
[ABC-ACC-04-GigabitEthernet0/0/1]port link-type trunk
[ABC-ACC-04-GigabitEthernet0/0/1]port trunk allow-pass vlan 13 to 15
```

(5) 汇聚层交换机 ABC-AGG-01 配置。

```
#配置 VLAN
<Huawei>undo terminal monitor
<Huawei>system
[Huawei]sysname ABC-AGG-01
[ABC-AGG-01]vlan batch 10 to 15
[ABC-AGG-01]interface g0/0/1
[ABC-AGG-01-GigabitEthernet0/0/1]port link-type trunk
[ABC-AGG-01-GigabitEthernet0/0/1]port trunk allow-pass vlan 2 to 4094
[ABC-AGG-01-GigabitEthernet0/0/1]interface g0/0/2
```

```
[ABC-AGG-01-GigabitEthernet0/0/2]port link-type trunk
[ABC-AGG-01-GigabitEthernet0/0/2]port trunk pvid vlan 10
[ABC-AGG-01-GigabitEthernet0/0/2]port trunk allow-pass vlan 10
[ABC-AGG-01-GigabitEthernet0/0/2]int g0/0/3
[ABC-AGG-01-GigabitEthernet0/0/3]port link-type trunk
[ABC-AGG-01-GigabitEthernet0/0/3]port trunk pvid vlan 11
[ABC-AGG-01-GigabitEthernet0/0/3]port trunk allow-pass vlan 11
[ABC-AGG-01-GigabitEthernet0/0/3]interface g0/0/10
[ABC-AGG-01-GigabitEthernet0/0/10]port link-type trunk
[ABC-AGG-01-GigabitEthernet0/0/10]port trunk all
[ABC-AGG-01-GigabitEthernet0/0/10]port trunk allow-pass vlan 2 to 4094
#配置 IP 地址
[ABC-AGG-01]interface vlanif 10
[ABC-AGG-01-Vlanif10]ip address 192.168.10.254 24
[ABC-AGG-01-Vlanif10]interface vlanif 11
[ABC-AGG-01-Vlanif11]ip address 192.168.11.254 24
#配置 DHCP
[ABC-AGG-01]dhcp enable
[ABC-AGG-01]ip pool acc-01-vlan10
Info:It's successful to create an IP address pool.
[ABC-AGG-01-ip-pool-acc-01-vlan10]network 192.168.10.0 mask 255.255.255.0
[ABC-AGG-01-ip-pool-acc-01-vlan10]gateway-list 192.168.10.254
[ABC-AGG-01-ip-pool-acc-01-vlan10]excluded-ip-address 192.168.10.253
[ABC-AGG-01-ip-pool-acc-01-vlan10]q
[ABC-AGG-01]interface vlanif 10
[ABC-AGG-01-Vlanif10]dhcp select global
[ABC-AGG-01-Vlanif10]quit
[ABC-AGG-01]ip pool acc-02-vlan11
[ABC-AGG-01-ip-pool-acc-02-vlan11]network 192.168.11.0 mask 255.255.255.0
[ABC-AGG-01-ip-pool-acc-02-vlan11]gateway-list 192.168.11.254
[ABC-AGG-01-ip-pool-acc-02-vlan11]excluded-ip-address 192.168.11.253
[ABC-AGG-01-ip-pool-acc-02-vlan11]quit
[ABC-AGG-01]interface vlanif 11
[ABC-AGG-01-Vlanif11]dhcp select global
#配置 OSPF 路由
[ABC-AGG-01]ospf 10
[ABC-AGG-01-ospf-10]area 0
[ABC-AGG-01-ospf-10-area-0.0.0.0]network 192.168.10.0 0.0.0.255
[ABC-AGG-01-ospf-10-area-0.0.0.0]network 192.168.11.0 0.0.0.255
```

(6) 汇聚层交换机 ABC-AGG-02 配置。

```
#配置 VLAN
<Huawei>undo terminal monitor
<Huawei>system
[Huawei]sysname ABC-AGG-02
[ABC-AGG-02]vlan batch 10 to 15
[ABC-AGG-02]interface g0/0/1
[ABC-AGG-02-GigabitEthernet0/0/1]port link-type trunk
```

```
[ABC-AGG-02-GigabitEthernet0/0/1]port trunk allow-pass vlan 2 to 4094
[ABC-AGG-02-GigabitEthernet0/0/1]int g0/0/2
[ABC-AGG-02-GigabitEthernet0/0/2]port link-type trunk
[ABC-AGG-02-GigabitEthernet0/0/2]port trunk pvid vlan 12
[ABC-AGG-02-GigabitEthernet0/0/2]port trunk allow-pass vlan 12
[ABC-AGG-02-GigabitEthernet0/0/2]interface g0/0/3
[ABC-AGG-02-GigabitEthernet0/0/3]port link-type trunk
[ABC-AGG-02-GigabitEthernet0/0/3]port trunk allow-pass vlan 13 to 15
[ABC-AGG-02-GigabitEthernet0/0/3]interface g0/0/10
[ABC-AGG-02-GigabitEthernet0/0/10]port link-type trunk
[ABC-AGG-02-GigabitEthernet0/0/10]port trunk allow-pass vlan 2 to 4094
#配置 IP 地址
[ABC-AGG-02]interface vlanif 12
[ABC-AGG-02-Vlanif12]ip address 192.168.12.254 24
[ABC-AGG-02-Vlanif12]interface vlanif 13
[ABC-AGG-02-Vlanif13]ip address 192.168.13.254 24
[ABC-AGG-02-Vlanif13]interface vlanif 14
[ABC-AGG-02-Vlanif14]ip address 192.168.14.254 24
[ABC-AGG-02-Vlanif14]interface vlanif 15
[ABC-AGG-02-Vlanif15]ip address 192.168.15.254 24
#配置 DHCP
[ABC-AGG-02]dhcp enable
[ABC-AGG-02]ip pool acc-03-vlan12
[ABC-AGG-02-ip-pool-acc-03-vlan12]network 192.168.12.0 mask 255.255.255.0
[ABC-AGG-02-ip-pool-acc-03-vlan12]gateway-list 192.168.12.254
[ABC-AGG-02-ip-pool-acc-03-vlan12]excluded-ip-address 192.168.12.253
[ABC-AGG-02-ip-pool-acc-03-vlan12]quit
[ABC-AGG-02]int vlanif 12
[ABC-AGG-02-Vlanif12]dhcp select global
[ABC-AGG-02-Vlanif12]quit
[ABC-AGG-02]ip pool acc-04-vlan13
[ABC-AGG-02-ip-pool-acc-04-vlan13]network 192.168.13.0 mask 255.255.255.0
[ABC-AGG-02-ip-pool-acc-04-vlan13]gateway-list 192.168.13.254
[ABC-AGG-02-ip-pool-acc-04-vlan13]excluded-ip-address 192.168.13.253
[ABC-AGG-02-ip-pool-acc-04-vlan13]quit
[ABC-AGG-02]interface vlanif 13
[ABC-AGG-02-Vlanif13]dhcp select global[ABC-AGG-02-Vlanif13]quit
[ABC-AGG-02]ip pool acc-04-vlan14
[ABC-AGG-02-ip-pool-acc-04-vlan14]network 192.168.14.0 mask 255.255.255.0
[ABC-AGG-02-ip-pool-acc-04-vlan14]gateway-list 192.168.14.254
[ABC-AGG-02-ip-pool-acc-04-vlan14]excluded-ip-address 192.168.14.253
[ABC-AGG-02-ip-pool-acc-04-vlan14]quit
[ABC-AGG-02]interface vlanif 14
[ABC-AGG-02-Vlanif14]dhcp select global
[ABC-AGG-02-Vlanif14]quit
[ABC-AGG-02]ip pool acc-04-vlan15
[ABC-AGG-02-ip-pool-acc-04-vlan15]network 192.168.15.0 mask 255.255.255.0
[ABC-AGG-02-ip-pool-acc-04-vlan15]gateway-list 192.168.15.254
[ABC-AGG-02-ip-pool-acc-04-vlan15]excluded-ip-address 192.168.15.253
```

```
[ABC-AGG-02-ip-pool-acc-04-vlan15]quit
[ABC-AGG-02]interface vlanif 15
[ABC-AGG-02-Vlanif15]dhcp select global
#配置 OSPF 路由
[ABC-AGG-02]ospf 10
[ABC-AGG-02-ospf-10]area 0
[ABC-AGG-02-ospf-10-area-0.0.0.0]network 192.168.12.0 0.0.0.255
[ABC-AGG-02-ospf-10-area-0.0.0.0]network 192.168.13.0 0.0.0.255
[ABC-AGG-02-ospf-10-area-0.0.0.0]network 192.168.14.0 0.0.0.255
[ABC-AGG-02-ospf-10-area-0.0.0.0]network 192.168.15.0 0.0.0.255
```

（7）核心交换机 ABC-CORE-01 配置。

```
#配置 VLAN
<Huawei>undo terminal monitor
<Huawei>system
[Huawei]sysname ABC-CORE-01
[ABC-CORE-01]vlan batch 2 10 to 15
[ABC-CORE-01]interface g0/0/3
[ABC-CORE-01-GigabitEthernet0/0/3]port link-type access
[ABC-CORE-01-GigabitEthernet0/0/3]port default vlan 2
[ABC-CORE-01-GigabitEthernet0/0/3]interface g0/0/1
[ABC-CORE-01-GigabitEthernet0/0/1]port link-type trunk
[ABC-CORE-01-GigabitEthernet0/0/1]port trunk allow-pass vlan 2 to 4094
[ABC-CORE-01-GigabitEthernet0/0/1]interface g0/0/2
[ABC-CORE-01-GigabitEthernet0/0/2]port link-type trunk
[ABC-CORE-01-GigabitEthernet0/0/2]port trunk allow-pass vlan 2 to 4094
#配置 IP 地址
[ABC-CORE-01]interface vlanif 2
[ABC-CORE-01-Vlanif2]ip address 192.168.0.2 30
[ABC-CORE-01-Vlanif2]interface vlanif 10
[ABC-CORE-01-Vlanif10]ip address 192.168.10.253 24
[ABC-CORE-01-Vlanif10]interface vlanif 11
[ABC-CORE-01-Vlanif11]ip address 192.168.11.253 24
[ABC-CORE-01-Vlanif11]interface vlanif 12
[ABC-CORE-01-Vlanif12]ip address 192.168.12.253 24
[ABC-CORE-01-Vlanif12]interface vlanif 13
[ABC-CORE-01-Vlanif13]ip address 192.168.13.253 24
[ABC-CORE-01-Vlanif13]interface vlanif 14
[ABC-CORE-01-Vlanif14]ip address 192.168.14.253 24
[ABC-CORE-01-Vlanif14]interface vlanif 15
[ABC-CORE-01-Vlanif15]ip address 192.168.15.253 24
[ABC-CORE-01-Vlanif15]quit
[ABC-CORE-01]
#配置 OSPF 路由
[ABC-CORE-01]ospf 10
[ABC-CORE-01-ospf-10]area 0
[ABC-CORE-01-ospf-10-area-0.0.0.0]network 192.168.0.2 0.0.0.0
[ABC-CORE-01-ospf-10-area-0.0.0.0]network 192.168.10.0 0.0.0.255
```

```
[ABC-CORE-01-ospf-10-area-0.0.0.0]network 192.168.11.0 0.0.0.255
[ABC-CORE-01-ospf-10-area-0.0.0.0]network 192.168.12.0 0.0.0.255
[ABC-CORE-01-ospf-10-area-0.0.0.0]network 192.168.13.0 0.0.0.255
[ABC-CORE-01-ospf-10-area-0.0.0.0]network 192.168.14.0 0.0.0.255
[ABC-CORE-01-ospf-10-area-0.0.0.0]network 192.168.15.0 0.0.0.255
```

(8) 网关路由器 ABC-GW 配置。

```
#配置 IP 地址
<Huawei>undo terminal monitor
<Huawei>sys
[Huawei]sysn ABC-GW
[ABC-GW]interface g0/0/1
[ABC-GW-GigabitEthernet0/0/1]ip address 192.168.0.1 255.255.255.252
[ABC-GW-GigabitEthernet0/0/1]interface g0/0/0
[ABC-GW-GigabitEthernet0/0/0]ip address 202.31.200.2 255.255.255.252
[ABC-GW-GigabitEthernet0/0/0]quit
#配置静态路由与默认路由
[ABC-GW]ip route-static 0.0.0.0 0.0.0.0 g0/0/0 202.31.200.1
[ABC-GW]ip route-static 192.168.0.0 255.255.0.0 g0/0/1 192.168.0.2
#配置 OSPF 路由并发布默认路由
[ABC-GW-ospf-10]area 0
[ABC-GW-ospf-10-area-0.0.0.0]network 192.168.0.1 0.0.0.0
[ABC-GW-ospf-10-area-0.0.0.0]quit
[ABC-GW-ospf-10]default-route-advertise always
```

(9) ISP 路由器配置(模拟 Internet)。

```
<Huawei>undo terminal monitor
<Huawei>sys
[Huawei]sysn ISP
[ISP]interface g0/0/0
[ISP-GigabitEthernet0/0/0]ip address 202.31.200.1 255.255.255.252
[ISP-GigabitEthernet0/0/0]q
[ISP]ip route-static 0.0.0.0 0.0.0.0 202.31.200.2
```

6. 配置验证

(1) 在 PC1～PC6 上验证 DHCP,如图 8-3～图 8-8 所示。

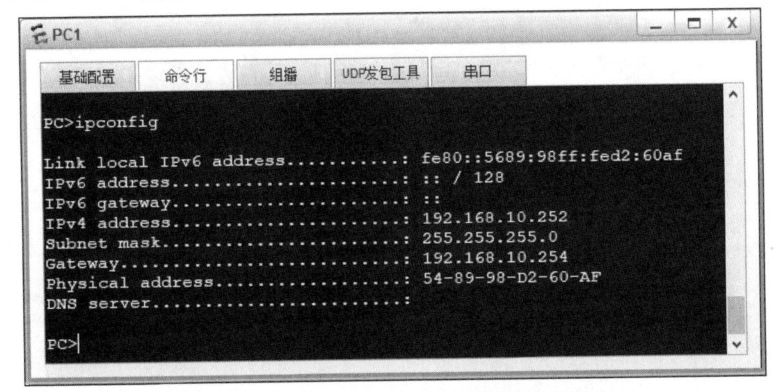

图 8-3　VLAN 10 主机 PC1 自动获取 IP 地址

```
PC2
基础配置 命令行 组播 UDP发包工具 串口
Welcome to use PC Simulator!

PC>ipconfig

Link local IPv6 address...........: fe80::5689:98ff:fe7b:46ac
IPv6 address......................: :: / 128
IPv6 gateway......................: ::
IPv4 address......................: 192.168.11.252
Subnet mask.......................: 255.255.255.0
Gateway...........................: 192.168.11.254
Physical address..................: 54-89-98-7B-46-AC
DNS server........................:

PC>
```

图 8-4 VLAN 11 主机 PC2 自动获取 IP 地址

```
PC3
基础配置 命令行 组播 UDP发包工具 串口
PC>ipconfig

Link local IPv6 address...........: fe80::5689:98ff:fe4e:63da
IPv6 address......................: :: / 128
IPv6 gateway......................: ::
IPv4 address......................: 192.168.12.252
Subnet mask.......................: 255.255.255.0
Gateway...........................: 192.168.12.254
Physical address..................: 54-89-98-4E-63-DA
DNS server........................:

PC>
```

图 8-5 VLAN 12 主机 PC3 自动获取 IP 地址

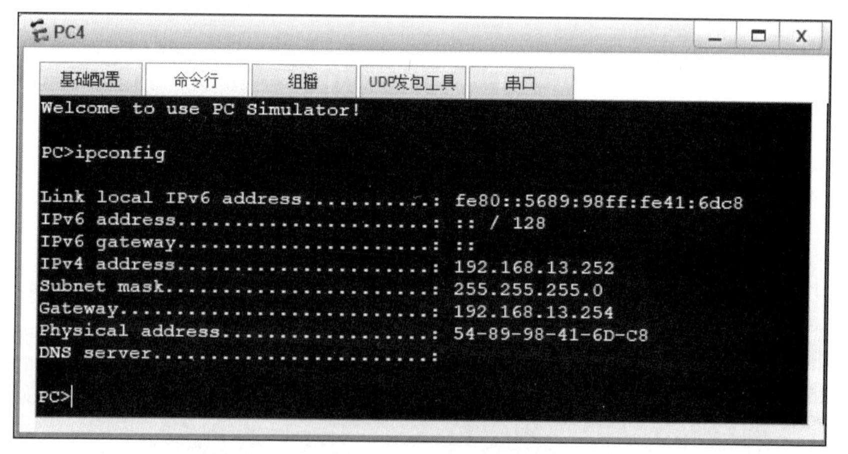

图 8-6 VLAN 13 主机 PC4 自动获取 IP 地址

```
PC5
基础配置  命令行  组播  UDP发包工具  串口
Welcome to use PC Simulator!

PC>ipconfig

Link local IPv6 address...........: fe80::5689:98ff:fe1b:46eb
IPv6 address......................: :: / 128
IPv6 gateway......................: ::
IPv4 address......................: 192.168.14.252
Subnet mask.......................: 255.255.255.0
Gateway...........................: 192.168.14.254
Physical address..................: 54-89-98-1B-46-EB
DNS server........................:
```

图 8-7　VLAN 14 主机 PC5 自动获取 IP 地址

```
PC6
基础配置  命令行  组播  UDP发包工具  串口

PC>ipconfig

Link local IPv6 address...........: fe80::5689:98ff:fe8c:38e1
IPv6 address......................: :: / 128
IPv6 gateway......................: ::
IPv4 address......................: 192.168.15.252
Subnet mask.......................: 255.255.255.0
Gateway...........................: 192.168.15.254
Physical address..................: 54-89-98-8C-38-E1
DNS server........................:

PC>
```

图 8-8　VLAN 15 主机 PC6 自动获取 IP 地址

（2）在 ABC-CORE-01、ABC-AGG-01、ABC-AGG-02 上查看路由表，如图 8-9～图 8-11 所示。

```
<ABC-CORE-01>display ip routing-table
Route Flags: R - relay, D - download to fib
------------------------------------------------------------------------------
Routing Tables: Public
         Destinations : 17       Routes : 17

Destination/Mask    Proto   Pre  Cost      Flags NextHop         Interface

        0.0.0.0/0   O_ASE   150  1           D   192.168.0.1     Vlanif2
      127.0.0.0/8   Direct  0    0           D   127.0.0.1       InLoopBack0
      127.0.0.1/32  Direct  0    0           D   127.0.0.1       InLoopBack0
    192.168.0.0/30  Direct  0    0           D   192.168.0.2     Vlanif2
    192.168.0.2/32  Direct  0    0           D   127.0.0.1       Vlanif2
   192.168.10.0/24  Direct  0    0           D   192.168.10.253  Vlanif10
 192.168.10.253/32  Direct  0    0           D   127.0.0.1       Vlanif10
   192.168.11.0/24  Direct  0    0           D   192.168.11.253  Vlanif11
 192.168.11.253/32  Direct  0    0           D   127.0.0.1       Vlanif11
   192.168.12.0/24  Direct  0    0           D   192.168.12.253  Vlanif12
 192.168.12.253/32  Direct  0    0           D   127.0.0.1       Vlanif12
   192.168.13.0/24  Direct  0    0           D   192.168.13.253  Vlanif13
 192.168.13.253/32  Direct  0    0           D   127.0.0.1       Vlanif13
   192.168.14.0/24  Direct  0    0           D   192.168.14.253  Vlanif14
 192.168.14.253/32  Direct  0    0           D   127.0.0.1       Vlanif14
   192.168.15.0/24  Direct  0    0           D   192.168.15.253  Vlanif15
 192.168.15.253/32  Direct  0    0           D   127.0.0.1       Vlanif15
```

图 8-9　ABC-CORE-01 交换机上的路由表

```
<ABC-AGG-01>display ip routing-table
Route Flags: R - relay, D - download to fib
------------------------------------------------------------------------------
Routing Tables: Public
         Destinations : 12       Routes : 18

Destination/Mask    Proto   Pre  Cost      Flags NextHop         Interface

        0.0.0.0/0   O_ASE   150  1           D   192.168.10.253  Vlanif10
                    O_ASE   150  1           D   192.168.11.253  Vlanif11
      127.0.0.0/8   Direct  0    0           D   127.0.0.1       InLoopBack0
     127.0.0.1/32   Direct  0    0           D   127.0.0.1       InLoopBack0
   192.168.0.0/30   OSPF    10   2           D   192.168.10.253  Vlanif10
                    OSPF    10   2           D   192.168.11.253  Vlanif11
  192.168.10.0/24   Direct  0    0           D   192.168.10.254  Vlanif10
192.168.10.254/32   Direct  0    0           D   127.0.0.1       Vlanif10
  192.168.11.0/24   Direct  0    0           D   192.168.11.254  Vlanif11
192.168.11.254/32   Direct  0    0           D   127.0.0.1       Vlanif11
  192.168.12.0/24   OSPF    10   2           D   192.168.10.253  Vlanif10
                    OSPF    10   2           D   192.168.11.253  Vlanif11
  192.168.13.0/24   OSPF    10   2           D   192.168.10.253  Vlanif10
                    OSPF    10   2           D   192.168.11.253  Vlanif11
  192.168.14.0/24   OSPF    10   2           D   192.168.10.253  Vlanif10
                    OSPF    10   2           D   192.168.11.253  Vlanif11
  192.168.15.0/24   OSPF    10   2           D   192.168.10.253  Vlanif10
                    OSPF    10   2           D   192.168.11.253  Vlanif11
```

图 8-10 ABC-AGG-01 交换机上的路由表

```
<ABC-AGG-02>display ip routing-table
Route Flags: R - relay, D - download to fib
------------------------------------------------------------------------------
Routing Tables: Public
         Destinations : 14       Routes : 26

Destination/Mask    Proto   Pre  Cost      Flags NextHop         Interface

        0.0.0.0/0   O_ASE   150  1           D   192.168.12.253  Vlanif12
                    O_ASE   150  1           D   192.168.13.253  Vlanif13
                    O_ASE   150  1           D   192.168.14.253  Vlanif14
                    O_ASE   150  1           D   192.168.15.253  Vlanif15
      127.0.0.0/8   Direct  0    0           D   127.0.0.1       InLoopBack0
     127.0.0.1/32   Direct  0    0           D   127.0.0.1       InLoopBack0
   192.168.0.0/30   OSPF    10   2           D   192.168.12.253  Vlanif12
                    OSPF    10   2           D   192.168.13.253  Vlanif13
                    OSPF    10   2           D   192.168.14.253  Vlanif14
                    OSPF    10   2           D   192.168.15.253  Vlanif15
  192.168.10.0/24   OSPF    10   2           D   192.168.12.253  Vlanif12
                    OSPF    10   2           D   192.168.13.253  Vlanif13
                    OSPF    10   2           D   192.168.14.253  Vlanif14
                    OSPF    10   2           D   192.168.15.253  Vlanif15
  192.168.11.0/24   OSPF    10   2           D   192.168.12.253  Vlanif12
                    OSPF    10   2           D   192.168.13.253  Vlanif13
                    OSPF    10   2           D   192.168.14.253  Vlanif14
                    OSPF    10   2           D   192.168.15.253  Vlanif15
  192.168.12.0/24   Direct  0    0           D   192.168.12.254  Vlanif12
192.168.12.254/32   Direct  0    0           D   127.0.0.1       Vlanif12
  192.168.13.0/24   Direct  0    0           D   192.168.13.254  Vlanif13
192.168.13.254/32   Direct  0    0           D   127.0.0.1       Vlanif13
  192.168.14.0/24   Direct  0    0           D   192.168.14.254  Vlanif14
192.168.14.254/32   Direct  0    0           D   127.0.0.1       Vlanif14
  192.168.15.0/24   Direct  0    0           D   192.168.15.254  Vlanif15
192.168.15.254/32   Direct  0    0           D   127.0.0.1       Vlanif15
```

图 8-11 ABC-AGG-02 交换机上的路由表

(3) 测试网络连通性,以 VLAN 10 中的主机 PC1 与 VLAN 15 中的主机 PC6 以及 PC1 与 ISP 之间的通信为例,如图 8-12 所示,其他网段之间的通信测试省略,读者可自行完成。

PC1
基础配置
命令行
组播
UDP发包工具
串口
PC>ping 192.168.15.252
Ping 192.168.15.252: 32 data bytes, Press Ctrl_C to break
From 192.168.15.252: bytes=32 seq=1 ttl=126 time=125 ms
From 192.168.15.252: bytes=32 seq=2 ttl=126 time=141 ms
From 192.168.15.252: bytes=32 seq=3 ttl=126 time=125 ms
From 192.168.15.252: bytes=32 seq=4 ttl=126 time=140 ms
From 192.168.15.252: bytes=32 seq=5 ttl=126 time=141 ms
--- 192.168.15.252 ping statistics ---
5 packet(s) transmitted
5 packet(s) received
0.00% packet loss
round-trip min/avg/max = 125/134/141 ms
PC>ping 202.31.200.1
Ping 202.31.200.1: 32 data bytes, Press Ctrl_C to break
From 202.31.200.1: bytes=32 seq=1 ttl=253 time=109 ms
From 202.31.200.1: bytes=32 seq=2 ttl=253 time=94 ms
From 202.31.200.1: bytes=32 seq=3 ttl=253 time=78 ms
From 202.31.200.1: bytes=32 seq=4 ttl=253 time=94 ms
From 202.31.200.1: bytes=32 seq=5 ttl=253 time=78 ms
--- 202.31.200.1 ping statistics ---
5 packet(s) transmitted
5 packet(s) received
0.00% packet loss
round-trip min/avg/max = 78/90/109 ms

图 8-12　连通性测试

参 考 文 献

[1] 谢希仁.计算机网络[M].8版.北京：电子工业出版社，2021.

[2] 谢钧，谢希仁.计算机网络教程（微课版）[M].6版.北京：人民邮电出版社，2021.

[3] 高军，陈君，唐秀明，等.深入浅出计算机网络（微课视频版）[M].北京：清华大学出版社，2022.

[4] 华为技术有限公司.HCIA-Datacom网络技术实验指南[M].北京：人民邮电出版社，2022.

[5] 谢钧，缪志敏.计算机网络实验教程：基于华为eNSP[M].北京：人民邮电出版社，2023.

[6] 张举，耿海军.计算机网络实验教程：基于eNSP+Wireshark[M].北京：电子工业出版社，2021.

[7] 李志远.计算机网络综合实验教程：协议分析与应用[M].北京：电子工业出版社，2022.

[8] 郭雅，李泗兰.计算机网络实验指导书[M].北京：电子工业出版社，2022.